Peter Kopacek

Identifikation zeitvarianter Regelsysteme

Mit 33 Bildern

Friedr. Vieweg & Sohn   Braunschweig / Wiesbaden

CIP-Kurztitelaufnahme der Deutschen Bibliothek

Kopacek, Peter:
Identifikation zeitvarianter Regelsysteme / Peter
Kopacek. – Braunschweig, Wiesbaden: Vieweg,
1978.
ISBN 3-528-03070-4

Dr. *Peter Kopacek* ist Universitätsdozent für Steuerungs- und Regelungstechnik
an der Technischen Universität Wien

Verlagsredaktion: *Alfred Schubert*

1978

ISBN-13: 978-3-528-03070-4   e-ISBN-13: 978-3-322-84015-8
DOI: 10.1007/ 978-3-322-84015-8

Vorwort

Das dynamische Verhalten zahlreicher industrieller Prozesse ändert sich prozeß-
bedingt oder ungewollt mit der Zeit. Eine zufriedenstellende Regelung solcher
Prozesse setzt möglichst genaue Kenntnisse ihres dynamischen Verhaltens voraus.
Ihre mathematischen Modelle sollten möglichst genau bekannt sein. Die mathematischen Modelle können in vielen Fällen nur experimentell gefunden werden,
da eine rechnerische Modellerstellung meist zu aufwendig oder sogar unmöglich ist.

Bisher wurde noch nie versucht, den Problemkreis der Identifikation von Regelsystemen mit veränderlichen Parametern, sogenannter zeitvarianter Systeme, geschlossen darzustellen. Daher erfolgt zunächst eine Zusammenstellung notwendiger
Grundlagen aus der Theorie zeitvarianter Systeme. Besondere Beachtung finden
zeitvariante Systeme mit zufälligen Parameteränderungen und/oder zufälligen
Eingangssignalen (zeitvariante stochastische Systeme). Probleme der Identifikation
zeitvarianter Systeme werden aufgezeigt und ausgewählte Arbeiten in übersichtlicher Form zusammengestellt. Das vorliegende Buch kann und will infolge des
umfangreichen Fachgebietes keinen Anspruch auf Vollständigkeit erheben. Es soll
sowohl den praktisch tätigen als auch den theoretisch interessierten Leser mit
diesem Problemkreis vertraut machen.

Für die fachlichen Ratschläge im Zuge des Entstehens dieser Arbeit danke ich
Herrn Prof. Dr. K.H. Fasol. Die numerischen Berechnungen in Abschnitt 1.2.1.3
wurden von M. Oswatitsch ausgeführt. Meiner Frau danke ich für das Lesen der
Korrekturen und Frau E. Eder für die sorgfältige Anfertigung der Reinschrift.
Herrn A. Schubert vom Verlag Vieweg danke ich für das Verständnis und das
Eingehen auf meine Wünsche.

P. Kopacek

Wien, im März 1978

Inhaltsverzeichnis

1 Grundlagen zeitvarianter Systeme

1.1 Die Stellung zeitvarianter Systeme in der Regelungstechnik

Ausgangspunkt für die regelungstechnische Behandlung jedes industriellen Prozesses ist sein mathematisches Modell. Es hat die Aufgabe, den Prozeß oder das System bezüglich seiner statischen und dynamischen Eigenschaften (Signalübertragungseigenschaften, zeitliche Änderung der Zustandsvariablen) zu beschreiben und kann die verschiedensten Formen (Differential-, Integral-, Differenzengleichungen, Operatoren usw.) aufweisen. Diese Eigenschaften, welche im wesentlichen die Struktur und den Aufbau des mathematischen Modells bestimmen, sind von physikalischen Größen (Weg, Geschwindigkeit, Masse, Spannung, Strom, Widerstand usw.) abhängig. Einige wichtige Modelleigenschaften sind:

a) kausal: Befindet sich ein System in Ruhe, ändert sich der Systemausgang nicht <u>vor</u> einer Änderung des Systemeinganges.

b) linear: Wirken auf einen Systemeingang zwei Eingangssignale, führen diese auf zwei Ausgangssignale. Wirkt die Summe beider Eingangssignale, tritt am Ausgang die Summe der beiden Ausgangssignale auf (Superpositionsprinzip). Wirkt ein Vielfaches des Eingangssignals, tritt am Ausgang das gleiche Vielfache des Ausgangssignals auf (Homogenitätsprinzip).

c) zeitinvariant: Die Parameter aller Systemelemente und somit des Gesamtsystems sind zeitunabhängig.

d) konzentriert: Die Parameter aller Systemelemente und somit des Gesamtsystems sind ortsunabhängig.

Während die Kausalität bei allen regelungstechnischen
Systemen vorausgesetzt wird, können die unter b) - d) genannten Eigenschaften zu einer Klassifizierung herangezogen
werden.

Die Systeme der entsprechenden Klassen tragen die Bezeichnungen lineare bzw. nichtlineare, zeitinvariante (stationäre)
bzw. zeitvariante (instationäre) sowie Systeme mit konzentrierten oder verteilten Parametern. Die Erstgenannten stellen die entsprechenden Spezialfälle dar, d.h. lineare
Systeme sind eine Unterklasse der nichtlinearen usw. Im Fall
kontinuierlicher Signale werden diese Systeme durch folgende
Arten von Differentialgleichungen beschrieben:

lineare oder nichtlineare Differentialgleichungen
Differentialgleichungen mit zeitunabhängigen oder zeitabhängigen Koeffizienten
gewöhnliche oder partielle Differentialgleichungen

In Tab. 1.1 wird versucht, die Zuordnung der Systemmodelle
zu den einzelnen Klassen zu veranschaulichen. Ausgehend von
nichtlinearen, zeitvarianten Systemen mit verteilten Parametern als Systeme der allgemeinsten, hier betrachteten Klasse
(Stufe IV) folgen durch Vereinfachung jeweils einer Eigenschaft die Systemklassen der nächst niederen Stufe (III) und
aus diesen durch weitere Vereinfachung jene der zweiten Stufe
usw. Durch Vereinfachung aller drei betrachteten Eigenschaften gehen aus Systemen der allgemeinsten (Stufe IV) jene der
einfachsten Klasse (Stufe I) lineare zeitinvariante Systeme
mit konzentrierten Parametern hervor.

Allgemein ist festzustellen, daß nur für Systeme der Stufe I eine geschlossene Theorie existiert, und alle interessierenden Probleme weitgehend gelöst sind. Für Systeme der
Stufe II sind keine generellen Aussagen möglich. So sind zum
Beispiel lineare, zeitvariante Systeme mit konzentrierten
Parametern einer, wenn auch aufwendigen, mathematischen Behandlung zugänglich, während für nichtlineare, zeitinvariante

nichtlineare Systeme
Systeme mit verteilten Parametern
NL ZV VP
IV
LIN ZV VP
NL ZIV VP
NL ZV KP
III
LIN ZIV VP
LIN ZV KP
NL ZIV KP
II
LIN ZIV KP
I

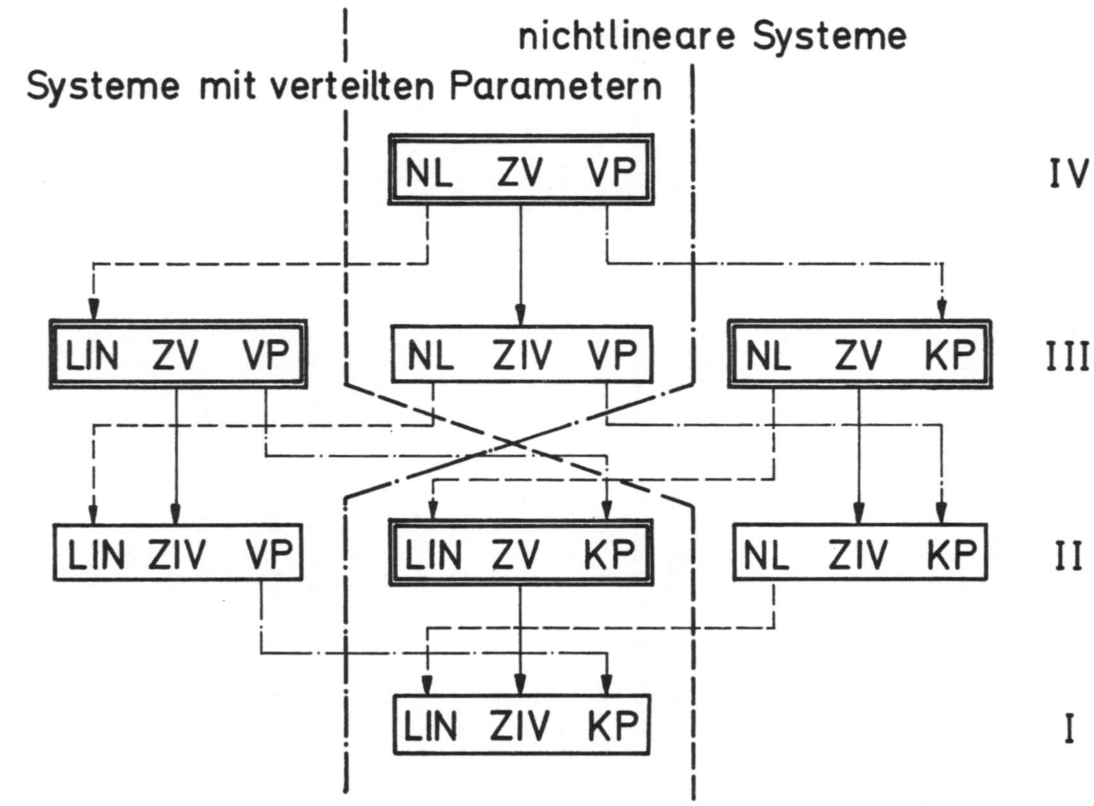

Tabelle 1.1

Eingrößensysteme mit konzentrierten Parametern meist Näherungsverfahren Verwendung finden und in der Theorie linearer, zeitinvarianter Systeme mit verteilten Parametern noch viele Fragen offen sind.

Weitere Klassifizierungsmöglichkeiten wären nach der Anzahl der Ein- und Ausgangssignale in Ein- oder Mehrgrößensysteme sowie nach der Art der im System auftretenden Signale in kontinuierliche oder diskrete und in determinierte oder stochastische Systeme.

In kontinuierlichen Systemen sind die Signale an den Ein- und Ausgängen aller Systemelemente stetige Zeitfunktionen; bei diskreten sind sie zeitquantisiert (Impulssysteme, Pulsmodulationssysteme), amplitudenquantisiert (Relaissysteme) oder beides (Relaisimpuls-Systeme, Pulskodesysteme). Ein System heißt determiniert, wenn außer den Störsignalen alle Signale und/oder die es charakterisierenden Parameter des mathematischen Modells determinierte Zeitfunktionen (oder konstante Größen), bzw. stochastisch, wenn diese Zufallsgrößen oder Zufallsfunktionen sind. In Tab. 1.1 wurden diese Klassifizierungsmerkmale nicht aufgenommen, da sie nicht die Modellstruktur, sondern nur die Art oder den rechnerischen Aufwand bei der numerischen Weiterverarbeitung der Modelle beeinflussen. Die hier für kontinuierliche oder diskrete Eingrößensysteme angegebenen Gleichungen können auf Mehrgrößensysteme erweitert werden.

Der zu untersuchende Prozeß wird auf Grund seiner Eigenschaften einer bestimmten Systemklasse zugeordnet und man versucht ein entsprechendes mathematisches Modell für ihn zu erstellen. Mitunter treten bereits dabei erhebliche Schwierigkeiten auf, weshalb sich die Notwendigkeit einer Idealisierung und somit einer Zurückführung auf ein einfacheres System ergibt. Strenggenommen wären die meisten industriellen Prozesse als nichtlineare, zeitvariante Systeme meist mit verteilten Parametern aufzufassen. Da die Modelle dieser Systemklasse einer mathematischen Behandlung weitgehendst unzugänglich sind, müssen "Näherungsverfahren" Verwendung finden, die meist eine Zuordnung zu einer niedereren Systemklasse mit sich bringen. Es ist in jedem Fall zu prüfen, ob diese Vereinfachungen gerechtfertigt sind.

Die zeitvarianten Systeme sind in Tab. 1.1 durch doppelte Einrahmung hervorgehoben. Sie sollen folgendermaßen definiert sein:

Ein *zeitvariantes System* ist ein solches, in dem außer den Systemvariablen noch andere, die Modellparameter bestimmende physikalische Größen zeitabhängig sind.

Einfachere Beispiele für lineare zeitvariante Systeme sind Kohlemikrophone (auf Basis eines variablen Widerstandes), Kondensatormikrophone (auf Basis eines variablen Kondensators), Induktionsgeneratoren mit variabler Induktivität zwischen Primär- und Sekundärwicklung sowie aus verschiedenen Medien bestehende Signalübertragungskanäle. Trägerfrequenzregelsysteme, die kontinuierlich, digital oder als Abtastsysteme arbeiten, enthalten Modulatoren (Multiplikatoren), Wechselstromverstärker und Demodulatoren. Dabei wird der multiplikativ arbeitende Modulator, welcher das Eingangssignal mit dem Trägersignal multipliziert, oft als Übertragungsglied mit periodisch variierender Verstärkung betrachtet. Typische Beispiele für zeitvariante mechanische Systeme sind federnd aufgehängte Pendel, gekoppelte Pendel mit schwingender Aufhängung und Paare von federgekuppelten Massen in Raumfahrzeugen.

Viele in der Luft- und Raumfahrt vorkommende Systeme sind zeitvariant. Die bei der Flugregelung von Unterschallflugzeugen zugrundegelegten, zeitinvarianten Modelle sind auf Überschallflugzeuge nicht mehr anwendbar. Hohe Geschwindigkeiten und Beschleunigungen, großer Treibstoffverbrauch und Änderung der Flugbedingungen in der Atmosphäre führen auf zeitvariante Systemmodelle mit rasch und mit großer Amplitude schwankenden Parametern. In der Raumfahrt sind Probleme des Bahnwechsels, der Rendezvoustechnik und der interplanetarischen Führung

ebenfalls nur unter Berücksichtigung von Massen- und Bahnände-
rungen lösbar.

Genaugenommen ist kein reales System vorstellbar, dessen
Parameter sich nicht im Laufe der Zeit in irgendeiner Form
ändern. So sind beispielsweise die Parameter technischer
Systeme durch Alterung und Verschleiß der Bauelemente Änderun-
gen unterworfen; die Parameter biologischer Systeme sind durch
Wachstum und Verfall erheblichen Schwankungen ausgesetzt.
Auch in soziologischen und ökonomischen Systemen variieren die
Parameter im Laufe der Zeit aus verschiedensten Gründen.

Die bisher betrachteten Systeme waren "von Haus aus" zeitvariant. Häufig können aber auch für nichtlineare Systeme
durch Linearisierung um eine Solltrajektorie lineare zeitvariante Näherungsmodelle erstellt werden. Beispiele dafür
sind Wickelvorgänge bei der Stahl- und Papierherstellung, die
Reaktionskinetik vieler chemischer Prozesse, die Neutronen-
kinetik in Kernreaktoren, der instationäre Flug von Hochleistungsflugzeugen und Raumfahrzeugen während der Aufstiegs-
und Landephase und die Führung von Flugzeugen auf einem Leit-
strahl. Für ihre Modellerstellung aus Meßwerten von Ein- und
Ausgangssignalen sind derzeit nur wenige praktikable Verfahren bekannt.

Innerhalb der zeitvarianten Systeme gibt es derzeit nur
für die Klasse der "linearen zeitvarianten Systeme mit konzentrierten Parametern" (Stufe II) in [1.1] bis [1.9] eine
geschlossene Theorie, wobei die Lösbarkeit der Modellgleichungen manchmal nicht oder nur mit großem rechnerischen Aufwand
möglich ist. Im allgemeinen sind Modellgleichungen erster
Ordnung analytisch lösbar. Wird ein zeitvariantes System durch
Modellgleichungen der Ordnung zwei beschrieben, können diese
in einigen Fällen gelöst werden, während für Modellgleichungen
höherer Ordnung im allgemeinen keine analytische Lösung angegeben werden kann. Eine Ausnahme bilden hier lineare zeitvariante Systeme mit besonderen Eigenschaften (reduzierbare
Systeme,insbesondere Systeme mit periodisch variierenden Parametern sowie Systeme mit separablen Systemfunktionen), auf

die noch gesondert eingegangen wird. Eine Theorie für "lineare, zeitvariante Mehrgrößensysteme mit konzentrierten Parametern" wird z.B. in [1.10] entwickelt. Ansätze zur Behandlung von nichtlinearen zeitvarianten Systemen mit konzentrierten Parametern (Stufe III) mittels Wurzelortskurven finden sich beispielsweise in [1.11]

Hier soll die experimentelle Modellerstellung (Identifikation) linearer zeitvarianter Ein- und Mehrgrößensysteme mit konzentrierten Parametern (Stufe II) mit determinierten oder stochastischen Eingangs- und Störsignalen sowie ebensolchen Parameteränderungen behandelt werden. Viele Übertragungsglieder und industrielle Prozesse sind durch mathematische Modelle dieser Systemklasse beschreibbar.

In den folgenden Abschnitten werden daher die Modelle zeitvarianter Systeme,soweit dies für die Themenstellung erforderlich ist, in ihren Grundzügen zusammengestellt.

1.2 Mathematische Modelle linearer zeitvarianter Systeme

Die in der Regelungstechnik verwendeten Prozeßmodelle können in

empirische und *axiomatische*

eingeteilt werden. Empirische Modelle bestehen aus Beziehungen zwischen Ein- und Ausgangssignalen - kennzeichnen also das "Klemmenverhalten" des Systems. Axiomatische Modelle verknüpfen Eingangs- und Ausgangsgrößen mit "inneren" Systemkenngrößen. Die diesen beiden Modellvorstellungen entsprechenden Beschreibungsmöglichkeiten tragen die Bezeichnungen extern und intern. Die externe Beschreibungsweise führt auf empirische Modelle in Form von Differentialgleichungen, Übertragungsfunktionen, Frequenzgängen, Wurzelortskurven usw.; sie ist in der Regelungstechnik seit langem üblich und wird daher als "klassisch" bezeichnet. Demgegenüber ist die inter-

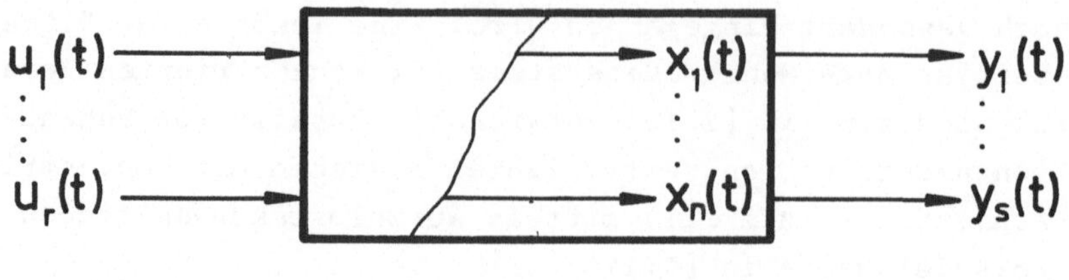

Bild 1.1

ne ("moderne") Systembeschreibung eine algebraische im "Zustandsraum" durch "Zustandsgleichungen". Letztere verknüpfen,
wie in Bild 1.1 dargestellt,n Zustandsvariable ($x_1(t)$, ...
$x_n(t)$), durch welche das Systemverhalten für jeden Zeitpunkt
eindeutig festgelegt ist, mit r Eingangsgrößen ($u_1(t)$, ...
$u_r(t)$) und s Ausgangsgrößen ($y_1(t)$, ... $y_s(t)$). Sind Zustandsvariable und Eingangsgrößen bekannt, kann der "Systemzustand"
und somit die Ausgangsgrößen für jeden beliebigen Zeitpunkt
bestimmt werden. Die Zustandsraumdarstellung ergänzt die
klassischen Beschreibungsverfahren der Regelungstechnik. Ihre
Vorteile gegenüber den externen (klassischen) Systembeschrei-
bungen sind:

a) Die Beschreibung zeitvarianter Mehrgrößensysteme ist
   ohne Schwierigkeiten möglich.
b) Die Zustandsgleichungen sind unmittelbar für eine nume-
   rische Auswertung mit Analog-, Digital- oder Hybridrechnern geeignet.
c) Jeder "Systemzustand", z.B. Übergangszustand, Anfangszustand, stationärer Zustand, kann als Punkt im n-dimensionalen Zustandsraum aufgefaßt werden.
d) Sie ist für zeitgemäße,regelungstechnische Fragestellun-
   gen, z.B. Probleme optimaler Regelung, Filterung usw.
   anwendbar.

Ihre wesentlichsten Nachteile sind:

a) Eine experimentelle Bestimmung der Zustandsgleichungen
   aus Meßwerten von Ein- und Ausgangssignalen, z.B. durch

Frequenzgang- oder Korrelationsmessungen ist meist schwierig.
b) Algebraische Umformungen sind im allgemeinen erst nach Einsetzen spezieller Zahlenwerte ausführbar.

Zusammenfassend ist festzustellen, daß die Zustandsraumdarstellung für theoretische Problemstellungen sehr gut, für
praktische jedoch weniger gut geeignet ist. Für die hier betrachteten zeitvarianten Systeme und deren Identifikation sind
sowohl interne als auch externe mathematische Modelle üblich,
weshalb beide Verwendung finden.

1.2.1 Empirische Modelle zeitvarianter Systeme

Die Grundlagen für die Erstellung empirischer Modelle zur externen Beschreibung zeitvarianter Systeme wurden im wesentlichen seit 1950 von Zadeh [1.6] bis [1.9] erarbeitet. Die
einzelnen, im folgenden angegebenen Möglichkeiten wurden
seither weiterentwickelt und haben sich weitgehend einge-
bürgert. Ihre Anwendung erscheint derzeit nur für zeitvariante
Eingrößensysteme zweckmäßig, da die einzelnen Beschreibungsformen - sowohl im Zeitbereich als auch im Frequenzbereich -
Erweiterungen von Beschreibungsformen linearer zeitinvarianter Eingrößensysteme sind und für zeitinvariante Mehrgrößensysteme die Beschreibung durch Vektordifferentialgleichungen
im Zustandsraum vielfach vorteilhafter ist.

1.2.1.1 Modelle im Zeitbereich

Zeitvariante lineare Regelsysteme mit einem Eingang u und einem Ausgang y können durch lineare Differentialgleichungen,
deren Koeffizienten $a_i(t)$, $b_j(t)$ stetige determinierte (oder
wie in Kapitel 2 stochastische) Zeitfunktionen sind, beschrieben werden.

$$a_n(t)\overset{(n)}{y}(t)+a_{n-1}(t)\overset{(n-1)}{y}(t)+ \ .. \ +a_1(t)\dot{y}(t)+a_o(t)y(t)=$$

$$=b_o(t)u(t)+b_1(t)\dot{u}(t)+ \ .. \ +b_m(t)\overset{(m)}{u}(t) \qquad m \leq n$$

$$\tag{1.1.a}$$

$$\sum_{i=0}^{n} a_i(t)\frac{d^i y(t)}{dt^i} \ = \ \sum_{j=0}^{m} b_j(t)\frac{d^j u(t)}{dt^j} \tag{1.1.b}$$

Bei nichtlinearen zeitvarianten Systemen wären die Koeffizienten a_i und b_j Funktionen der Zeit t und des Eingangssignals u sowie unter Umständen seiner Ableitungen $\dot{u}, \ .., \overset{(m)}{u}.$

Durch Einführung zweier Operatoren

$$L(s,t)=a_n(t)s^n+\ldots\ldots+a_1(t)s+a_o(t)$$
$$M(s,t)=b_m(t)s^m+\ldots\ldots+b_1(t)s+b_o(t) \tag{1.2}$$

worin $s=\frac{d}{dt}$ der Differentialoperator ist, gehen die Differentialgleichungen (1.1) über in

$$L(s,t)y(t)=M(s,t)u(t) \tag{1.3}$$

Verfahren zur Analyse zeitvarianter Systeme, die auf der Lösung der Differentialgleichung beruhen, sind entweder schwer anzuwenden oder nur auf wenige Systemklassen beschränkt. Zur letzten Klasse gehören zeitvariante Systeme, die durch Bessel'sche, Mathieu'sche, Legendre'sche, Laguerre'sche, Weber'sche, Hypergeometrische und Airy'sche Differentialgleichungen beschrieben werden. Sie repräsentieren einerseits jedoch nur einen verschwindenden Teil der zeitvarianten Systeme, andererseits sind ihre Lösungen in der Regel nicht durch elementare Funktionen darstellbar. Sogar in den Fällen, wo sich die exakte Lösung angeben läßt, kann diese nur schwer für praktische Berechnungen nutzbar gemacht werden.

Wie bei zeitinvarianten Systemen ist die Lösung der
Gleichung (1.3), wenn sich das Eingangssignal in Form eines
Diracimpulses $u(t)=\delta(t-\tau)$ ändert, die Gewichtsfunktion $g(t,\tau)$
des zeitvarianten Systems.

$$L(s,t)g(t,\tau)=M(s,t)\delta(t-\tau) \qquad (1.4)$$

Sie ist jedoch zum Unterschied von der Gewichtsfunktion zeitinvarianter Systeme eine Funktion der Zeit t <u>und</u> des Zeit-
punktes τ, zu dem der Diracimpuls am Eingang auftritt. Als
Funktion zweier Variabler (t,τ) ist die Gewichtsfunktion eines
zeitvarianten Systems durch eine Fläche (Bild 1.2) darstellbar und genügt der Bedingung der Kausalität.

$$g(t,\tau)\equiv 0 \quad \forall \ t<\tau$$

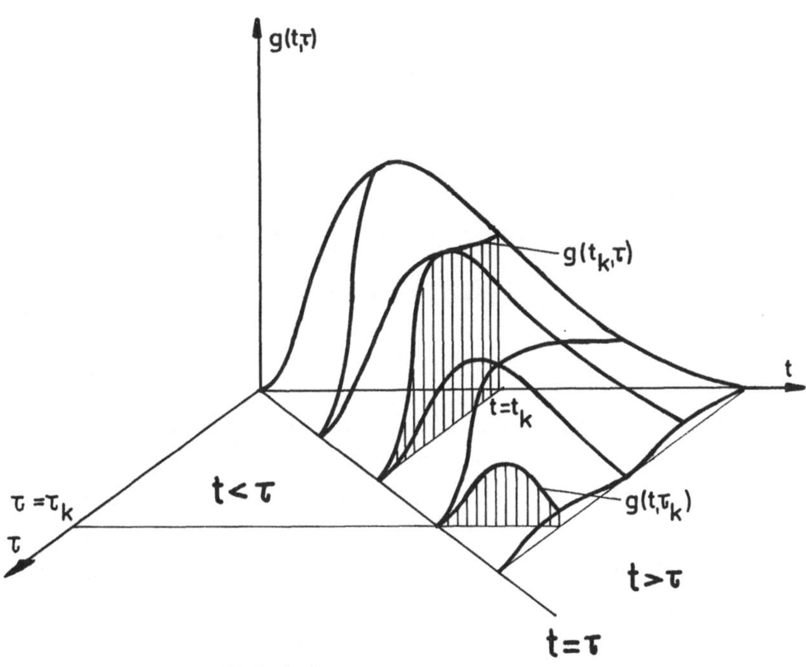

Bild 1.2

Infolge dieser hat die Gewichtsfunktionsfläche links von der
Geraden t=τ die Werte Null. Die Schnittlinie dieser "Gewichtsfunktionsfläche" mit einer im Abstand τ_k zur t-Achse paralle-
len und auf die t-τ-Ebene normalen Ebene stellt die Gewichtsfunktion des Systems g (t,τ_k) dar, und ist als Systemantwort
auf einen Diracimpuls zum Zeitpunkt τ_k interpretierbar. Umgekehrt sind die Schnittkurven mit einer Ebene, die die Gerade
t=t_k enthält - die "Gewichtsfunktionen" g (t_k,τ) - ein Maß
für die Parametervariation.

Setzt man in Gleichung (1.3) als Eingangssignal die Einheitssprungfunktion (Heavyside'sche Sprungfunktion u(t)=H(t-τ)
ein ergibt sich als Lösung die Übergangsfunktion f(t,τ) des
linearen zeitvarianten Systems. Sie kann in gleicher Weise wie
in Bild 1.2 die Gewichtsfunktion als Fläche dargestellt werden.
Die Übergangsfunktion ist, wie für zeitinvariante Systeme,
durch Integration der Gewichtsfunktion bestimmbar.

Da für lineare zeitvariante Systeme das Superpositionsprinzip gilt, ist bei bekannter Gewichtsfunktion g (t,τ) als
Systemantwort auf einen Diracimpuls die Systemantwort y(t)
auf ein beliebiges Eingangssignal u(t) aus dem Faltungsintegral
berechenbar.

$$y(t) = \int_{t_o}^{t} g(t,\tau)u(\tau)d\tau \qquad \forall \quad t_o < t < \infty$$

$$y(t) = 0 \qquad \forall \quad t < t_o \tag{1.5}$$

Durch diesen Zusammenhang wird die Analyse und Synthese von
linearen zeitvarianten Systemen gegenüber nichtlinearen sehr
stark vereinfacht. Das Faltungsintegral (1.5) nimmt daher eine
zentrale Stellung in der Theorie linearer zeitvarianter Systeme
ein, was die Bedeutung der Gewichtsfunktion noch unterstreicht.
Zur Beschreibung des dynamischen Verhaltens zeitvarianter
Systeme im Zeitbereich findet daher neben der Differentialgleichung fast ausschließlich die Gewichtsfunktion Verwendung.

1.2.1.2 Modelle im Frequenzbereich

Für zeitvariante (stationäre) Systeme kann durch Laplace-
bzw. Fouriertransformation die Differentialgleichung in eine
algebraische Gleichung übergeführt werden. Die sich ergebende
Gleichung kann im Frequenz- oder Bildbereich gelöst und die
Lösung in den Zeit- oder Originalbereich rücktransformiert
werden. Die Rücktransformation ist meist nicht notwendig, da
bekannte Verfahren der Regelungstechnik die Lösung interessie-
render Probleme im Frequenzbereich gestatten. Sie basieren
vorwiegend auf der Übertragungsfunktion

$$W(s) = \frac{Y(s)}{U(s)} \tag{1.6a}$$

mit $U(s) = \mathcal{L}\{u(t)\}$ als Laplacetransformierter
des Eingangssignals

und $Y(s) = \mathcal{L}\{y(t)\}$ als Laplacetransformierter
des Ausgangssignals

oder auf den Frequenzgang

$$F(i\omega) = \frac{Y(i\omega)}{U(i\omega)} \tag{1.6b}$$

worin $U(i\omega) = \mathcal{F}\{u(t)\}$ das fouriertransformierte Eingangssignal
und $Y(i\omega) = \mathcal{F}\{y(t)\}$ das fouriertransformierte Ausgangssignal
ist.

In der Differentialgleichung zeitvarianter (instationärer) Systeme (1.1) treten jedoch Produkte von Zeitfunktionen
auf, weshalb sich im Bildbereich keine algebraische Gleichung
ergibt. Wendet man die Laplace- oder Fouriertransformation auf
Differentialgleichungen, deren Koeffizienten Zeitfunktionen
sind, an, führt dies im allgemeinen auf eine andere Differentialgleichung für die Variablen s oder iω. Die Differentialgleichungen zeitvarianter Systeme können nur mit kompatiblen
Integraltransformationen oder der zweidimensionalen Laplace-
oder Fouriertransformationen in algebraische Gleichungen im
Frequenzbereich übergeführt werden. Ist dies möglich, sind
die bekannten Analyse- und Syntheseverfahren für zeitinvariante

Systeme auch auf zeitvariante anwendbar.

a) Laplacetransformation

Die Laplacetransformation als kompatible Transformation für
zeitinvariante Systeme hat sich für deren Behandlung im Bildbereich (s-Bereich) bewährt. Es lag daher nahe, auf ihr auf-
bauende Analyse- und Syntheseverfahren auch auf zeitvariante
Systeme zu übertragen; umsomehr als eine Vielzahl von Korres-
pondenzen tabelliert sind. Sie ist für die meisten zeitvarianten Systeme nicht kompatibel, d.h. sie führt deren Differentialgleichungen nicht in algebraische Gleichungen über. Aus-
nahmen sind hier lediglich Systeme, auf deren Differentialgleichungen der komplexe Faltungssatz

$$\mathcal{L}\{f_1(t).f_2(t)\} = \frac{1}{2\pi i} \int_{c-i\infty}^{c+i\infty} F_1(\lambda).F_2(s-\lambda)d\lambda \qquad (1.7)$$

oder der Differentiationssatz

$$\mathcal{L}\{t^n f(t)\} = (-1)^n \frac{d^n F(s)}{ds^n} \qquad (1.8)$$

anwendbar ist. Mit dem Differentiationssatz können vorteilhaft Differentialgleichungen transformiert werden, deren Koeffizienten Polynome in t sind, wie z.B. die Bessel'sche
Differentialgleichung nullter Ordnung.

Sind die Koeffizienten der Differentialgleichung (1.1)
in einen zeitunabhängigen (stationären) und einen zeitabhängigen (instationären) Anteil

$$a_i(t) = a_i^o + a_i^*(t)$$
$$b_j(t) = b_j^o + b_j^*(t) \qquad (1.9)$$

zerlegbar,ist der komplexe Faltungssatz der Laplacetransformation auf (1.3) anwendbar.

Setzt man (1.9) in (1.1b) ein, erhält man zunächst

$$\sum_{i=0}^{n} a_i^o \frac{d^i y(t)}{dt^i} + \sum_{i=0}^{n} a_i^*(t) \frac{d^i y(t)}{dt^i} =$$

$$= \sum_{j=0}^{m} b_j^o \frac{d^j u(t)}{dt^j} + \sum_{j=0}^{m} b_j^*(t) \frac{d^j u(t)}{dt^j}$$

woraus mit den Bezeichnungen

$$L^o(s) = \sum_{i=0}^{n} a_i^o s^i \quad ; \quad M^o(s) = \sum_{j=0}^{m} b_j^o s^j$$

durch Anwendung von (1.7) folgt:

$$L^o(s)Y(s) + \frac{1}{2\pi i} \int_{c-i\infty}^{c+i\infty} \left\{ \sum_{i=0}^{n-1} \left[\int_0^{\infty} a_i^*(t)\exp(-\lambda t)dt \right] \right.$$

$$\left. (s-\lambda)^i \right\} Y(s-\lambda)d\lambda =$$

$$= M^o(s)U(s) + \frac{1}{2\pi i} \int_{c-i\infty}^{c+i\infty} \left\{ \sum_{j=0}^{m} \left[\int_0^{\infty} b_j^*(t)\exp(-\lambda t)dt \right] \right.$$

$$\left. (s-\lambda)^j \right\} U(s-\lambda)d\lambda \qquad (1.10)$$

Mit den Substitutionen

$$Y_a^*(s) = \frac{1}{2\pi i} \int_{c-i\infty}^{c+i\infty} \left\{ \sum_{i=0}^{n-1} \left[\int_0^\infty a_i^*(t)\exp(-\lambda t)dt \right] (s-\lambda)^i \right\} \cdot Y(s-\lambda)d\lambda$$

$$U_b^*(s) = \frac{1}{2\pi i} \int_{c-i\infty}^{c+i\infty} \left\{ \sum_{j=0}^{m} \left[\int_0^\infty b_j^*(t)\exp(-\lambda t)dt \right] (s-\lambda)^j \right\} \cdot U(s-\lambda)d\lambda$$

ergibt sich für die Laplacetransformierte des Ausgangssignals

$$Y(s) = \frac{M^0(s)}{L^0(s)} U(s) + \frac{U_b^*(s)}{L^0(s)} - \frac{Y_a^*(s)}{L^0(s)} \tag{1.11}$$

Hierin stellt der erste Summand auf der rechten Seite die Laplacetransformierte der zeitinvarianten Lösung für $a_i^*(t) = 0 \ \forall \ i = 0,1,\dots,n$ und $b_j^*(t) = 0 \ \forall \ j = 0,1,\dots,m$ dar. Der Einfluß der instationären Koeffizientenanteile findet sich in den beiden anderen Summanden der rechten Seite, wodurch für beliebige Eingangssignale die Gleichung (1.11) zu einer Integralgleichung zweiter Art für das Ausgangssignal des zeitvarianten Systems Y(s) im Bildbereich wird. Aus ihr folgt beispielsweise mit der Methode der sukzessiven Approximation das Ausgangssignal im Zeitbereich y(t), was unter Umständen sehr aufwendig ist [1.2].

Die Definition einer Systemkennfunktion im Bildbereich analog der Übertragungsfunktion zeitinvarianter Systeme ist aus (1.11) nicht möglich. Daher sind bei dieser Vorgangsweise die bekannten Analyse- und Syntheseverfahren zeitinvarianter

Systeme nicht unmittelbar auf zeitvariante übertragbar. Deshalb wendet Zadeh die Laplacetransformation als nichtkompatible Transformation auf die Gewichtsfunktion zeitvarianter Systeme an und gelangt so zu einer *parametrischen Übertragungsfunktion* (Zadeh's system function) [1.6]. Sie ist somit in Übereinstimmung mit der Übertragungsfunktion zeitinvarianter Systeme definiert als

$$W_p(s,t) := \int_{-\infty}^{t} g(t,\tau) \cdot \exp[-s(t-\tau)]d\tau \qquad (1.12a)$$

Da eine Berechnung der parametrischen Übertragungsfunktion aus Gleichung (1.12a) praktisch meist nicht durchführbar ist, wird in verschiedenen Publikationen (z.B. [1.2], [1.6]) eine Differentialgleichung zur Bestimmung der parametrischen Übertragungsfunktion abgeleitet.

Mit der Substitution $\lambda = t-\tau$ geht (1.12a) über in

$$W_p(s,t) = \int_{0}^{\infty} g(t,t-\lambda)\exp(s-\lambda)d\lambda \qquad (1.12b)$$

worin t als Parameter aufzufassen ist. Die parametrische Übertragungsfunktion kann direkt aus der Differentialgleichung (1.4) durch Multiplikation beider Seiten mit $\exp(s\tau)$ und nachfolgender Integration von $-\infty$ bis t bestimmt werden. Für verschwindende Anfangsbedingungen der Gewichtsfunktion $g(t,\tau)$ ergibt sich aus (1.4)

$$L(s,t) \int_{-\infty}^{t} g(t,\tau)\exp(s\tau)d\tau = M(s,t) \int_{-\infty}^{t} \delta(t-\tau)\exp(s\tau)d\tau$$

oder

$$L(s,t)W_p(s,t)\exp(st) = M(s,t)\exp(st)$$

Anwendung des Operators L(s,t) auf das Produkt der Funktionen W_p(s,t) und exp(st) ergibt unter Ausführung einiger Umformungen [1.6] die inhomogene, lineare, partielle Differentialgleichung für die parametrische Übertragungsfunktion

$$\frac{M(s,t)}{L(s,t)} = \sum_{i=0}^{n} \frac{1}{i!L(s,t)} \; \frac{\partial^i L(s,t)}{\partial s^i} \; \frac{\partial W_p(s,t)}{\partial t^i} \qquad (1.13)$$

die von gleicher Ordnung wie die Differentialgleichung (1.1) ist. Im allgemeinen ist die Berechnung von W_p(s,t) aus Gleichung (1.13) ebenso aufwendig wie die Lösung der Gleichung (1.1). Es werden Näherungsverfahren, insbesondere die Methode der sukzessiven Approximation verwendet.

Unter der Voraussetzung, daß sich die Koeffizienten in (1.1) nur sehr langsam mit der Zeit ändern (langsam variierende Prozeßparameter), läßt sich eine Näherungslösung der Gleichung (1.13) in Form folgender Reihe erhalten.

$$W_p(s,t) = \sum_{i=1}^{\infty} W_{pi}(s,t) \qquad (1.14)$$

Die erste Näherung für die parametrische Übertragungsfunktion W_{p1}(s,t) folgt aus Gleichung (1.13) durch Nullsetzen aller Ableitungen für $i \neq 0$. Weitere Näherungen können mit Hilfe von Rekursionsgleichungen berechnet werden [1.2], [1.6].

Ändern sich die Systemparameter so langsam, daß sie innerhalb der Ausgleichszeit des Systems faktisch konstant sind, genügt die erste Näherung von (1.14) W_{p1}(s,t) zur Systembeschreibung. Diese trägt die Bezeichnung *eingefrorene Übertragungsfunktion* und ergibt sich aus (1.13) zu

$$W_{p1}(s,t) = W_e(s,t) = \frac{M(s,t)}{L(s,t)} =$$

$$= \frac{b_o(t)+b_1(t).s+ \; ... \; +b_m(t)s^m}{a_o(t)+a_1(t).s+ \; ... \; +a_n(t)s^n} \qquad (1.15)$$

Die eingefrorene Übertragungsfunktion stimmt formal mit der
Übertragungsfunktion zeitinvarianter Systeme überein. Zeitvariante Systeme, deren dynamisches Verhalten durch die eingefrorene Übertragungsfunktion hinreichend genau beschreibbar
ist (quasistationäre Systeme), können daher unmittelbar mit
den bekannten Analyse- und Syntheseverfahren zeitinvarianter
Systeme behandelt werden.
Eine weitere Näherungslösung der Gleichung (1.13) wird in
[1.6] angegeben. Auf sie wird in Abschnitt 1.2.1.3 an Hand
eines Beispieles näher eingegangen.

Die Substitution s $=i\omega$ in der parametrischen Übertragungs-
funktion $W_p(s,t)$ gestattet die Definition eines parametrischen
Frequenzganges $F_p(i\omega,t)$ für lineare zeitinvariante Systeme.
Er kann in Real- und Imaginärteil gemäß

$$F_p(i\omega,t) = \mathrm{Re}\{F_p(i\omega,t)\} + i.\mathrm{Im}\{F_p(i\omega,t)\} \qquad (1.16)$$

aufgespalten und in Form der Ortskurve oder der Frequenzkennlinien dargestellt werden. Dabei ist allerdings zu beachten,
daß die einzelnen Kurven jeweils nur für einen bestimmten
Zeitpunkt t gelten. Will man die Abhängigkeit von t in den
Diagrammen untersuchen, führt dies auf Ortskurven- oder
Frequenzkennlinienscharen, die unter Umständen sehr unüber-
sichtlich werden können. In Abschnitt 1.2.1.3 findet daher
einedreidimensionale Darstellung in Form einer Ortskurvenfläche oder einer Amplituden- und Phasenkennlinienfläche Verwendung.

b) Integraltransformationen

Zu den wichtigsten stetigen Transformationen gehört die
Klasse der Integraltransformationen: Eine lineare Integraltransformation für eine Funktion f(t) ist definiert als

$$\mathcal{J}\{f(t)\} = F(\lambda) = \int_a^b f(t)K(\lambda,t)dt \qquad (1.17a)$$

mit der Umkehrung

$$\mathcal{J}^{-1}\{F(\lambda)\} \equiv f(t) = \frac{1}{2\pi i} \int\limits_C F(\lambda)k(t,\lambda)d\lambda \qquad (1.17b)$$

K (λ,t) trägt die Bezeichnung direkter, $k(t,\lambda)$ inverser Kern der Integraltransformation.

Eine Integraltransformation ist für zeitvariante Systeme geeignet, wenn sie deren Differentialgleichung (1.3) in eine algebraische Gleichung überführt. Das heißt: Die Transformation $\mathcal{J}$ angewandt auf (1.3)

$$\mathcal{J}\left\{L[y(t)] = M[u(t)]\right\} \qquad (1.18)$$

ergibt die algebraische Gleichung

$$L(\lambda)Y(\lambda) = M(\lambda)U(\lambda) \qquad (1.19)$$

für die Transformationsvariable λ.

Das Ausgangssignal von (1.3) im "λ-Bereich" folgt aus (1.19)zu

$$Y(\lambda) = \frac{M(\lambda)}{L(\lambda)} U(\lambda) \qquad (1.20)$$

und jenes im Zeitbereich durch Rücktransformation mit (1.18b) zu

$$y(t) = \mathcal{J}^{-1}\{Y(\lambda)\} = \mathcal{J}^{-1}\left\{\frac{M(\lambda)}{L(\lambda)}U(\lambda)\right\} \qquad (1.21)$$

$M(\lambda)/L(\lambda)$ ist die Übertragungsfunktion $W(\lambda)$ des zeitvarianten Systems. Transformiert ein Kern eine Differentialgleichung in eine algebraische - wird er für diese Differentialgleichung als kompatibel bezeichnet.

Nicht alle Transformationskerne K (λ,t) sind auf Differen-

tialgleichungen zeitvarianter Systeme anwendbar. Beispiele
kompatibler Transformationen für zeitvariante Systeme sind die
Mellintransformation und die Hankeltransformation. Die Mellintransformation ist für Systeme,die durch Euler-Cauchy'sche
Differentialgleichungen

$$\sum_{i=o}^{n} a_i \, t^i \, \frac{d^i y(t)}{dt^i} \;=\; \sum_{j=o}^{m} b_j \, t^j \, \frac{d^j u(t)}{dt^j} \tag{1.22}$$

beschreibbar sind, kompatibel. Ihre Kerne sind $K(\lambda,t)=t^{\lambda-1}$ und
$k(t,\lambda)=t^{-\lambda}$.
Für Systeme, bei denen der Zusammenhang zwischen Ein- und Ausgangssignal durch verallgemeinerte Bessel'sche Differentialgleichungen

$$\left[\frac{d^2}{dt^2} + \frac{1}{t} \, \frac{d}{dt} - \frac{n^2}{t^2} \pm a^2 \right]^N x(t) \;=\; f(t) \tag{1.23}$$

gegeben ist, sind die Kerne $K(\lambda,t) = t \, I_n(\lambda t)$ und $k(t,\lambda) =$
$\lambda I_n(\lambda,t)$ kompatibel. $I_n(\lambda,t)$ sind die Bessel'schen Funktionen.
Für kompatible Transformationskerne gilt nach [1.1]

$$\frac{1}{2\pi i} \int_C k(t,\lambda)K(\lambda,\tau)d\lambda \;=\; \delta(t-\tau) \tag{1.24}$$

Dies ist an Hand der Mellin- und Hankeltransformation leicht
zu überprüfen.

Die Bestimmung kompatibler Transformationen für Differentialgleichungen (Operatoren) zeitvarianter Systeme führt, wie
in [1.1] gezeigt, auf die Lösung einer Differentialgleichung
der Form (1.1) für den Kern $K(\lambda,t)$. Ein kompatibler Kern kann

daher meist nur,wenn die Lösung der Systemdifferentialgleichung
bekannt ist, berechnet werden.

Integraltransformationen finden für zeitvariante Systeme
vorteilhaft Verwendung, wenn Ausgangssignale auf verschiedene
Eingangssignale zu bestimmen sind. Kompatible Transformationen
für spezielle lineare zeitvariante Systeme können der Literatur (z.B. [1.12] bis [1.15] sowie [1.1]) entnommen werden.

c) Zweidimensionale Laplacetransformation

Eine weitere kompatible Transformation für zeitvariante
Systeme ist die zweidimensionale Laplacetransformation [1.16].
Ihre Verwendung wurde bereits in [1.6] angedeutet,aber seither
nur wenig [1.17] zur Analyse und Synthese zeitvarianter Systeme angewandt.
Unterwirft man die Gewichtsfunktion $g(t,\tau)$ eines zeitvarianten Systems als Funktion zweier Argumente der zweidimensionalen Laplacetransformation

$$L_2\{g(t,\tau)\} = W(s_1,s_2): = \int_0^\infty \int_0^\infty g(t,\tau)\exp\{-(s_1 t + s_2 \tau)\}dt d\tau$$

$$(1.25)$$

oder in symbolischer Schreibweise

$$g(t,\tau) \circ\!\!=\!\!\bullet W(s_1,s_2)$$

ergibt sich eine *bifrequente Übertragungsfunktion* $W(s_1,s_2)$.
Voraussetzung ist die Konvergenz des Doppelintegrals, welche
im wesentlichen von der Gewichtsfunktion abhängt. Die Berechnung des Doppelintegrals ist meist nicht notwendig, da in der
Praxis die zweidimensionale Laplacetransformation durch zweimalige Anwendung der eindimensionalen Laplacetransformation
nach Bild 1.3 ersetzt werden kann.

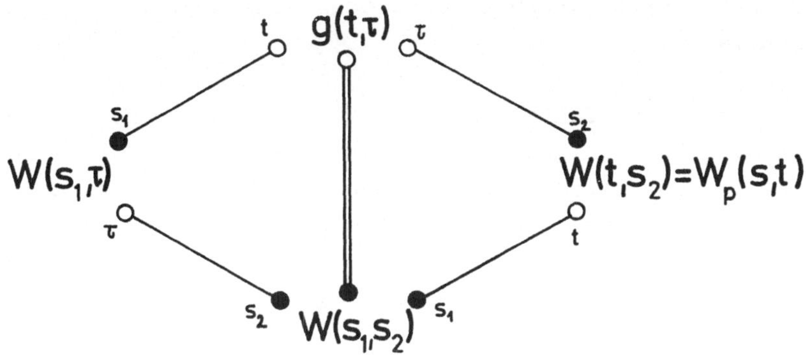

Bild 1.3

Dadurch können die Sätze und Korrespondenztabellen der eindimensionalen Laplacetransformation [1.18] verwendet werden.

Wie in Bild 1.3 gezeigt, kann die Gewichtsfunktion zuerst
wahlweise nach der Variablen t oder τ transformiert werden. Bei
Transformation nach τ ergibt sich zunächst nach Gleichung
(1.12a) die parametrische Übertragungsfunktion $W_p(s,t)$. Da wie
bereits in diesem Abschnitt ausgeführt, die Auswertung des
Laplaceintegrals (1.12a) also die Anwendung der eindimensionalen Laplacetransformation auf die Gewichtsfunktion schwierig
ist, dürfte die Berechnung der bifrequenten Übertragungsfunktion $W(s_1,s_2)$ auf diesem Weg nur für einfache Übertragungsglieder möglich sein.
Die Substitutionen $s_1=i\omega_1$ und $s_2=i\omega_2$ oder Ersatz der Laplace-
durch die Fouriertransformation führen auf einen *bifrequenten*
Frequenzgang $F(i\omega_1, i\omega_2)$. Er ist sowohl in der Ortskurvenebene
(Re{F}, Im{F}) als auch im Bodediagramm (|F|, arg F) darstell-
bar. In der Ortskurvenebene ergibt sich eine Kurvenschar für
ω_1=const oder ω_2=const mit jeweils der anderen Frequenz als Parameter.

Gleiches gilt für die Frequenzkennlinien. Natürlich besteht auch

für den bifrequenten Frequenzgang die Möglichkeit einer drei-
dimensionalen Darstellung mit einer zusätzlichen ω-Achse. Sie
führt auf eine Ortskurvenfläche oder eine Amplituden- und
Phasenfläche.

Die in der Gewichtsfunktion auftretenden Argumente t und τ
können anschaulich gedeutet werden, was für die Frequenzen
ω_1 und ω_2 des bifrequenten Frequenzganges nicht unmittelbar
möglich ist. Deshalb ist diese "formale" Funktion einer physikalischen Deutung, wie diese für den Frequenzgang zeitinvarianter Systeme üblich ist, nicht zugänglich.

1.2.1.3 Gegenüberstellung der externen mathematischen Modelle

Zum Abschluß dieses Abschnittes sollen die in ihren Grundzügen beschriebenen mathematischen Modelle anhand eines einfachen zeitvarianten Übertragungsgliedes einander gegenübergestellt werden. Als Beispiel dient ein Verzögerungsglied
erster Ordnung mit periodisch variierender Zeitkonstante. Es
wird durch die Differentialgleichung

$$\frac{1}{b+c\ \sin\omega_p t}\ \dot{y}(t) + y(t) = u(t)$$

mit ω_p als Kreisfrequenz und c als Amplitude der Parametervariation beschrieben. b>c ist eine Konstante, die sicherstellt,
daß die Zeitkonstante keine negativen Werte annimmt. Für c=0
oder ω_p=0 geht die Differentialgleichung in die eines zeitinvarianten Verzögerungsgliedes erster Ordnung mit der Zeitkonstante $T = \frac{1}{b}$ über. Umformen der Differentialgleichung führt
nach Gleichung (1.2) auf die Operatoren

$$L(s,t) = s+b+c\ \sin\ \omega_p t$$

$$M(s,t) = b+c\ \sin\ \omega_p t$$

womit die Differentialgleichung in Form der Gleichung (1.3)
notiert werden kann.

Aus (1.4) ergibt sich mit $u(t) = \delta(t-\tau)$ durch einfache Integration die Gewichtsfunktion $g(t,\tau)$

$$g(t,\tau) = (b+c.\sin\omega_p t).\exp\{-b(t-\tau) + \frac{c}{\omega_p}(\cos\omega_p t - \cos\omega_p \tau)\}$$

Die Gewichtsfunktionsfläche $g(t,\tau)$ ist für eine Kreisfrequenz der Parameteränderung $\omega_p = 1,047\,\frac{rad}{s}$ und für die Werte $c=0,4$ und $b=0,5$ ind Bild 1.4 dargestellt. Sie beginnt längs der Geraden $t=\tau$ und geht für wachsende t sehr rasch gegen Null.

Durch Integration von $g(t,\tau)$ für $\tau=$const erhält man die Übergangsfunktion $f(t,\tau)$

$$f(t,\tau) = 1-\exp\{-b(t-\tau)+\frac{c}{\omega_p}(\cos\omega_p t - \cos\omega_p \tau)\}$$

Die Übergangsfunktionsfläche $f(t,\tau)$ ist für die gleichen Werte ω_p, b und c wie $g(t,\tau)$ in Bild 1.5 aufgezeichnet.

Sowohl $f(t,\tau)$ als auch $g(t,\tau)$ gehen für $\omega_p=0$ oder $c=0$ mit $\tau=0$ in die Übergangsfunktion $f(t) = 1-\exp(-bt)$ oder die Gewichtsfunktion $g(t) = b\exp(-bt)$ eines zeitinvarianten Verzögerungsgliedes erster Ordnung über.

Im Frequenzbereich folgt zunächst durch Anwendung des komplexen Faltungssatzes die Integralgleichung (1.11) für das Ausgangssignal

$$Y(s) = \frac{b}{b+s}.U(s) - \frac{1}{b+s}.\frac{\omega_p}{2\pi i}\int_{c-i\infty}^{c+i\infty}\frac{U(s-\lambda)}{\lambda^2+\omega_p^2}d\lambda + \frac{1}{b+s}.\frac{\omega_p}{2\pi i}\int_{c-i\infty}^{c+i\infty}\frac{Y(s-\lambda)}{\lambda^2+\omega_p^2}d\lambda$$

Der erste Summand auf der rechten Seite ist die Übertragungsfunktion des zeitinvarianten Verzögerungsgliedes erster Ordnung.

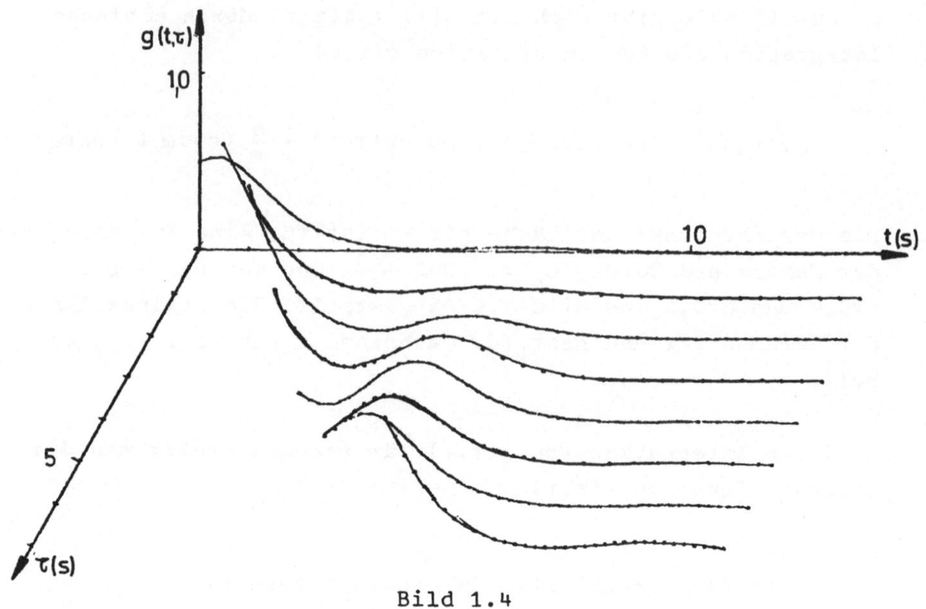

Bild 1.4

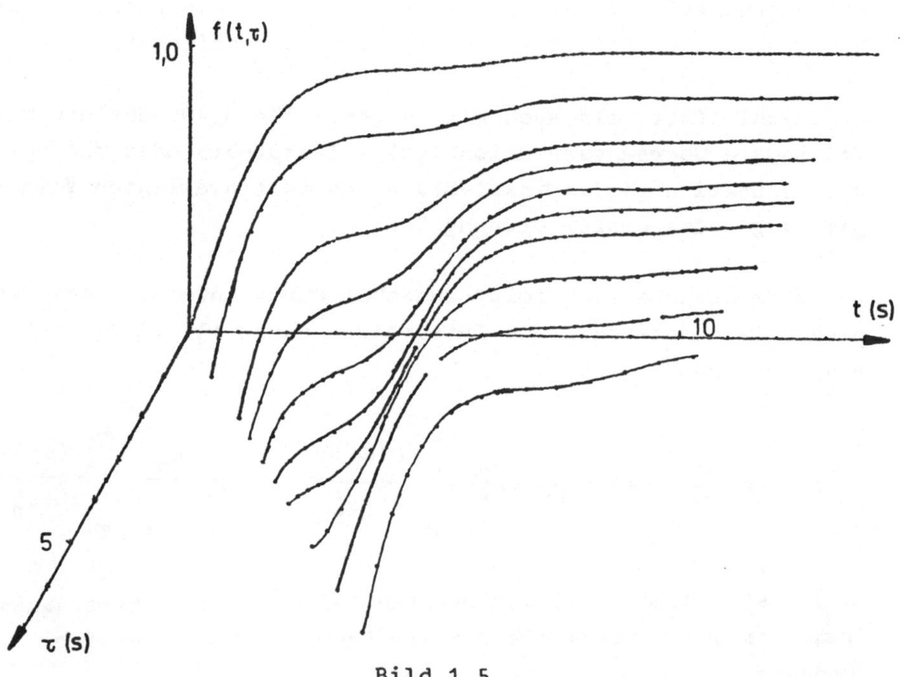

Bild 1.5

Die parametrische Übertragungsfunktion ergäbe sich durch
Laplacetransformation der Gewichtsfunktion nach (1.12a) zu

$$W_p(s,t) = (b+c.\sin\omega_p t).\exp\{-(b+s)t + \frac{c}{\omega_p}\cos\omega_p t\}$$

$$\int\limits_{-\infty}^{t} \exp\{(s-b)\tau - \frac{c}{\omega_p}\cos\omega_p\tau\}d\tau$$

Wie bereits ausgeführt,ist selbst in diesem einfachen Fall die
parametrische Übertragungsfunktion aus obiger Gleichung analytisch nicht berechenbar. Deshalb wird zunächst die Differentialgleichung für die parametrische Übertragungsfunktion
(1.13) hergeleitet. Sie ergibt sich unmittelbar zu

$$\frac{d\,W_p\,(s,t)}{dt} + (s+b+c.\sin\omega_p t)\,W_p(s,t) = b+c.\sin\omega_p t$$

und ist von gleicher Ordnung wie die Systemdifferentialgleichung (1.1).

Die Näherungslösung dieser Differentialgleichung nach
Gleichung (1.14) kann mit Hilfe der in [1.2] und [1.6] angegebenen Rekursionsformeln gewonnen werden. Die erste Näherung
folgt unmittelbar aus obiger Differentialgleichung durch Nullsetzen der Ableitung für W_p

$$W_{p_1}(s,t) = W_e(s,t) = \frac{b+c\,\sin\,\omega_p t}{b+c\,\sin\,\omega_p t+s}$$

und ist nach (1.15) die eingefrorene Übertragungsfunktion.

Die zweite Näherung ergibt sich zu

$$W_{p_2}(s,t) = c\omega_p \cos\omega_p t \frac{s}{(b+cs\sin\omega_p t+s)^3}$$

somit folgt für die parametrische Übertragungsfunktion

$$W_p(s,t) = W_{p_1}'(s,t)+W_{p_2}(s,t)+\ldots =$$

$$= \frac{1}{b+cs\sin\omega_p t+s}\left[b+cs\sin\omega_p t+c\omega_p\cos\omega_p t\frac{s}{(b+cs\sin\omega_p t+s)^2}+\ldots\right]$$

Die Näherung gilt für c kleiner 1, da die Summanden mit höheren Potenzen von c vernachlässigt wurden.

Zur Berechnung einer anderen Näherungslösung ist nach [1.6] die Differentialgleichung für die parametrische Übertragungsfunktion umzuformen. Die ersten beiden Näherungen sind dann die Lösungen der Differentialgleichungen erster Ordnung.

$$\frac{dW_{p_1}(s,t)}{dt} + (b+s)W_{p_1}(s,t) = b+cs\sin\omega_p t$$

$$\frac{dW_{p_2}(s,t)}{dt} + (b+s)W_{p_2}(s,t) = -W_{p_1}(s,t)cs\sin\omega_p t$$

Die Lösung der ersten Gleichung ergibt sich zu

$$W_{p_1}(s,t)= \frac{b}{b+s}+cs\sin\omega_p t\frac{b+s}{(b+s)^2+\omega_p^2} - c\omega_p\cos\omega_p t\frac{1}{(b+s)^2+\omega_p^2}$$

Einsetzen in die zweite Gleichung und Lösen führt bei Vernachlässigung der quadratischen Ausdrücke von c (c<1) auf

$$W_{p_2}(s,t) = \frac{b}{b+s}\left[-c \cdot \sin\omega_p t \, \frac{b+s}{(b+s)^2+\omega_p^2} + c\omega_p\cos\omega_p t \, \frac{1}{(b+s)^2+\omega_p^2}\right]$$

Diese Näherung für die parametrische Übertragungsfunktion lautet daher

$$W_p(s,t) = W_{p_1}(s,t) + W_{p_2}(s,t) + \ldots =$$

$$= \frac{b}{b+s} + c\sin\omega_p t \frac{s}{(b+s)^2+\omega_p^2} + c\omega_p\cos\omega_p t \, \frac{s}{(b+s)[(b+s)^2+\omega_p^2]}$$

Sie gilt voraussetzungsgemäß nur für kleine Werte der Amplitude der Parametervariation. Für $c=0$ oder $\omega_p=0$ gehen beide Näherungen für die parametrische Übertragungsfunktion in die Übertragungsfunktion des zeitinvarianten Verzögerungsgliedes erster Ordnung $W(s)$ mit der Zeitkonstante $T = \frac{1}{b}$ über.

Der Ausdruck für die parametrische Übertragungsfunktion kann in einer Serienschaltung von Grundübertragungsgliedern aufgespalten werden.

$$W_p(s,t) = \frac{1}{1+\frac{1}{b}s} \cdot \frac{1}{1+\frac{2b}{b^2+\omega_p^2}\cdot s+\frac{1}{b^2+\omega_p^2}\cdot s^2}$$

$$\left(1 + \frac{2b^2 + bc\cdot\sin\omega_p t + c\omega_p\cos\omega_p t}{b(b^2+\omega_p^2)} : s + \frac{b + c\cdot\sin\omega_p t}{b(b^2+\omega_p^2)}\cdot s^2\right)$$

Aus dieser Darstellung sind 3 Grundübertragungsglieder erkennbar

a) Ein Verzögerungsglied erster Ordnung mit der Zeitkonstante $T_1 = \frac{1}{b}$.

b) Ein Verzögerungsglied **zweiter** Ordnung mit der Zeit-

konstante $T_2 = \sqrt{\dfrac{1}{b^2+\omega_p^2}}$ und der Dämpfung $D_2 = \dfrac{b}{b^2+\omega_p^2}$.

c) Ein Vorhalteglied zweiter Ordnung mit der periodisch variierenden Zeitkonstante

$$T_3 = \sqrt{\frac{b+c\sin\omega_p t}{b(b^2+\omega_p^2)}} \quad \text{und der ebenfalls periodisch variie-}$$

renden Dämpfung $\quad D_3 = \dfrac{2b^2+bc\sin\omega_p t+c\omega_p\cos\omega_p t}{\sqrt{4b(b+c\sin\omega_p t)(b^2+\omega_p^2)}}$

Setzt **man** in der parametrischen Übertragungsfunktion $s=i\omega$, ergibt sich nach (1.17) der parametrische Frequenzgang $F_p(i\omega,t)$.
Dieser ist für die zweite Näherungslösung in Bild 1.6 in Form
von Frequenzkennlinienflächen dargestellt. Die Frequenzkenn-
linienflächen für $|F_p(i\omega,t)|$ und $\arg\left[F_p(i\omega,t)\right]$ gelten wie die
Gewichtsfunktionsfläche (Bild 1.4) und die Übergangsfunktions-
fläche (Bild 1.5) nur für eine bestimmte Parametervariation.
Hier wurde in Übereinstimmung mit den Bildern 1.4 und 1.5
$\omega_p=1,047\dfrac{\text{rad}}{\text{s}}$, b=0,5 und c=0,4 gewählt. Die beiden unter a) und
b) angeführten Verzögerungsglieder sind dadurch zeitinvariant.
Zeitabhängig ist nur das Vorhalteglied zweiter Ordnung c).
Seine Zeitkonstante ändert sich innerhalb einer Periode der
Parameteränderung zwischen T_{3min} = 0,385s bei t = 4,5s und
T_{3max} = 1,154s bei t = 1,5s , seine Dämpfung zwischen D_{3min} =
0,069 bei t = 3s und D_{3max} = 0,79 bei t = 0 und 6s. Dies er-
klärt die Form der Amplituden- und Phasenfläche in Bild 1.6.

Zur Berechnung der bifrequenten Übertragungsfunktionen
$W(s_1, s_2)$ ist die zweite Näherung besser geeignet. Wendet man
auf sie nochmals die Laplacetransformation an, folgt wie leicht
selbst nachzuprüfen ist, mit $s = s_1$ die bifrequente Übertragungsfunktion $W(s_1, s_2)$.

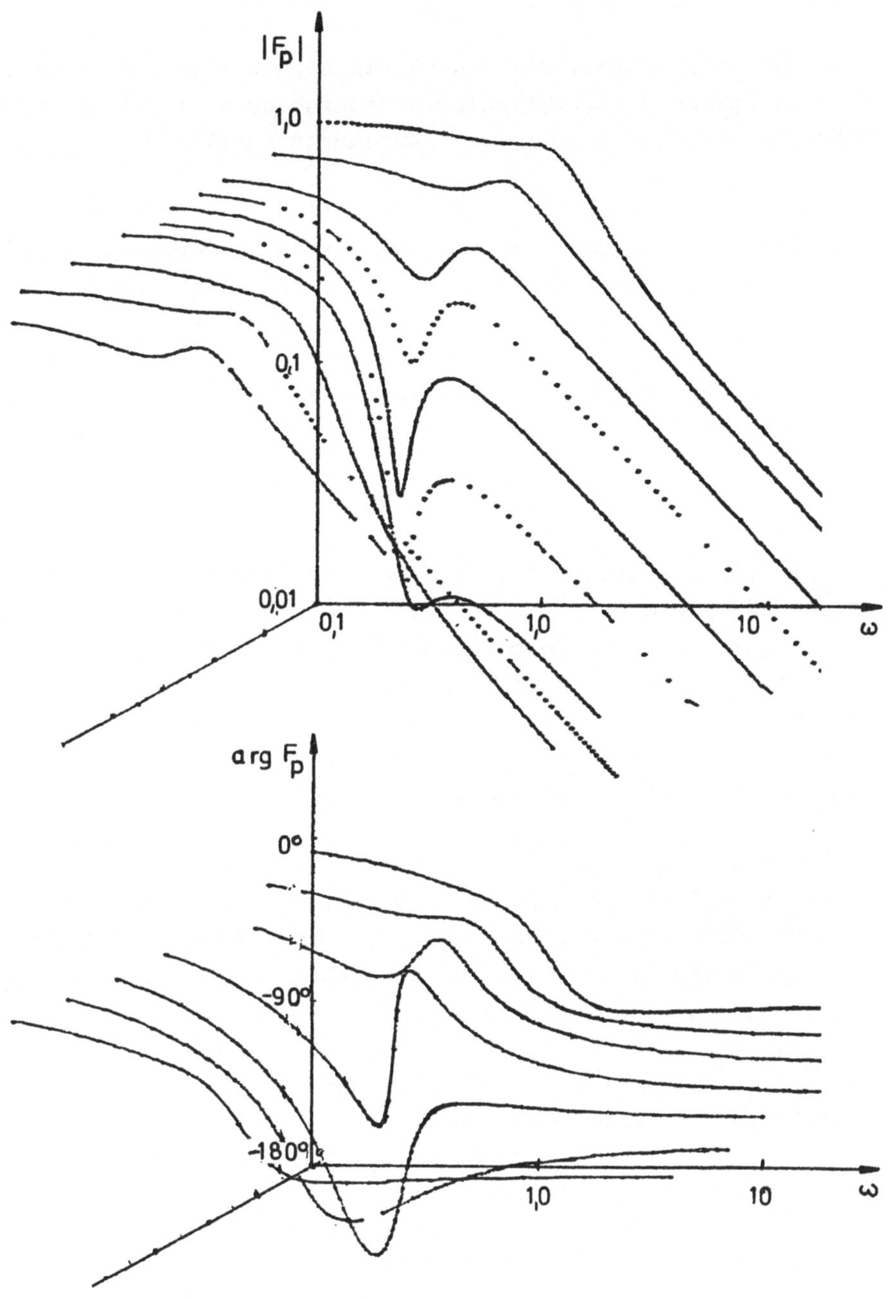

Bild 1.6

<u>1.2.1.4 Zusammenfassung</u>

Es wurde versucht, die Grundlagen externer mathematischer
Modelle linearer zeitvarianter Systeme, soweit sie in der Literatur Bedeutung erlangt haben, zusammenzustellen.

Im Zeitbereich findet neben der Differentialgleichung
hauptsächlich die Gewichtsfunktion $g(t,\tau)$ Verwendung, da bei
ihrer Kenntnis das Ausgangssignal für ein beliebiges Eingangssignal aus dem Faltungsintegral (1.5) berechnet werden kann.

Die Beschreibungsmöglichkeiten im Bildbereich (Frequenzbereich) können in drei große Gruppen eingeteilt werden.

Die allgemeinen Integraltransformationen führen, wenn ihre
Kerne für die Systemdifferentialgleichung kompatibel sind, die
Differentialgleichung in eine algebraische Gleichung in λ
(1.19) über. Dadurch ist wie auch für zeitinvariante Systeme
die Definition einer Übertragungsfunktion $W(\lambda)$ möglich und die
bekannten Analyse- und Syntheseverfahren für zeitinvariante
Systeme auf zeitvariante übertragbar. Die Anwendung von Integraltransformationen scheitert meist an der aufwendigen Ermittlung kompatibler Transformationskerne.

Für beliebige zeitvariante Systeme ist die eindimensionale
Laplacetransformation nur in Sonderfällen anwendbar. Unter der
Voraussetzung, daß die Koeffizienten der Differentialgleichung
nach Gleichung (1.9) in einen stationären (zeitunabhängigen)
und einen instationären (zeitabhängigen) Anteil zerlegbar sind,
führt ihre Anwendung auf eine Integralgleichung (1.11) für die
Laplacetransformierte des Ausgangssignals.
Wendet man die Laplacetransformation auf die Gewichtsfunktion
$g(t,\tau)$ an und definiert eine von s und t abhängige parametrische
Übertragungsfunktion (Zadeh's system function), sind die Methoden zur Analyse und Synthese zeitinvarianter Systeme im wesentlichen unverändert übertragbar. Dabei ist t als Parameter aufzufassen, sodaß die Gleichungen nur für feste Werte von t gelten. Dies ist gleichbedeutend mit der Laplacetransformation

der Schnittkurven für $t=t_k=$const in Bild 1.2 also der Gewichtsfunktionen $g(t_k,\tau)$. Wählt man in (1.12b) als Eingangsgröße die
Deltafunktion, erhält man eine Differentialgleichung, die im
allgemeinen von gleicher Ordnung wie die Systemdifferentialgleichung (1.1) ist. Da die Berechnung der parametrischen
Übertragungsfunktion aus der Gewichtsfunktion - wie an Hand
des einfachen Beispiels in Abschnitt 1.2.1.3 gezeigt - meist
undurchführbar ist, findet dafür die Differentialgleichung
(1.13) Verwendung. Sie ist meistens auch nur näherungsweise lösbar, wofür zwei Methoden angegeben wurden. Für zeitvariante Systeme,deren Parameter sich sehr langsam ändern
(quasistationäre Systeme), findet man unter Umständen mit der
ersten Näherung, der eingefrorenen Übertragungsfunktion, das
Auslangen. Ist die parametrische Übertragungsfunktion bekannt,
besteht die Möglichkeit,einen parametrischen Frequenzgang einzuführen und somit die bekannten Analyse- und Syntheseverfahren
für zeitinvariante Systeme im Frequenzbereich auch auf zeitvariante Systeme anzuwenden. Insbesondere wurde eine Blockschaltbildalgebra für zeitvariante Systeme auf Basis der parametrischen Übertragungsfunktion entwickelt. Sie unterscheidet sich
in einigen wesentlichen Eigenschaften von der zeitinvarianter
Systeme. So gilt z.B. die bekannte Beziehung einer Serienschaltung zweier zeitinvarianter Systeme $W(s)=W_1(s).W_2(s)$ für
die parametrische Übertragungsfunktion zeitvarianter Systeme
nicht. Die Hauptnachteile liegen darin, daß die Regeln der
Blockschaltbildalgebra für zeitinvariante Systeme ungültig sind,
und die sich ergebenden Ortskurven oder Frequenzkennlinien des
parametrischen Frequenzganges nur für feste Werte von t gelten.
Sie sind "Momentaufnahmen" der Dynamik des zeitvarianten Systems.
Diese Nachteile können durch Einführung einer bifrequenten
Übertragungsfunktion oder eines bifrequenten Frequenzganges teilweise beseitigt werden.

Die bifrequente Übertragungsfunktion kann nach Bild 1.3 durch
zweimalige Anwendung der Laplacetransformation auf die Gewichtsfunktion berechnet werden. Das angegebene Rechenbeispiel zeigt
jedoch, daß meist nur die Näherung für die parametrische Übertragungsfunktion transformierbar ist.

In der Literatur konnte sich infolge der rechnerischen
Schwierigkeiten keine der 3 Möglichkeiten zur Beschreibung
zeitvarianter Systeme im Bildbereich entscheidend durchsetzen.
Die Anwendung allgemeiner Integraltransformation scheitert meist
an der Bestimmung kompatibler Transformationskerne sowie an dem
Fehlen von Korrespondenztabellen für diese speziellen Transformationen. Für die eindimensionale Laplacetransformation sind zwar
umfangreiche Korrespondenztabellen vorhanden; die Bestimmung
von $W_p(s,t)$ oder der instationären Anteile in (1.15) ist aber
sehr aufwendig. Gleiches gilt für die zweidimensionale Übertragungsfunktion.

1.2.2 Axiomatische Modelle zeitvarianter Systeme

Die im vorigen Abschnitt behandelten mathematischen Modelle
linearer zeitvarianter Systeme sind im wesentlichen Verallge-
meinerungen von Modellen für Systeme mit konstanten Parametern.
Die Beschreibung zeitvarianter Systeme mit Hilfe externer Modelle ist trotz einer Vielzahl nachfolgender Arbeiten auf Eingrößensysteme, die durch Differentialgleichungen von höchstens
zweiter Ordnung darstellbar sind, beschränkt geblieben. Sie
ist auch für Mehrgrößensysteme, wegen der softwaremäßig aufwendigen Programmierung komplexer Funktionen auf Digitalrechnern, ungeeignet. Derzeit findet hauptsächlich die Systembeschreibung mit internen Modellen im Zeitbereich in Form von
Matrix- oder Vektordifferentialgleichungen (Zustandsraumdarstellung) Verwendung.

1.2.2.1 Grundlagen der Zustandsraumdarstellung

Eine allgemeine, rechnerorientierte und umfassende Beschreibung zeitvarianter Systeme kann nur im *"Zustandsraum"* erfolgen.
Durch Einführung von n Zustandsvariablen $(x_1(t),\ldots x_n(t))$ geht
die Differentialgleichung (1.1) in ein System von n Differentialgleichungen erster Ordnung über.

Für ein ungestörtes, kontinuierliches, lineares, zeitvariantes Mehrgrößensystem lauten die so entstehenden Zustandsgleichun-

gen in Matrizenschreibweise

$$\dot{\underline{x}}(t) = \underline{A}(t)\underline{x}(t) + \underline{B}(t)\underline{u}(t)$$
$$\underline{y}(t) = \underline{C}(t)\underline{x}(t) + \underline{D}(t)\underline{u}(t) \qquad\qquad (1.26)$$

Mit:

$\underline{x}(t)$ .... Vektor der n Zustandsvariablen (Zustandsvektor)
$\underline{u}(t)$ .... Vektor der r Eingangsgrößen (Eingangsvektor)
$\underline{y}(t)$ .... Vektor der s Ausgangsgrößen (Ausgangsvektor)

und den Koeffizientenmatrizen

$\underline{A}(t)$ .... Zustands- (Übertragungs-) matrix (nxn); beschreibt
das innere Verhalten des Systems - seine Eigenbe-
wegungen.
$\underline{B}(t)$ .... Eingangs- (Steuer-) matrix (nxr); beschreibt die
Wirkung der r Eingangssignale auf den Zustand des
Systems.
$\underline{C}(t)$ .... Ausgangs- (Beobachtungs-) matrix (nxs); bestimmt den
Zusammenhang der Zustandsvariablen mit den Ausgangs-
signalen.
$\underline{D}(t)$ .... Durchgangsmatrix (sxr); beschreibt die direkte Wir-
kung der Eingangs- auf die Ausgangssignale.

Die Durchgangsmatrix $\underline{D}(t)$ ist für die meisten technischen Regelsysteme eine Nullmatrix, da Eingänge fast nie direkt auf Ausgänge wirken.
Die Gleichungen (1.26) sind sowohl mathematisch als auch inter-
pretationsmäßig allgemeiner und können als Matrixblockschaltbild dargestellt werden (Bild 1.7). In ihm bedeuten doppelte
Linien "vektorielle Signale".

Die Zustandsvariablen kennzeichnen den momentanen "inneren"
Systemzustand und sind unter Beachtung bestimmter Anforderungen
frei wählbar [1.1] , [1.10].

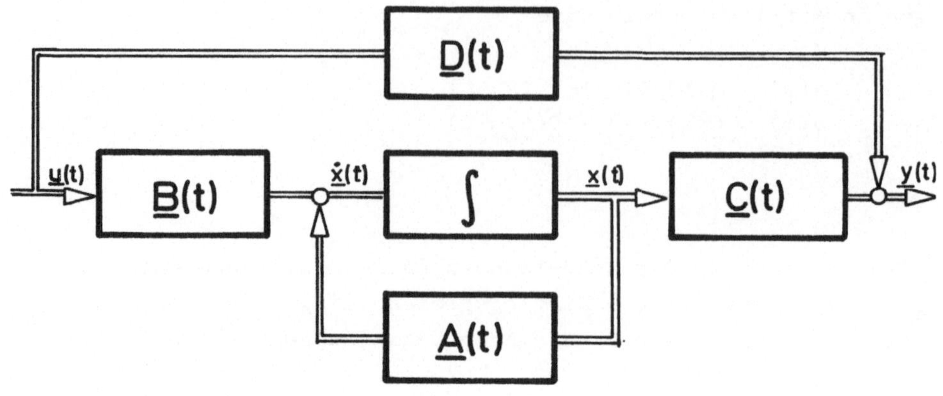

Bild 1.7

Für zeitvariante Systeme mit einem Eingang (r=1) und einem
Ausgang (s=1) vereinfachen sich mit m=n die Zustandsgleichungen (1.26) auf

$$\dot{\underline{x}}(t) = \underline{A}(t).\underline{x}(t) + \underline{b}(t)u(t)$$
$$y(t) = \underline{c}^T(t)\underline{x}(t) + d(t)u(t) \qquad (1.27)$$

Ein- und Ausgangsvektor $(\underline{u}(t), \underline{y}(t))$ entarten zu skalaren Größen;
Ein- und Ausgangsmatrix $(\underline{B}(t), \underline{C}(t))$ zu Spaltenvektoren $\underline{b}(t)$,
$\underline{c}(t)$. Für Operatoren M(s,t) und L(s,t) von m-ter und n-ter Ord-
nung ist die Gesamtzahl der Matrizenelemente n^2+n+m. Je nach
Wahl der Zustandsgrößen steht die Zustandsmatrix A(t) in engem
Zusammenhang mit dem Operator L(s,t) (in ihr treten die
Koeffizienten $a_i(t)$ auf), während die Matrizen $\underline{B}(t)$ und $\underline{C}(t)$
meist von den Koeffizienten der rechten Seite der Differential-
gleichung $b_j(t)$, also dem Operator M(s,t) bestimmt werden.

1.2.2.2 Bestimmung der Zustandsgleichungen aus der Differential-
gleichung

Aus den vielen Möglichkeiten der Zustandsvariablenwahl für
lineare zeitvariante Eingrößensysteme ist es in diesem Rahmen

nur sinnvoll,eine herauszugreifen. Weitere können der ausführ-
lichen Literatur z.B. [1.19] und [1.20] entnommen werden.

Ausgangspunkt ist die Differentialgleichung (1.1a) eines
linearen zeitvarianten Systems. Unter der Voraussetzung, daß
die Koeffizienten $a_i(t)$ und $b_j(t)$ hinreichend oft differenzierbar sind, können wenn m=n gilt, die Zustandsvariablen wie
folgt gewählt werden [1.1] , [1.19] .

$$y(t) = x_1(t) + c_0(t)u(t)$$

$$\dot{x}_1(t) = x_2(t) + c_1(t)u(t)$$

$$\dot{x}_2(t) = x_3(t) + c_2(t)u(t)$$

$$\vdots$$

$$\dot{x}_n(t) = - \frac{a_0(t)}{a_n(t)} x_1(t) - \ldots - \frac{a_{n-1}(t)}{a_n(t)} x_n(t) + \frac{c_n(t)}{a_n(t)} u(t)$$

$$(1.28)$$

Die zunächst noch unbekannten Zeitfunktionen $c_0(t),\ldots,c_n(t)$
sind nach in z.B. [1.1] und [1.19] angegebenen Rekursionsformeln aus den Koeffizienten $a_i(t)$ und $b_j(t)$ der Systemdifferentialgleichung bestimmbar. Somit ergibt sich die
Matrixdarstellung der n Differentialgleichungen erster Ordnung

$$\begin{bmatrix} \dot{x}_1 \\ \vdots \\ \vdots \\ \vdots \\ \dot{x}_n \end{bmatrix} = \begin{bmatrix} 0 & 1 & & & \\ & & 1 & & \mathbf{0} \\ & & & \ddots & \\ \mathbf{0} & & & & 1 \\ -\dfrac{a_0(t)}{a_n(t)} & -\dfrac{a_1(t)}{a_n(t)} & & -\dfrac{a_{n-1}(t)}{a_n(t)} \end{bmatrix} \begin{bmatrix} x_1 \\ \vdots \\ \vdots \\ \vdots \\ x_n \end{bmatrix} + \begin{bmatrix} c_1(t) \\ \vdots \\ \vdots \\ c_{n-1}(t) \\ \dfrac{c_n(t)}{a_n(t)} \end{bmatrix} \cdot u$$

$$y = [1 \; 0 \cdots 0] \begin{bmatrix} x_1 \\ \vdots \\ x_n \end{bmatrix} + c_0(t)u$$

$$(1.29a)$$

und die entsprechende Matrixdifferentialgleichung

$$\dot{\underline{x}}(t) = \underline{A}(t)\underline{x}(t) + \underline{b}(t)u(t)$$
$$y(t) = \underline{c}^T\underline{x}(t) + d(t)u(t) \qquad\qquad (1.29b)$$

die mit (1.27) übereinstimmt. Die Form der Zustandsgleichungen
(1.29b) trägt die Bezeichnung phasenvariable kanonische Form
oder Beobachtungsnormalform. Nachteilig ist dabei, daß die
Elemente des Spaltenvektors $\underline{b}(t)$, die Zeitfunktionen $c_k(t)$
(k = 0,...,n) nur rekursiv bestimmt werden können. Eine Methode,
die diesen Nachteil vermeidet, findet sich beispielsweise in
[1.21].

Das umgekehrte Problem, die Bestimmung der Systemdifferentialgleichung aus den Zustandsgleichungen, ist etwas schwieriger. Ein Verfahren gibt z.B. [1.22] an.

Wie (1.29a) zeigt, sind in den kanonischen Formen der Zustandsgleichungen für Eingrößensysteme je nach Wahl der Zustandsvariablen meist nur die Elemente der letzten Zeile oder
Spalte der Zustandsmatrix $\underline{A}(t)$ sowie einige Komponenten der zu
Spaltenvektoren entarteten Eingangsmatrix $\underline{B}(t)$ und Ausgangsmatrix $\underline{C}(t)$ von Null oder Eins verschieden. Im günstigsten
Fall enthalten kanonische Formen der Zustandsgleichungen nur
insgesamt n+m Matrizenelemente, gegenüber n(n+1)+m im un-
günstigsten Fall in einer nicht kanonischen Form. Weitere kanonische Formen sind die Steuerungsnormalform und die Regelungs-
normalform. Die bei zeitinvarianten Systemen häufig verwendete
Jordanform, mit den Eigenwerten des Systems in der Hauptdiagonale, existiert im allgemeinen bei zeitvarianten Systemen
nicht.

Bei der Systemidentifikation (siehe Kapitel 3) ist es vorteilhaft, möglichst wenige Matrizenelemente bestimmen zu müssen. Es ist daher möglichst von kanonischen Formen der Zustandsgleichungen auszugehen. Entweder werden die Zustandsvariablen von Haus aus so gewählt, daß sich eine kanonische

Form ergibt, oder nach Abschn. 1.2.2.5 in eine solche transformiert.

Die Vorteile kanonischer Formen bestehen in einer übersichtlichen Struktur, aus der die Systemzusammenhänge leicht erkennbar sind, sowie in einer niedereren Anzahl von Matrizenelementen. Ein Nachteil ist, daß vielfach die Einsicht in das physikalische Verhalten des Systems verloren geht.

1.2.2.3 Lösung der Zustandsgleichungen

Die Lösung der ersten Gleichung (1.26) ist durch

$$\underline{x}(t) = \underline{\Phi}(t,t_o)\underline{x}(t_o) + \int_{t_o}^{t} \underline{\Phi}(t,\tau)\underline{B}(\tau)\underline{u}(\tau)d\tau \qquad (1.30)$$

mit $\underline{\Phi}(t,t_o)$ als *Zustandsübergangsmatrix* (Zustandstransitionsmatrix) gegeben. $\underline{\Phi}(t,t_o)$ hat die Dimension nxn undiist die Lösung der homogenen, linearen Matrixdifferentialgleichung

$$\underline{\dot{\Phi}}(t,t_o) = \underline{A}(t)\underline{\Phi}(t,t_o) \qquad (1.31)$$

mit der Anfangsbedingung

$$\underline{\Phi}(t_o,t_o) = \underline{I}$$

Mit Hilfe von $\underline{\Phi}(t,t_o)$ kann der Übergang des Systems von einem Anfangszustand $\underline{x}(t_o)$ ($\underline{u}(t)\equiv\underline{O}$) in einen Zustand $\underline{x}(t)$ beschrieben werden.

$$\underline{x}(t) = \underline{\Phi}(t,t_o)\underline{x}(t_o) \quad \forall\ t,t_o \in R$$

Weiters genügt die Zustandsübergangsmatrix der Inversionseigenschaft

$$\underline{\Phi}^{-1}(t,t_o) = \underline{\Phi}(t_o,t)$$

oder mit $\underline{I}$ als Einheitsmatrix $\hspace{4cm}$ (1.32)

$$\underline{\Phi}(t_o,t).\ \underline{\Phi}(t,t_o) = \underline{I}$$

(1.32) und (1.31) ergeben

$$\underline{\dot{\Phi}}(t_o,t_o) = \underline{A}(t_o) \ ;\ \underline{\dot{\Phi}}(t,t) = \underline{A}(t) \hspace{2cm} (1.33)$$

Schließlich besitzen Zustandsübergangsmatrizen die Gruppen-
eigenschaft (Transitionseigenschaft)

$$\underline{\Phi}(t_2,t_o) = \underline{\Phi}(t_2,t_1).\underline{\Phi}(t_1,t_o)$$

Daher gilt auch

$$\underline{x}(t_2) = \underline{\Phi}(t_2,t_o)\underline{x}(t_o) = \underline{\Phi}(t_2,t_1)\underline{x}(t_1)$$

Setzt man (1.30) in die zweite Gleichung (1.26) ein, ergibt
sich für den Ausgangssignalvektor

$$\underline{y}(t) = \underline{C}(t)\underline{\Phi}(t,t_o)\underline{x}(t_o) + \int\limits_{t_o}^{t} \underline{C}(t)\underline{\Phi}(t,\tau)\underline{B}(\tau)\underline{u}(\tau)d\tau + \underline{D}(t)\underline{u}(t)$$

$$(1.34)$$

$\underline{C}(t)\underline{\Phi}(t,\tau)\underline{B}(\tau)$ ist die *Gewichtsfunktionsmatrix* $\underline{g}(t,\tau)$ des
linearen zeitvarianten Mehrgrößensystems.

Für den Anfangszustand $\underline{x}(t_o)=\underline{0}$ folgt aus (1.34) mit $\underline{D}(t)=\underline{0}$ das
Faltungsintegral für Mehrgrößensysteme

$$\underline{y}(t) = \int\limits_{t_o}^{t} \underline{g}(t,\tau)\underline{u}(\tau)d\tau \hspace{3cm} (1.35)$$

welches für Eingrößensysteme mit (1.5) übereinstimmt.

40

Ist für ein zeitvariantes Ein- oder Mehrgrößensystem die Zustandsübergangsmatrix bestimmt, kann aus (1.30) jeder beliebige
Systemzustand oder aus (1.34) das Ausgangssignal (die Ausgangssignale) für beliebige Eingangssignale bestimmt werden. Die
Kenntnis der Zustandsübergangsmatrix setzt aber die Lösungen
der homogenen Systemdifferentialgleichungen voraus, welche
aber nach den Ausführungen des Abschnittes 1.2.1 schwer zu bestimmen sind. Eine explizite Lösung für die Zustandsübergangsmatrix kann daher nur in wenigen Fällen angegeben werden.

Die Zustandsübergangsmatrix für ein System mit den Zustands-
gleichungen $\underline{\dot{x}}(t) = \underline{A}(t)\underline{x}(t)$ kann meist nur,wenn die Zustandsmatrix $\underline{A}(t)$ die Form $\int\underline{A}(\sigma)d\sigma$ aufweist oder in zwei zeitunab-
hängige Matrizen $\underline{A}_1$ und $\underline{A}_2$ zerlegbar ist, gefunden werden. Die
zugehörigen Zustandsübergangsmatrizen sind in diesen Fällen
von der Form $\underline{\Phi}(t,t_o) = \exp\{\int\underline{A}(\sigma)d\sigma\}$ bzw. $\underline{\Phi}(t,t_o) = \exp\{\underline{A}_1 t\}.$
$\exp\{\underline{A}_2 t\}.$Eine Verallgemeinerung stellen Übergangsmatrizen der
Form $\underline{\Phi}(t,t_o) = \exp\{\underline{A}_1 g(t)\}\exp\{\underline{A}_2 g(t)\}$dar [1.23]. $\underline{A}_1$ und $\underline{A}_2$ sind
konstante Matrizen und $g(t)$ ist eine skalare Zeitfunktion,
die ebenfalls aus $A(t)$ bestimmt werden können. Für das in [1.23]
angegebene Verfahren zur Bestimmung der Zustandsübergangsmatrix
ist t_o allerdings so zu wählen, daß $g(t_o) = 0$ gilt, was für
praktische Problemstellungen eine nicht unbedeutende Einschrän-
kung darstellt. Daher ist die Berechnung von $\underline{x}(t)$ und $\underline{y}(t)$ aus
(1.30) oder (1.34) nur näherungsweise mit Hilfe von Digital-
oder Hybridrechnern möglich. Für eine Klasse von Systemen kann
jedoch $\underline{g}(t,\tau)$ als Reihe direkt aus $\underline{A}(t)$, $\underline{B}(t)$ und $\underline{C}(t)$ bestimmt
werden [1.26].

1.2.2.4 Steuerbarkeit und Beobachtbarkeit

Bei der internen Beschreibung zeitvarianter Systeme sind die
Begriffe Steuerbarkeit sowie Beobachtbarkeit von zentraler Bedeutung und die entsprechenden Definitionen und Verfahren z.B.
in [1.1], [1.10], [1.24] und [1.25] erläutert.
In diesem Rahmen genügen folgende Definitionen:
Ein durch die Zustandsgleichungen (1.26) beschriebenes System
heißt *vollständig steuerbar* über dem Intervall $[t_o, t_1]$, wenn

es zu jedem $\underline{x}_0$ und $\underline{x}_1$ ($\underline{x}_0$, $\underline{x}_1 \in R^n$) eine Steuerung $\underline{u}(t)$ gibt, die das System aus dem Anfangszustand $\underline{x}(t_0) = \underline{x}_0$ in den Endzustand $\underline{x}(t_1) = \underline{x}_1$ überführt.

Ein durch die Zustandsgleichungen (1.26) beschriebenes System heißt *vollständig beobachtbar* über dem Intervall $[t_0, t_1]$, wenn bei bekannten $\underline{y}(t)$ und $\underline{x}(t)$ über $[t_0, t_1]$ und bei bekannten Matrizen $\underline{A}(t)$, $\underline{B}(t)$, $\underline{C}(t)$ der Anfangszustand $\underline{x}(t_0) = \underline{x}_0$ für jedes $\underline{x}_0 \in R^n$ bestimmt werden kann.

Die Steuerbarkeit liefert Angaben, ob und wie schnell ein System aus einem Zustand, der durch den Vektor $\underline{x}_0$ gegeben ist, mittels einem Steuervektor $\underline{u}$ (Eingangssignale) in einen neuen Zustand $\underline{x}_1$ übergeführt werden kann. Die Beobachtbarkeit gibt an, ob und wie schnell bei bekanntem (gemessenem) Ausgangsvektor $\underline{y}$ der Zustandsvektor $\underline{x}$ bestimmbar ist.

Die Ermittlung der vollständig steuerbaren und/oder vollständig beobachtbaren Teilsysteme (vgl.Abschnitt 1.2.2.6) ist nur für zeitvariante Systeme niederer Ordnung und bei einfachen Zeitabhängigkeiten der Parameter mit vertretbarem Aufwand durchzuführen.

1.2.2.5 Transformation der Zustandsgleichungen und Äquivalenz

Werden für zeitvariante Systeme andere Zustandsvariable $\underline{\tilde{x}}(t)$ gewählt, so hängen diese über eine im allgemeinen zeitabhängige Transformationsmatrix $\underline{T}(t)$ mit den ursprünglichen Zustandsvariablen $\underline{x}(t)$ zusammen. Die Transformationsgleichung lautet

$$\underline{\tilde{x}}(t) = \underline{T}(t)\underline{x}(t) \tag{1.36}$$

Mit $\underline{T}(t)$ als zu bestimmender nxn Transformationsmatrix. Die Zustandsgleichungen für die neuen Zustandsvariablen sind daher

$$\underline{\dot{\tilde{x}}}(t) = \underline{\tilde{A}}(t)\underline{\tilde{x}}(t) + \underline{\tilde{B}}(t)\underline{u}(t)$$

$$\underline{y}(t) = \underline{\tilde{C}}(t)\underline{\tilde{x}}(t) + \underline{\tilde{D}}(t)\underline{u}(t) \tag{1.37}$$

mit den noch zu bestimmenden Systemmatrizen $\tilde{\underline{A}}(t)$, $\tilde{\underline{B}}(t)$, $\tilde{\underline{C}}(t)$ und $\tilde{\underline{D}}(t)$.

Differentiation von (1.36) nach t und Einsetzen in (1.37) führt auf die Zustandsgleichungen

$$\dot{\tilde{\underline{x}}}(t) = [\dot{\underline{T}}(t) + \underline{T}(t)\underline{A}(t)]\underline{T}^{-1}(t)\tilde{\underline{x}}(t) + \underline{T}(t)\underline{B}(t)\underline{u}(t)$$

$$\underline{y}(t) = \underline{C}(t)\underline{T}^{-1}(t)\tilde{\underline{x}}(t) + \underline{D}(t)\underline{u}(t)$$

woraus durch Vergleich mit (1.37) die Transformationsgleichungen für die Systemmatrizen folgen

$$\tilde{\underline{A}}(t) = [\dot{\underline{T}}(t) + \underline{T}(t)\underline{A}(t)]\underline{T}^{-1}(t)$$

$$\tilde{\underline{B}}(t) = \underline{T}(t)\underline{B}(t)$$

$$\tilde{\underline{C}}(t) = \underline{C}(t).\underline{T}^{-1}(t)$$

$$\tilde{\underline{D}}(t) = \underline{D}(t) \tag{1.38}$$

Bei bekannter Transformationsmatrix $\underline{T}(t)$ können nicht nur die Zustandsgleichungen eines Systems transformiert, sondern auch zwei verschiedene Systeme anhand ihrer Zustandsgleichungen auf Äquivalenz untersucht werden. Infolge der beiden Summanden auf der rechten Seite von (1.34) sind zwei zeitvariante lineare Mehrgrößensysteme - (1.26) und (1.37) - algebraisch äquivalent, wenn sie sowohl Zustandsvektor-Null-äquivalent (zero-state equivalent) als auch Eingangsvektor-Null-äquivalent (zero-input equivalent) sind.

Zwei Systeme sind *Zustandsvektor-Null-äquivalent*, wenn sie für die Anfangsbedingungen Null ($\underline{x}(t_0)=\underline{0}$) das gleiche Ein-Ausgangsverhalten aufweisen; d.h. wenn nach (1.34)

$$\tilde{\underline{g}}(t,\tau) = \tilde{\underline{C}}(t)\tilde{\underline{\Phi}}(t,\tau)\tilde{\underline{B}}(\tau) = \underline{C}(t)\underline{\Phi}(t,\tau)\underline{B}(\tau) = \underline{g}(t,\tau)$$

$$\tag{1.39}$$

die Gewichtsfunktionsmatrizen beider Systeme übereinstimmen.
(1.38) in (1.39) eingesetzt, führt auf einen Zusammenhang der
Zustandsübergangsmatrizen für zwei Zustandsvektor-Null-äquiva-
lente Systeme

$$\widetilde{\underline{\Phi}}(t,\tau) = \underline{T}(t)\underline{\Phi}(t,\tau)\underline{T}^{-1}(t) \tag{1.40}$$

Zwei Systeme sind *Eingangsvektor-Null-äquivalent,* wenn
nicht notwendigerweise gleiche Anfangszustände existieren,
sodaß beide Systeme für $\widetilde{\underline{u}}(t) = \underline{u}(t) = \underline{0}$ gleiche Ausgangssignale haben, d.h. wenn nach (1.34)

$$\widetilde{\underline{C}}(t)\widetilde{\underline{\Phi}}(t,t_o)\widetilde{\underline{x}}(t_o) = \underline{C}(t)\underline{\Phi}(t,t_o)\underline{x}(t_o) \tag{1.41}$$

gilt.

Ähnlich (1.40) ergibt sich für die Zustandsübergangsmatrizen
der Zusammenhang

$$\widetilde{\underline{\Phi}}(t,t_o) = \underline{T}(t)\underline{\Phi}(t,t_o)\underline{T}^{-1}(t_o) \tag{1.42}$$

Aus (1.40) und (1.42) folgt: Zwei Systeme sind *algebraisch
äquivalent,* wenn eine nichtsinguläre Transformationsmatrix
$\underline{T}(t)$ existiert, welche die Gleichungen erfüllt.

Im Hinblick auf die Identifikation linearer zeitvarianter
Ein- und Mehrgrößensysteme ist die Transformation auf kanonische Formen der Zustandsgleichungen von Interesse.

1.2.2.6 Reduzierbare Systeme

Ein System heißt *reduzierbar,* wenn ein Zustandsvektor-
Null-äquivalentes System, d.h. ein System mit gleichem Ein-
Ausgangsverhalten, daher mit gleicher Gewichtsfunktionsmatrix
niederer Ordnung, existiert.

Die Gewichtsfunktionsmatrix wird aber ausschließlich durch

das vollständig steuerbare und vollständig beobachtbare Teilsystem bestimmt. Daher sind alle nicht vollständig steuerbaren
und/oder nicht vollständig beobachtbaren Systeme reduzierbar.
Im allgemeinen kann jedes System S in 4 Teilsysteme zerlegt
werden (Bild 1.8). In ein

   a) steuerbares und beobachtbares Teilsystem S_{sb}

   b) steuerbares, aber nicht beobachtbares Teilsystem $S_{s\bar{b}}$

   c) nicht steuerbares, aber beobachtbares Teilsystem $S_{\bar{s}b}$

   d) nicht steuerbares und nicht beobachtbares Teilsystem $S_{\bar{s}\bar{b}}$

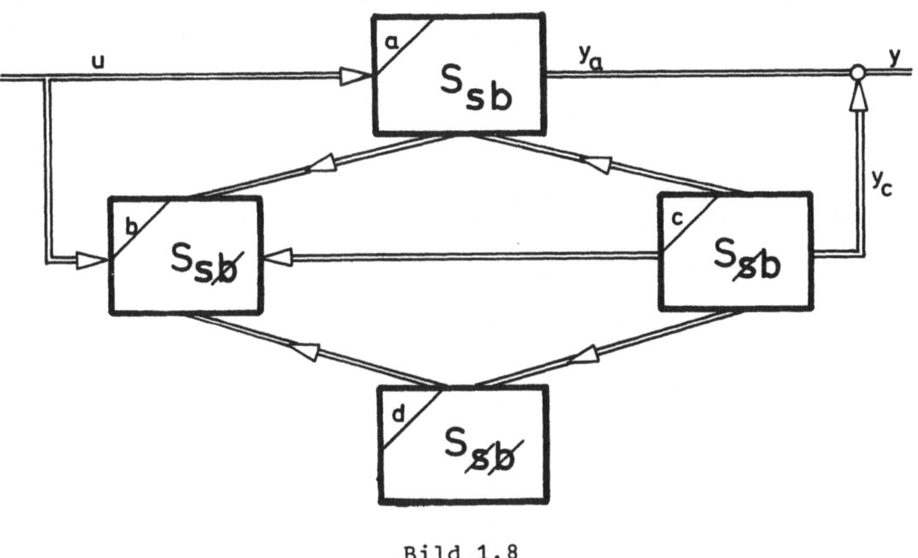

Bild 1.8

Das Reduzierungsproblem kann in zwei Teile aufgespalten werden:

   a) Bestimmung des vollständig steuerbaren, algebraisch
       äquivalenten Systems kleinster Ordnung (eingangsseitig
       reduzierbares Teilsystem)

   b) Bestimmung des vollständig beobachtbaren, algebraisch
       äquivalenten Systems kleinster Ordnung (ausgangsseitig
       reduzierbares Teilsystem)

Für jeden dieser Schritte ist eine Transformationsmatrix zu be-

stimmen. Die Ermittlung der Transformationsmatrizen ist meist
sehr aufwendig und z.B. in [1.1] und [1.10] ausführlich beschrieben.
Erfolgt eine Systemidentifikation aus Meßwerten von Ein- und Ausgangssignalen, ist nur das dynamische Verhalten des vollständig
steuerbaren und vollständig beobachtbaren Teilsystems S_{sb} bestimmbar.

1.2.2.7 Ein illustratives Rechenbeispiel [1.23]

Ebenso wie die externe Systembeschreibung soll auch für die interne Systembeschreibung ein einfaches Beispiel angegeben werden. Die Differentialgleichung des betrachteten Verzögerungsgliedes 2.Ordnung mit der Zeitkonstante $T = 0,4082$ t, der
Dämpfung $D = 1,2247$ und der Verstärkung $K = 0,16$ t^2 lautet

$$\ddot{y}(t) + \frac{6}{t}\, \dot{y}(t) + \frac{6}{t^2}\, y(t) = u(t)$$

Die Zustandsvariablen folgen aus (1.28) zu

$$x_1 = y$$
$$\dot{x}_1 = \dot{y} = x_2$$
$$\dot{x}_2 = \ddot{y} = -\frac{6}{t} x_2 - \frac{6}{t^2} x_1 + u$$

Somit ergibt sich die Matrixdarstellung (1.29a)

$$\begin{bmatrix} \dot{x}_1 \\ \dot{x}_2 \end{bmatrix} = \begin{bmatrix} 0 & 1 \\ -\frac{6}{t^2} & -\frac{6}{t} \end{bmatrix} \begin{bmatrix} x_1 \\ x_2 \end{bmatrix} + \begin{bmatrix} 0 \\ 1 \end{bmatrix} u$$

$$y = \begin{bmatrix} 1 & 0 \end{bmatrix} \cdot \begin{bmatrix} x_1 \\ x_2 \end{bmatrix}$$

Wie in [1.23] gezeigt, kann die Zustandstransitionsmatrix nur
für $t_o = 1$ berechnet werden

$$\underline{\Phi}(t,1) = \begin{bmatrix} \frac{3}{t}2 - \frac{2}{t}3 & \frac{1}{t}2 - \frac{1}{t}3 \\[2ex] -\frac{6}{t}3 + \frac{6}{t}4 & -\frac{2}{t}3 + \frac{3}{t}4 \end{bmatrix}$$

Sie erfüllt, wie leicht nachzuprüfen ist, die Bedingungen (1.31)
(1.32) und (1.33).

Da $\underline{\Phi}(t,\tau)$ nach wie vor unbekannt ist, kann die Gewichtsfunktion
nicht nach (1.34) bestimmt werden. Daher findet ein Verfahren
[1.26], mit dem $g(t,\tau)$ allein aus $\underline{A}(t)$, $\underline{B}(t)$ und $\underline{C}(t)$ ohne
Kenntnis von $\underline{\Phi}(t,\tau)$ berechenbar ist, Verwendung. Es ergibt
sich

$$g(t,\tau) = \frac{\tau^3}{t^2} - \frac{\tau^4}{t^3}$$

Das Ausgangssignal für $\underline{x}(t_o) = \underline{0}$ folgt aus (1.35) bzw. (1.5)

$$y(t) = \int_{t_o}^{t} (\frac{\tau^3}{t^2} - \frac{\tau^4}{t^3})u(\tau)d\tau$$

Aus der Gewichtsfunktion kann entweder nach [1.26] oder durch
Auswertung des Faltungsintegrales (1.12a) die parametrische
Übertragungsfunktion

$$W_p(s,t) = \frac{1}{s^5 \cdot t^3} (s^3 t^3 - 6s^2 t^2 + 18st - 24)$$

oder durch nochmalige Laplacetransformation die bifrequente
Übertragungsfunktion $W(s_1,s_2)$ berechnet werden.

Nach [1.23] ist die Matrix $\underline{A}(t)$ durch eine geeignete Transformation in das Produkt einer zeitunabhängigen Matrix $\underline{A}$ und
einer skalaren Zeitfunktion zerlegbar. Führt man nach (1.36)
mittels einer Transformationsmatrix $\underline{T}(t)$ neue Zustandsvariable
ein

$$\tilde{\underline{x}}(t) = \underline{T}(t)\,\underline{x}(t) = \begin{bmatrix} 1 & 0 \\ 0 & t \end{bmatrix} \underline{x}(t)$$

ergeben sich mit Hilfe von (1.38) die Zustandsgleichungen

$$\begin{bmatrix} \dot{\tilde{x}}_1 \\ \dot{\tilde{x}}_2 \end{bmatrix} = \frac{1}{t}\begin{bmatrix} 0 & 1 \\ -6 & -5 \end{bmatrix}\begin{bmatrix} \tilde{x}_1 \\ \tilde{x}_2 \end{bmatrix} + \begin{bmatrix} 0 \\ t \end{bmatrix} u$$

$$y = \begin{bmatrix} 1 & 0 \end{bmatrix}\begin{bmatrix} \tilde{x}_1 \\ \tilde{x}_2 \end{bmatrix}$$

Dies entspräche einer Wahl der Zustandsvariablen

$$\tilde{x}_1 = y$$

$$\dot{\tilde{x}}_1 = \dot{y} = \frac{1}{t}\,\tilde{x}_2$$

$$\dot{\tilde{x}}_2 = \ddot{y} = -\frac{5}{t}\,\tilde{x}_2 - \frac{6}{t}\,\tilde{x}_1 + t.u$$

in der ursprünglichen Differentialgleichung. Die neue Zustands-transitionsmatrix $\tilde{\underline{\Phi}}(t,1)$ kann mit (1.42) aus $\underline{\Phi}(t,1)$ und $\underline{T}(t)$ berechnet werden.

Zur Gegenüberstellung der beiden Darstellungsformen dienen die folgenden Blockschaltbilder

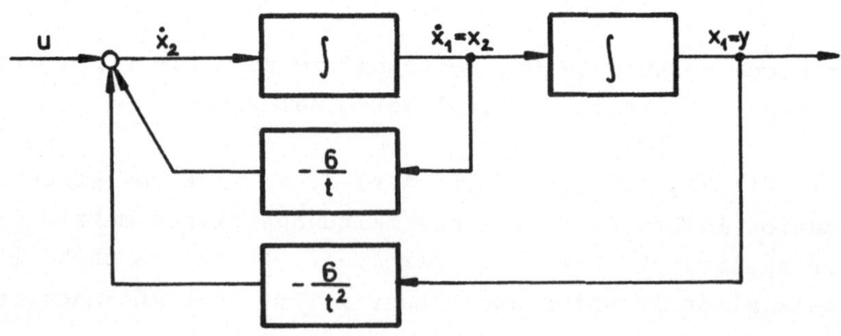

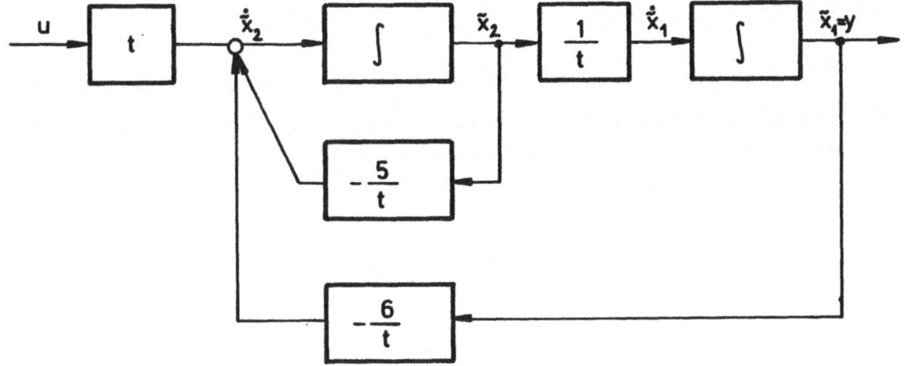

1.2.2.8 Zusammenfassung

Der Abschnitt 1.2.2 diente der Zusammenfassung der elemen-
tarsten Grundlagen der Zustandsraumdarstellung linearer zeitvarianter Systeme an Hand ungestörter kontinuierlicher Systeme.
Während die empirischen Modelle vorwiegend zur Beschreibung
linearer zeitvarianter Systeme mit einem Ein- und Ausgang Verwendung finden, sind die axiomatischen Modelle (Zustandsraumdarstellung) für Mehrgrößensysteme oder nichtlineare zeitvariante
Systeme die heute meist verwendete Beschreibungsform. Die Behandlung nichtlinearer zeitvarianter Systeme bleibt dem Abschnitt 1.4 vorbehalten.

Für die Wahl der Zustandsvariablen wurde nur eine allerdings häufig verwendete Möglichkeit angegeben. Es folgte eine
kurze Diskussion der homogenen Lösungen der Zustandsgleichungen
in Form der Zustandsübergangsmatrix $\underline{\Phi}(t,t_o)$. Sie nimmt bezüglich der zentralen Begriffe der Steuerbarkeit, Beobachtbarkeit
und Ähnlichkeit eine zentrale Stellung ein. Diese Begriffe wurden nur definiert, für ihre rechnerische Überprüfung aber auf
die Literatur verwiesen. In abschließenden Rechenbeispielen
wurde großer Wert auf die Zusammenhänge zwischen den in Abschnitt 1.2.1 angegebenen empirischen und in diesem Abschnitt
besprochenen axiomatischen Modellen gelegt.

1.2.3 Modelle zeitvarianter zeitdiskreter Systeme

In vielen Regelsystemen treten neben kontinuierlichen auch
zeitdiskrete Signale auf. Es sind dies beispielsweise Ausgangssignale y(t), denen nur zu bestimmten (meist äquidistanten)
Zeitpunkten t_k oder in bestimmten Zeitintervallen [$t_k \leq t \leq t_{k+1}$]
ein Funktionswert $y(t_k)$ zugeordnet ist. Bei Variation des Lauf-
indexes k entsteht eine Folge von Funktionswerten $y(t_k)$
(k=0,1,2,...) oder eine Stufenfunktion.

Regelsysteme, in denen mindestens ein zeitdiskretes, zeit-
quantisiertes Signal auftritt, werden als *zeitdiskrete
Systeme* bezeichnet.

Beispiele zeitdiskreter Systeme sind Systeme, in denen Meßgrößen nur zu bestimmten Zeitpunkten zur Verfügung stehen
(z.B. chemische Analysengeräte), die Stellgrößen nur zu bestimmten Zeitpunkten geändert werden können (z.B. Zündwinkel-
einstellung bei Stromrichtern) oder zur Regelung zeitdiskrete
Regler (Abtastregler, Prozeßrechner) Verwendung finden. Der
hohe Rechenaufwand bei der Identifikation bzw. Zustands- und/
oder Parameterschätzung zeitvarianter Systeme ist vielfach nur
mit Digitalrechnern zu bewältigen. Da diese sequentiell arbeiten,
werden die kontinuierlichen Ein- und Ausgangssignale zu äquidistanten Zeitpunkten (Abtastzeit T_o) abgetastet, sodaß zeitdiskrete Signale u(k) und y(k) ($k=t/T_o=1,2,3,\ldots$) entstehen.
u(k) und y(k) sind analoge, zeitdiskrete Signale, die zur Weiterverarbeitung im Digitalrechner mittels A/D-Wandlern, eventuell unter Zwischenschaltung von Haltegliedern, digitalisiert
(amplitudenquantisiert) werden müssen (Bild 1.9). Die so entstehenden Signale können z.B. als abgetastete digitale Signale
bezeichnet werden.

Diese Systeme sind eine Untergruppe allgemeiner digitaler
Systeme. Letztere bestehen ganz oder teilweise aus digitalen
Bauelementen, haben daher auch diskrete (digitale) Zustands-
größen. Durch Signalabtastung aus kontinuierlichen Systemen
entstandene, sogenannte Abtastsysteme haben kontinuierliche
Zustandsgrößen.

In den meisten Fällen können die für zeitvariante kontinuierliche Systeme geltenden Beziehungen leicht auf zeitdiskrete
(Abtastsysteme) übertragen werden.

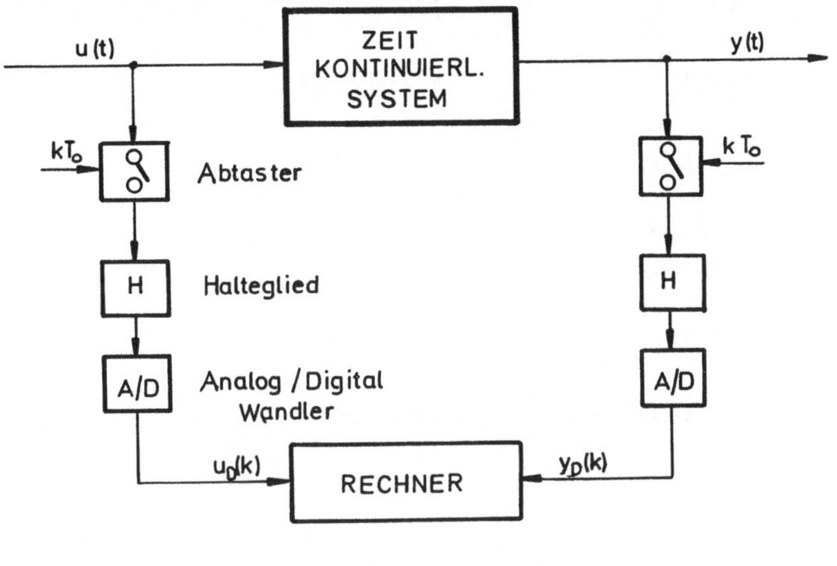

Bild 1.9

1.2.3.1 Empirische Modelle

Die Differentialgleichung (1.1) kann z.B. durch näherungs-
weises Ersetzen der Ableitungen von y(t) durch die Differenzen

$$\dot{y}(t) \simeq \frac{1}{T_o} [y(kT_o + T_o) - y(kT_o)]$$

$$\ddot{y}(t) \simeq \frac{1}{T_o} [\dot{y}(kT_o + T_o) - \dot{y}(kT_o)] =$$

$$\vdots$$

$$= \frac{1}{T_o} \cdot [y(kT_o + 2T_o) - 2y(kT_o + T_o) - y(kT_o)]$$

in eine skalare Differenzengleichung mit anderen Koeffizienten $c_i(k)$ und $d_j(k)$ umgeformt werden.

$$c_n(kT_o)y[(k+n)T_o]+c_{n-1}(kT_o)y[(k+n-1)T_o] +\ldots+$$

$$+ c_o(kT_o)y(kT_o) = d_o(kT_o)u(kT_o) +\ldots+$$

$$+ d_m(kT_o)u[(k+m)T_o]$$

Durch Normierung der Abtastzeit $T_o = 1$ ergibt sich die durchwegs gebräuchliche Form

$$c_n(k)y(k+n) + c_{n-1}(k)y(k+n-1) +\ldots+ c_o(k)y(k) =$$

$$= d_o(k)u(k) +\ldots+ d_m(k)u(k+m) \qquad (1.43a)$$

oder

$$\sum_{i=0}^{n} c_i(k)y(k+i) = \sum_{j=0}^{m} d_j(k)u(k+j) \qquad (1.43b)$$

Auch die weiteren Überlegungen aus Abschnitt 1.2 lassen sich übertragen. So geht Gleichung (1.3) mit einem Einheitsverschiebungsoperator z^{-1}, der einem reinen Totzeitglied mit $T_t=T_o=1$ entspricht, und den Operatoren

$$L(z,k) = c_n(k)z^n+ \ldots +c_1(k)z + c_o(k)$$

$$M(z,k) = d_m(k)z^m+ \ldots +d_1(k)z + d_o(k) \qquad (1.44)$$

über in

$$L(z,k)y(k) = M(z,k)u(k) \qquad (1.45)$$

Die diskrete Gewichtsfunktion $g(k,l)$ hängt jetzt von den Zeitpunkten $t=kT_o$ und $\tau=lT_o$ ab. Das Faltungsintegral (1.5) wird zur Faltungssumme

$$y(k) = \sum_{l=0}^{k-1} g(k,l)u(l) \qquad\qquad (1.46)$$

Die in Abschnitt 1.2.1.2 angegebenen Transformationen und somit die Beschreibungsformen im Bildbereich sind im allgemeinen nur schwer auf zeitdiskrete Systeme übertragbar. Lediglich die Laplacetransformation kann in vielen Fällen durch die *z-Transformation* ersetzt und äquivalente Beschreibungsformen zu denen des Punktes a) angegeben werden. Das abgetastete Ausgangssignal vor dem Halteglied y(t) (Bild 1.9) kann durch eine Folge von Diracimpulsen

$$y(t) = \sum_{k=0}^{\infty} y(kT_o)\delta(t-kT_o)$$

dargestellt werden. Unterwirft man diese Folge der Laplacetransformation, ergibt sich mit dem Zeitverschiebungssatz

$$\mathcal{L}\{y(t)\} = Y(s) = \sum_{k=0}^{\infty} y(kT_o)\exp(-kT_o s)$$

und mit der Abkürzung $z = \exp(T_o s)$ die z-Transformierte der Impulsfolge

$$\mathcal{Z}\{y(kT_o)\} = \sum_{k=0}^{\infty} y(kT_o)z^{-k} = Y(z)$$

In Übereinstimmung mit der Übertragungsfunktion linearer kontinuierlicher zeitinvarianter Systeme (1.6a) kann für zeitdiskrete zeitinvariante Systeme eine z-Übertragungsfunktion

$$W(z) = \frac{Y(z)}{U(z)} \qquad\qquad (1.47)$$

mit   U(z) als z-Transformierter des Eingangssignals und
        Y(z) als z-Transformierter des Ausgangssignals

angegeben werden.

Nach [1.27] ergibt sich in Übereinstimmung mit (1.12) für die
diskrete parametrische Übertragungsfunktion

$$W_p(k,z): = \sum_{l=0}^{k-1} g(k,l) \, z^{-l} \tag{1.48}$$

Diese Übertragungsfunktion kann in gleicher Weise wie die für
kontinuierliche Systeme angewandt werden. Insbesondere ist mit
ihr die von Zadeh für zeitvariante kontinuierliche Systeme entwickelte Blockschaltbildalgebra auf zeitdiskrete Systeme übertragbar. Die diskreten Ausgangssignalwerte ergeben sich mit Hilfe der diskreten parametrischen Übertragungsfunktion und der inversen z-Transformation zu

$$y(k) = \mathfrak{z}^{-1}\{W_p(k,z).U(z)\} \tag{1.49}$$

In Übereinstimmung mit Punkt c) des Abschnittes 1.2.1.2 besteht
auch die Möglichkeit mittels der zweidimensionalen z-Transformation eine diskrete bifrequente Übertragungsfunktion $W(z_1, z_2)$
zu berechnen.

1.2.3.2 Axiomatische Modelle

Die Zustandsgleichungen (1.26), als System von n Differentialgleichungen erster Ordnung, gehen in ein System von n Differenzengleichungen über. Diese lauten in normierter Form $(T_o=1)$

$$\underline{x}(k+1) = \underline{A}(k)\underline{x}(k) + \underline{B}(k)\underline{u}(k)$$
$$\underline{y}(k) \quad = \underline{C}(k)\underline{x}(k) + \underline{D}(k)\underline{u}(k) \tag{1.50}$$

Im Matrixblockschaltbild Bild 1.8 ist der Integrierer durch
ein Totzeitglied oder ein Schieberegister zu ersetzen. Für
ein zeitvariantes, zeitdiskretes System mit einem Ein- und Ausgang gilt in Übereinstimmung mit (1.27)

$$\underline{x}(k+1) = \underline{A}(k)\underline{x}(k) + \underline{b}(k)u(k)$$
$$y(k) \quad = \underline{c}^T(k)\underline{u}(k)+ \underline{d}(k)u(k) \tag{1.51}$$

Die Lösung der ersten Gleichung (1.50) folgt aus (1.30) durch
Einsetzen von t_o durch kT_o und t durch $(k+1)T_o$

$$\underline{x}[(k+1)T_o] = \underline{\Phi}[(k+1)T_o, kT_o]\underline{x}(kT_o) +$$

$$+ \int_{kT_o}^{(k+1)T_o} \underline{\Phi}[(k+1)T_o,\tau] \underline{B}(\tau)d\tau\ \underline{u}(kT_o) \qquad (1.52)$$

mit $\underline{\Phi}[(k+1)T_o,kT_o]$ als Zustandsübergangsmatrix. Setzt man in
(1.52)

$$\underline{\Phi}[(k+1)T_o, kT_o] = \underline{A}(k),$$

$$\int_{kT_o}^{(k+1)T_o} \underline{\Phi}[(k+1)T_o,\tau] \underline{B}(\tau)\ d\tau = \underline{B}(k)$$

folgt für $T_o = 1$ zum Unterschied von kontinuierlichen Systemen
aus (1.52) wieder die erste Gleichung (1.50).

In der englischsprachigen Literatur z.B. [1.28] findet
manchmal eine andere Form der ersten Gleichung (1.50) Verwendung. Diese ergibt sich aus (1.52) mit $T_o = 1$ und der Bezeichnung

$$\int_{kT_o}^{(k+1)T_o} \underline{\Phi}[(k+1)T_o,\tau] \underline{B}(\tau)d\tau = \underline{\Gamma}(k+1,k)$$

zu

$$\underline{x}(k+1) = \underline{\Phi}(k+1,k)\underline{x}(k) + \underline{\Gamma}(k+1,k)\underline{u}(k) \qquad (1.53)$$

Der Vektor der Ausgangssignalwerte zum Zeitpunkt $(k+1)T_o$
kann mit den gleichen Substitutionen wie für (1.52) unmittelbar aus (1.34) angeschrieben werden

$$\underline{y}[(k+1)T_o] = \underline{C}[(k+1)T_o]\underline{\Phi}[(k+1)T_o,kT_o] \; \underline{x}\;(kT_o) +$$

$$+ \int\limits_{kT_o}^{(k+1)T_o} \underline{C}[(k+1)T_o]\underline{\Phi}[(k+1)T_o,\tau] \; \underline{B}(\tau)d\tau \; \underline{u}\;(kT_o) +$$

$$+ \underline{D}[(k+1)T_o] \; \underline{u}\;(kT_o) \qquad\qquad (1.54)$$

Der Integrand von (1.54) stellt wieder die Werte der Gewichtsfunktionsmatrix zu diskreten Zeitpunkten dar.

In ähnlicher Weise können die Definitionen von Steuerbarkeit, Beobachtbarkeit und Äquivalenz von kontinuierlichen auf
zeitdiskrete Systeme übertragen werden (siehe z.B. [1.28] und
[1.29]).

1.3 Lineare zeitvariante Systeme mit besonderen Eigenschaften

Bisher wurden allgemeine lineare zeitvariante Systeme mit
Parameteränderungen nach beliebigen determinierten Zeitfunktionen behandelt. Solche Systeme können aber besondere Eigenschaften aufweisen, die ihre Analyse und Synthese wesentlich vereinfachen. Dazu gehören unter anderem Systeme mit periodischen
Parameteränderungen oder Systeme mit separierbaren Systemfunktionen. Systeme mit langsam veränderlichen Systemparametern
(quasistationäre Systeme) werden nicht gesondert behandelt, da
auf sie näherungsweise die bekannten Analyse- und Syntheseverfahren für zeitinvariante Systeme anwendbar sind.

1.3.1 Systeme mit periodischen Parameteränderungen

Lineare Systeme mit periodisch variierenden Parametern sind
aus zwei Gründen von großer praktischer Bedeutung. Erstens gibt
es in der Praxis zahlreiche Systeme mit periodischen Parameteränderungen wie beispielsweise parametrische Verstärker mit periodisch variierenden Bauelementwerten. Zweitens treten bei
Stabilitätsuntersuchungen periodischer Lösungen nichtlinearer

Differentialgleichungen Systeme von linearen Differentialgleichungen mit periodischen Koeffizienten auf.

Lineare periodisch zeitvariante Systeme sind solche, bei
denen für die Koeffizienten der Differentialgleichung (1.1)

$$a_i(t) = a_i(t+T) \; ; \; b_j(t) = b_j(t+T)$$

bzw. für die Matrizen der Zustandsraumdarstellung (1.26)

$$\underline{A}(t) = \underline{A}(t+T), \; \underline{B}(t) = \underline{B}(t+T), \; \underline{C}(t) = \underline{C}(t+T),$$

$$\underline{D}(t) = \underline{D}(t+T)$$

gilt.

Bekannte Differentialgleichungen zweiter Ordnung mit periodischen Koeffizienten sind die Hill'sche und die Matthieu'sche
Differentialgleichung,die in der Literatur bereits ausführlich
behandelt wurden. Bei anderen Differentialgleichungen höherer
Ordnung bringt die Periodizität der Parameter hinsichtlich
ihrer Lösung keine weiteren Vereinfachungen. Die parametrische
Übertragungsfunktion oder der parametrische Frequenzgang kann
jedoch bei Parameteränderungen in Form harmonischer Schwingungen
durch eine unendliche Reihe (vergleiche auch das Beispiel in
Abschnitt 1.2.1.3) dargestellt werden [1.30]. Für Systeme höherer Ordnung mit mehreren periodischen Parametern ist die Berechnung von $W_p(s,t)$ oder $F_p(i\omega,t)$ im allgemeinen nur mit Hilfe
von Digitalrechnern möglich.

Die Lösung der Zustandsgleichungen des homogenen Systems
(die Zustandsübergangsmatrix)hat nach der Theorie von *Floquet*
folgende Form

$$\underline{\Phi}(t,t_o) = \underline{P}(t,t_o)\exp[(t-t_o)\underline{Q}] \qquad (1.55)$$

$\underline{P}(t,t_o)$ ist eine nichtsinguläre Matrix mit der Periode T und
der Eigenschaft $\underline{P}(t_o, t_o) = \underline{I}$ und $\underline{Q}$ eine konstante Matrix.

Die Zustandsübergangsmatrix ist daher ebenfalls periodisch
mit T. Zwischen den Zustandsübergangsmatrizen $\underline{\Phi}(t+T, t_o)$ und
$\underline{\Phi}(t,t_o)$ besteht der Zusammenhang

$$\underline{\Phi}(t+T,T_o) = \underline{\Phi}(t,t_o)\exp(\underline{Q},T) \tag{1.56}$$

Ist die Zustandsübergangsmatrix im Intervall [t, t+T] bekannt,
kann sie mit obiger Beziehung für alle Zeitpunkte angegeben
werden. Die Lösung der Zustandsgleichung besteht in der Ermitt-
lung der Matrizen $\underline{P}(t,t_o)$ und $\underline{Q}$, wofür von verschiedenen Autoren (z.B. [1.1]) Näherungsverfahren angegeben werden. Setzt man
die Zustandsübergangsmatrix $\underline{\Phi}(t,t_o)$ nach (1.55) in (1.34) ein,
folgt für das Ausgangssignal eines linearen zeitvarianten
Systems mit periodischen Parameteränderungen

$$\underline{y}(t) = \underline{C}(t)\underline{P}(t)\exp(\underline{Q}t)\underline{x}(t_o) + \underline{P}(t)\exp(\underline{Q}t) \int\limits_{t_o}^{t} \underline{C}(t).$$

$$\cdot\exp(-\underline{Q}\tau)\underline{P}^{-1}(\tau)\underline{u}(\tau)d\tau + \underline{D}(t)\underline{u}(t) \tag{1.57}$$

Das Ausgangssignal eines stabilen Systems für sprungförmige
Eingangssignale (Übergangsfunktion) oder für Eingangssignale
in Form eines Diracimpulses (Gewichtsfunktion) ist periodisch
mit der Periode T. Ein einfaches Beispiel findet sich in Abschnitt 1.2.1.3.

Bild 1.10 zeigt Ausgangssignale eines Verzögerungsgliedes
erster Ordnung mit einer sinusförmig variierenden Zeitkonstante
($\omega_p = 2 \frac{rad}{s}$) für ein sinusförmiges Eingangssignal mit der Kreisfrequenz ω_e. Ist das Frequenzverhältnis $\frac{\omega_e}{\omega_p}$ = 1 (Teilbild d), ergibt sich als Ausgangssignal eine sinusähnliche Schwingung mit
der gleichen Periode wie das Eingangssignal bzw. wie die Para-
meteränderung. Für $\frac{\omega_e}{\omega_p}$ < 1 ergeben sich, wenn ω_p ein ganzzahliges
Vielfaches der Eingangsfrequenz ω_e ist, mit der Periode des
Eingangssignals periodische, aber verzerrte Sinusschwingungen
mit konstanter Amplitude als Ausgangssignale (Teilbilder a) und
b)). Ist $\frac{\omega_e}{\omega_p}$ < 1 und ω_p kein ganzzahliges Vielfaches von ω_e
(Teilbild c)), ergibt sich ein periodisches Ausgangssignal,

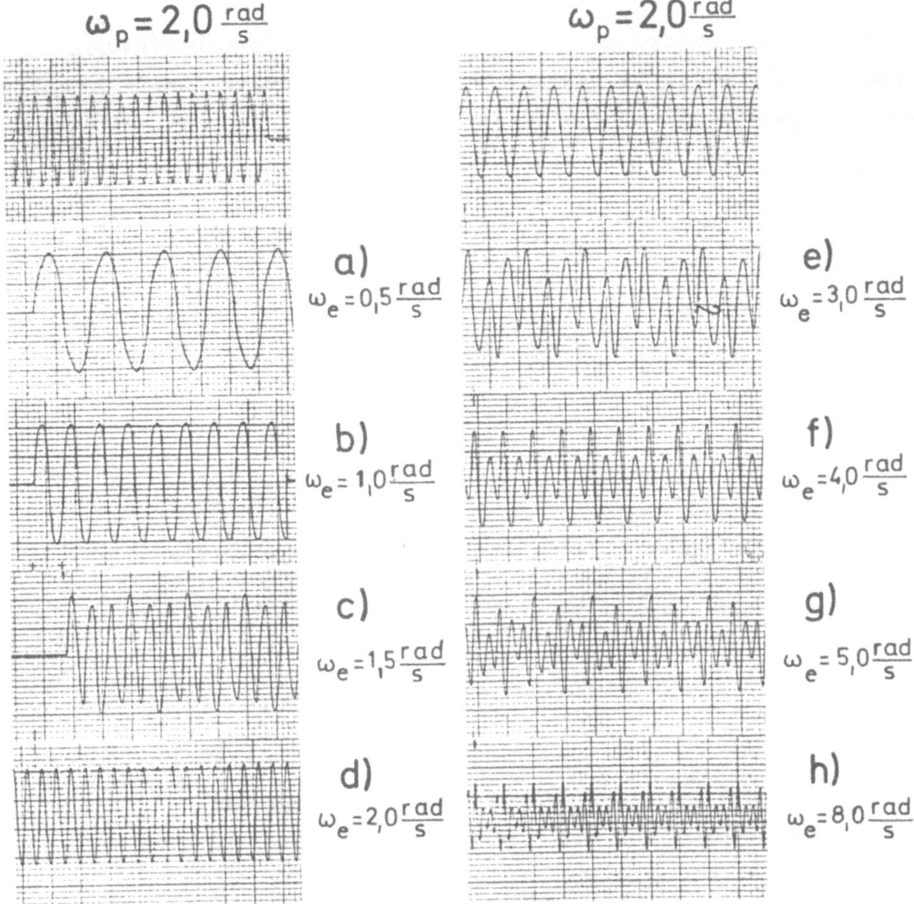

Bild 1.10

dessen Periode ein ganzzahliges Vielfaches von ω_p ist. Gleiches gilt für $\frac{\omega_e}{\omega_p} > 1$ (Teilbilder e) und g)). Für $\frac{\omega_e}{\omega_p} > 1$ und ω_e ein ganzzahliges Vielfaches von ω_p (Teilbilder f) und h)) ergeben sich mit ω_p periodische Ausgangssignale. Weitere Aussagen über den Verlauf von Ausgangssignalen periodisch zeitveränderlicher Systeme finden sich beispielsweise in [1.31] und [1.32] .

1.3.2 Systeme mit separierbaren Systemfunktionen [1.1]

Eine Funktion zweier Variabler $F(x,y)$ heißt *separierbar*, wenn sie als endliche Summe von Produkten zweier Funktionen, wobei jede dieser Funktionen nur von einer Variablen abhängt, darstellbar ist

$$F(x,y) = \sum_{i=1}^{n} f_{1i}(x) \cdot f_{2i}(y) \tag{1.58}$$

Lineare zeitvariante Systeme können eine separierbare Gewichtsfunktion

$$g(t,\tau) = \sum_{i=1}^{n} g_{1i}(t) \cdot g_{2i}(\tau) \tag{1.59}$$

und/oder eine separierbare parametrische Übertragungsfunktion

$$W_p(s,t) = \sum_{i=1}^{m} w_{1i}(t) \cdot W_{2i}(s) \tag{1.60}$$

aufweisen.

Das Ausgangssignal eines Systems mit einem Ein- und Ausgang und separierbarer Gewichtsfunktion kann durch Einsetzen von (1.59) in das Faltungsintegral (1.5) bestimmt werden.

$$y(t) = \sum_{i=1}^{n} g_{1i}(t) \int_{t_o}^{t} g_{2i}(\tau) u(\tau) \, d\tau \tag{1.61}$$

Daraus ergibt sich das Blockschaltbild (Bild 1.11) zur Simulation eines solches Systems.
Für Systeme mit mehreren Ein- und Ausgängen gelten die gleichen Überlegungen, wobei von dem Faltungsintegral für Mehrgrößensysteme (1.35) auszugehen ist.

Ein System mit separierbarer parametrischer Übertragungsfunktion $W_p(s,t)$ nach (1.60) ist durch eine Parallelschaltung

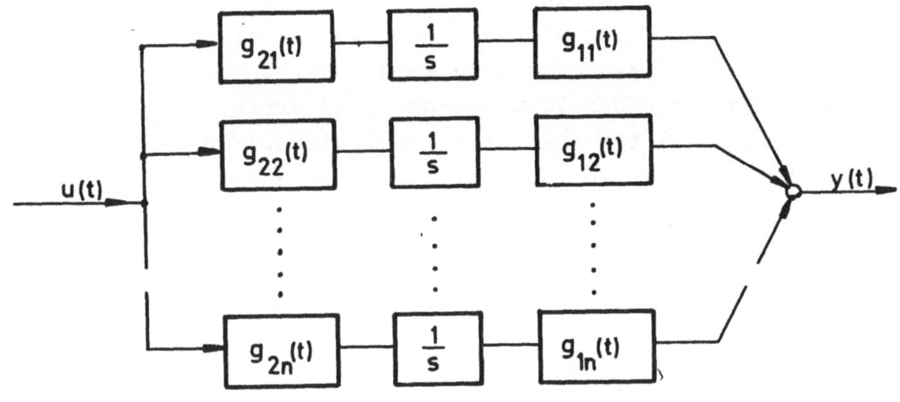

Bild 1.11

von m zeitinvarianten Übertragungsgliedern $W_{2i}(s)$, die mit zeitvariablen Proportionalgliedern $w_{1i}(t)$ in Serie geschaltet sind, darstellbar (Bild 1.12)

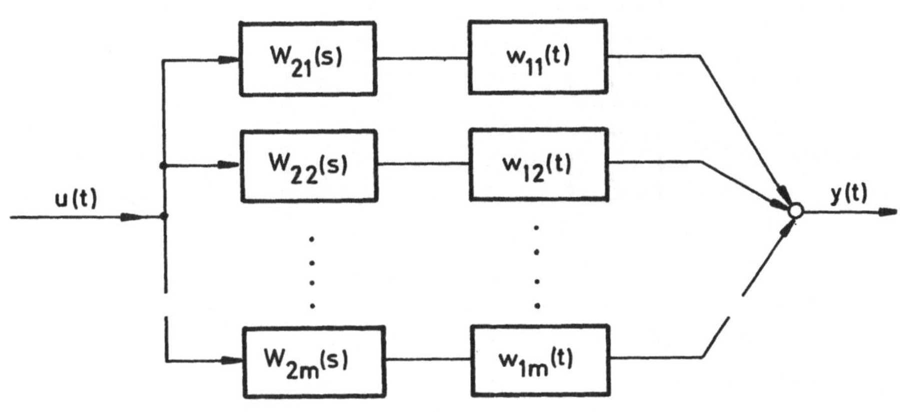

Bild 1.12

Liegt ein periodisches System mit separierbarer parametrischer Übertragungsfunktion vor, haben die Proportionalglieder periodische Verstärkungen [1.6].

Die in den Abschnitten 1.2.1.3 und 1.2.2.7 behandelten zeitvarianten Übertragungsglieder haben sowohl eine separierbare
Gewichtsfunktion als auch eine separierbare parametrische Übertragungsfunktion. Das Verzögerungsglied erster Ordnung (Abschnitt 1.2.1.3) ist zusätzlich periodisch. Für das im Abschnitt
1.2.2.7 behandelte zeitvariante Verzögerungsglied zweiter Ordnung ergeben sich daher nach Bild 1.11 und Bild 1.12 die Blockschaltbilder

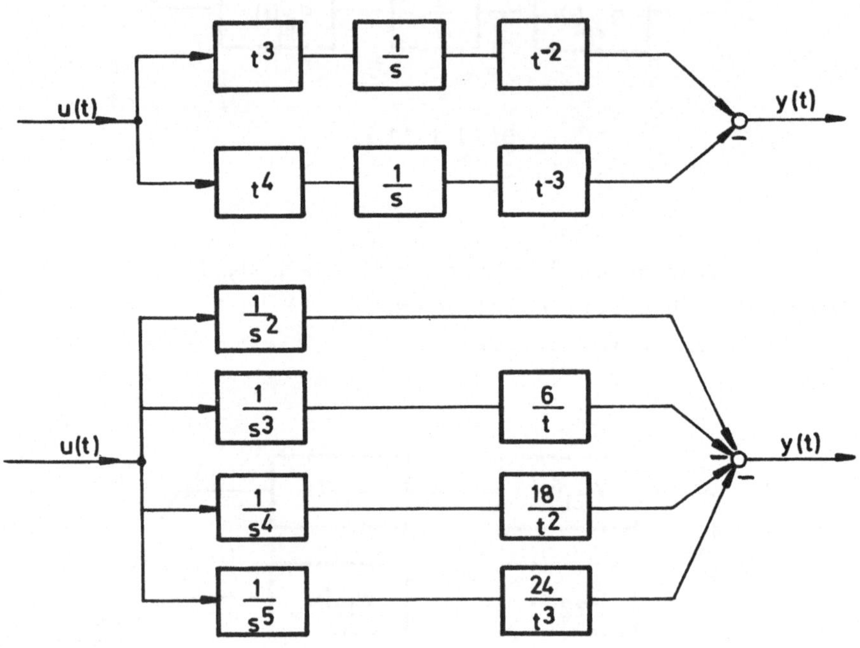

Das Übertragungsglied $\frac{1}{s^2}$ ist ein zeitinvarianter Anteil in der
Übertragungsfunktion.

Die Gewichtsfunktion des zeitvarianten Verzögerungsgliedes
erster Ordnung (Abschnitt 1.2.1.3) kann in ein Produkt von

$$g_{11}(t) = (b+c \ \sin\omega_p t)\exp\{-bt + \frac{c}{\omega_p} \cos \omega_p t\} \qquad \text{und}$$

$$g_{21}(\tau) = \exp\{b\tau - \frac{c}{\omega_p} \cos\omega_p \tau\}$$

aufgespalten werden, woraus sich unmittelbar das Blockschaltbild nach Bild 1.11 ergibt. Das zur parametrischen Übertragungsfunktion äquivalente Blockschaltbild folgt unmittelbar aus
ihrer zweiten Näherungslösung (Abschnitt 1.2.1.3)

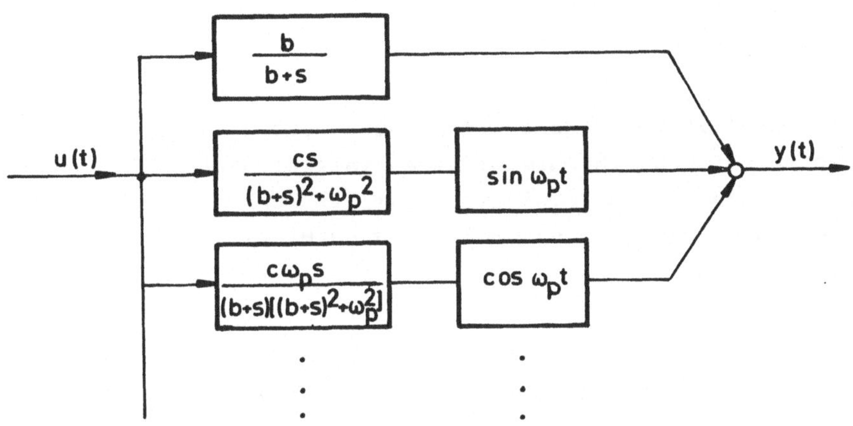

Weitere Parallelzweige mit den Verstärkungen $\sin\kappa\omega_p t$ und
$\cos\kappa\omega_p t$ ($\kappa = 2,3...$) würden sich aus weiteren Näherungen
(W_{p3} W_{p4} ..) ergeben.

1.4   Modelle nichtlinearer zeitvarianter Systeme

Da einige der in Kapitel 3 erläuterten Identifikations- und
Parameterschätzverfahren auch auf nichtlineare zeitvariante
Systeme anwendbar sind, soll hier kurz ein Überblick über ihre
Beschreibungsmöglichkeiten gegeben werden.

Wie bereits in Abschnitt 1.1 besprochen, ist für nichtlineare Systeme das Superpositionsprinzip (Überlagerungsprinzip)
und das Homogenitätsprinzip (Verstärkungsprinzip) ungültig. Der
Zusammenhang zwischen Ein- und Ausgangssignal ist nicht durch
das Faltungsintegral (1.5) darstellbar und daher eine Beschreibung im Frequenzbereich weder durch die parametrische Übertragungsfunktion (1.12) noch durch den parametrischen Frequenzgang (1.16) möglich. Bisher sind dem Verfasser keine Arbeiten
bekannt, die versuchen, empirische Modelle zeitinvarianter
nichtlinearer Systeme (z.B. Phasenebene, Beschreibungsfunktion)
für zeitvariante nichtlineare Systeme zu modifizieren. Allein
die bereits erwähnte Arbeit [1.11] enthält ein Verfahren zur
Synthese von nichtlinearen zeitvarianten Systemen mittels
Wurzelortskurven.

Als empirisches Modell für nichtlineare zeitvariante Systeme
im Zeitbereich bleibt die Differentialgleichung (1.1), deren
Koeffizienten a_i und b_j jetzt nicht nur Funktionen der Zeit,
sondern auch der Eingangsgrößen und unter Umständen ihrer Ableitungen sind.

Theoretische Überlegungen, die für solche Systeme vielfach
angestellt werden, benützen meist axiomatische Modelle in Form
der Zustandsgleichungen

$$\underline{\dot{x}}(t) = \underline{f}\,[\underline{x}(t),\ \underline{u}(t),\ t]$$

$$\underline{y}(t) = g\,[\underline{x}(t),\ \underline{u}(t),\ t] \qquad\qquad (1.62)$$

Sie gehen für ein lineares System in die Gleichungen (1.26)
über. Das dem Bild 1.8 entsprechende Matrixblockschaltbild
hat das Aussehen (Bild 1.13)

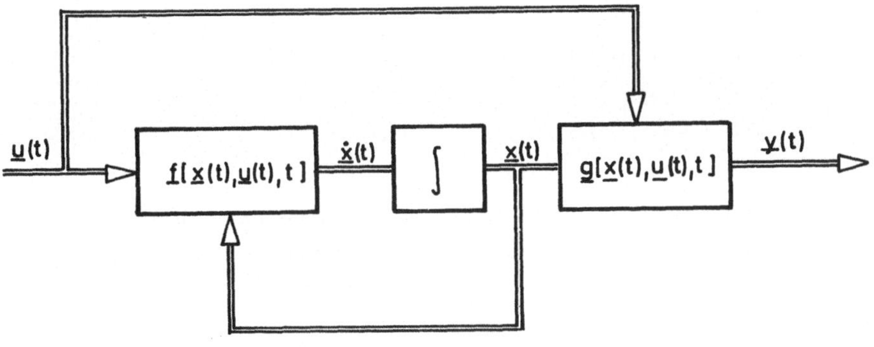

Bild 1.13

Für ein nichtlineares zeitvariantes Eingrößensystem gelten die
zu (1.27) äquivalenten Gleichungen

$$\dot{\underline{x}}(t) = \underline{f}[\underline{x}(t), u(t),t]$$
$$y(t) = \underline{g}^T[\underline{x}(t), u(t),t] \tag{1.63}$$

Die (1.62) entsprechenden Zustandsgleichungen eines zeitdiskreten nichtlinearen Systems lauten in normierter Form ($T_o = 1$)

$$\underline{x}(k+1) = \underline{f}\,[\underline{x}(k), \underline{u}(k), k]$$
$$\underline{y}(k) = \underline{g}\,[\underline{x}(k), \underline{u}(k), k] \tag{1.64}$$

Hinweise zur Lösung dieser Zustandsgleichungen finden sich in
verschiedenen Einzelveröffentlichungen.
Für die Systemidentifikation von besonderem Interesse sind in
u(t) lineare Systeme. Ihre Zustandsgleichungen lauten für zeitkontinuierliche Systeme mit mehreren Ein- und Ausgängen

$$\dot{\underline{x}}(t) = \underline{f}[\underline{x}(t),t] + \underline{g}[\underline{x}(t),t]\,\underline{u}(t)$$
$$\underline{y}(t) = \underline{h}[\underline{x}(t),t] + \underline{j}[\underline{x}(t),t]\,\underline{u}(t) \tag{1.65}$$

2 Zeitvariante stochastische Systeme

Im ersten Kapitel wurde meist vorausgesetzt, daß alle auftretenden Signale (Ein- und Ausgangssignale) und Parameteränderungen determinierte Zeitfunktionen sind. Weiters galten
die Überlegungen nur für ungestörte Systeme. In Regelsystemen
können jedoch Eingangssignale, Störsignale und in zeitvarianten Systemen außerdem die Parameter nach zufälligen Zeitfunktionen variieren - sie können stochastische Prozesse sein.

Unter einem *zeitvarianten stochastischen System* soll im folgenden ein System verstanden werden, in dem sich wenigstens ein
Eingangssignal, ein Störsignal oder ein Systemparameter zufällig ändert.

Die Ausgangssignale linearer zeitvarianter stochastischer
Systeme sind dann ebenfalls stochastische Prozesse und infolge
der Parametervariation meist instationär. Die Erklärung der Begriffe stationär und instationär erfolgt im Abschnitt 2.1.3.
Die Analyse und Synthese zeitvarianter Systeme unter dem Einfluß stochastischer Signale ist daher eng mit der Theorie instationärer stochastischer Prozesse verknüpft. Ihre Grundlagen
werden daher für die gegenständliche Problemstellung aufbereitet, skizziert. Eine ausführlichere Darstellung der Theorie
stochastischer Prozesse findet sich in der Literatur z.B.
[1.28] und [2.1] bis [2.6].

2.1   Grundlagen stochastischer Prozesse

2.1.1   Definition von stochastischen Prozessen

Ein *stochastischer Prozeß* ist eine Funktion zweier Variabler,
der Zeit t und des Ergebnisses eines Versuches (Ereignis) ζ.
Ordnet man jedem Versuchsergebnis nach bestimmten Gesichtspunkten

eine reelle oder komplexe Zeitfunktion $\{x(t,\zeta)\}$ zu, heißt diese Gesamtheit aller zufälligen Zeitfunktionen ein stochastischer Prozeß.

Ist die Zufallsvariable eine skalare Größe, spricht man von einem *stochastischen Skalarprozeß*, ist sie eine vektorielle Größe $\underline{\zeta}$ von einem *stochastischen Vektorprozeß*. Für den Skalarprozeß wird die Bezeichnung $\{x(t)\}$, für den Vektorprozeß $\{\underline{x}(t)\}$ verwendet, wobei vier verschiedene Bedeutungen möglich sind:

- a) Eine bestimmte Anzahl von zufälligen Zeitfunktionen (t und ζ variabel) $\{x(t,\zeta)\}$, $\{\underline{x}(t,\zeta)\}$
- b) Eine einzige zufällige Zeitfunktion (t variabel,ζ konstant) $\{x(t,\zeta_i)\}$, $\{\underline{x}(t, \zeta_i)\}$
- c) Eine einzige Zufallsvariable (t konstant, ζ variabel) $\{x(t_j,\zeta)\}$, $\{\underline{x}(t_j,\zeta)\}$
- d) Eine einzige Zufallszahl (t und ζ konstant) $\{x(t_j, \zeta_i)\}$, $\{\underline{x}(t_j,\zeta_i)\}$

Über die Bezeichnungen wird in Anlehnung an die Literatur [2.1] vereinbart:

$\{x(t)\}$, $\{\underline{x}(t)\}$ ... stochastischer Skalar- oder Vektorprozeß

$\{x(t_j)\}$, $\{\underline{x}(t_j)\}$... Zufallsvariable

$\{x_i(t)\}$, $\{\underline{x}_i(t)\}$... Realisierung eines stochastischen Prozesses

$\{x_i(t_j)\}$,$\{\underline{x}_i(t_j)\}$.. Zufallszahl

Skalarprozesse als Elemente von Vektorprozessen werden durch Doppelindizes gekennzeichnet:

$\{x_k(t)\}$ ... k-ter Skalarprozeß des Vektorprozesses $\{\underline{x}(t)\}$

$\{x_{kj}(t)\}$ ... j-te Realisierung des k-ten Skalarprozesses von $\{\underline{x}(t)\}$

Die beiden Variablen ζ und T können Werte aus den Parametermengen Z und T annehmen ($\zeta\in Z$, $t\in T$). Hat jede Komponente eines Vektorprozesses (ein Skalarprozeß) eine diskrete Parametermenge Z, z.B. $Z = \{...., -1, 0, +1 ...\}$, so ist der stochastische

Prozeß amplitudenquantisiert und wird als Kette bezeichnet. Im
Fall einer kontinuierlichen Parametermenge Z z.B. $Z=\{\zeta:0\leq\zeta<1\}$
sind für die Amplituden beliebige Werte aus dem rechts offenen
Intervall $[0,1)$ möglich; der Prozeß ist nicht amplitudenquantisiert. In gleicher Weise kann die Parametermenge T diskret
z.B. $T=\{1,2,.....,n\}$ oder kontinuierlich z.B. $T=\{t:t>o\}$ sein.
Tab. 2.1 gibt eine Übersicht über die möglichen Kombinationen
und die entsprechenden Bezeichnungen der zugehörigen stochastischen Prozesse.

		Parametermenge ($t\epsilon T$)	
		diskret	kontinuierlich
Para-meter-menge ($\zeta\epsilon Z$)	diskret	Kette mit diskr. Parametern	Kette mit kontin. Parametern
	kontinu-ierlich	Zufallsfolge (zeitdiskreter stochastischer Prozeß)	Stochastischer Prozeß

Tabelle 2.1

Die folgenden Ausführungen gelten für den allgemeinsten Fall
eines stochastischen Prozesses mit kontinuierlichen Parametern.
Die angegebenen Gleichungen können leicht für zeitdiskrete und/
oder amplitudenquantisierte Prozesse modifiziert werden.

2.1.2 Grundzüge der Beschreibung instationärer stochastischer Prozesse

Der Übergang von stationären zu instationären stochastischen
Prozessen (siehe Abschnitt 2.1.3) bedingt einen Übergang von
der Zeit- zur Ensemblemittelung für die Bestimmung der Signal-
kenngrößen und Funktionen. Dadurch sind bekannte Beziehungen
zwischen Signal- und Systemkenngrößen, welche auf einer Zeitmittelung beruhen, und zur Analyse und Synthese von zeitinvarianten stochastischen Systemen Anwendung finden, nicht mehr

gültig.

Für die externe Systembeschreibung genügt, da sie in diesem
Rahmen nur für Eingrößensysteme verwendet wird, die Betrachtung
skalarer Prozesse. Bei der Zustandsraumbeschreibung zeitvarianter Systeme treten Vektoren und Matrizen auf, deren Komponenten
oder Elemente stochastische Prozesse sein können. Ein n-dimensionaler Vektorprozeß besteht aus n Skalarprozessen und jeder
von diesen aus einer Anzahl Realisierungen.

Ein n-dimensionaler Vektorprozeß kann als Spaltenvektor

$$\underline{x}(t) = [x_1(t), \ldots, x_n(t)]^T \tag{2.1}$$

aufgefaßt werden. Die vollständige Kennzeichnung der statistischen Eigenschaften instationärer Vektor- oder Skalarprozesse
wäre nur mittels der *n-dimensionalen Verteilungsdichtefunktion*
(n-te Dichtefunktion Moment n-ter Ordnung) für $n \to \infty$ möglich.

$$p(\underline{x}_1, \ldots, \underline{x}_n; t_1, \ldots, t_n) : =$$

$$= \frac{\partial^n P\{\underline{x}(t_1) < \underline{x}_1, \ldots, \underline{x}(t_n) < \underline{x}_n\}}{\partial \underline{x}_1, \ldots, \partial \underline{x}_n} \tag{2.2}$$

Die Vektoren $\underline{x}_1, \ldots, \underline{x}_n$ sind Spaltenvektoren mit n konstanten
Komponenten und $P\{.\}$ die Wahrscheinlichkeit. Für eine Komponen-
te des Vektorprozesses - für einen Skalarprozeß - gilt mit den
Zahlen $x_1, \ldots, x_n$

$$p(x_1, \ldots, x_n, t_1, \ldots, t_n) : =$$

$$= \frac{\partial^n P\{x(t_1) < x_1, \ldots, x(t_n) < x_n\}}{\partial x_1, \ldots, \partial x_n} \tag{2.2a}$$

Die experimentelle Ermittlung der n-dimensionalen Verteilungsdichtefunktion ist meist undurchführbar. Man beschränkt sich

daher auf Kennwerte oder Kennfunktionen, welche aus der eindimensionalen oder zweidimensionalen Verteilungsdichtefunktion
zu berechnen sind oder auf spezielle Prozesse, welche durch
sie vollständig bestimmt sind.

Die *eindimensionale Verteilungsdichtefunktion* (erste Dichtefunktion, Moment erster Ordnung)eines instationären Vektorprozesses für einen bestimmten Zeitpunkt t_1 folgt aus (2.2)
mit n = 1

$$p(\underline{x}_1, t_1): = \frac{\partial P\{\underline{x}(t_1)<\underline{x}_1\}}{\partial \underline{x}_1} \qquad (2.3)$$

Für jede Komponente des stochastischen Vektorprozesses - für
jeden Skalarprozeß - gilt daher

$$p(x_1,t_1): = \frac{\partial P\{x(t_1)<x_1\}}{\partial x_1} \qquad (2.3a)$$

$$\text{mit} \quad \int_{-\infty}^{+\infty} p(x_1, t_1)\, dx_1 = 1 \qquad \forall\, t_1 \qquad (2.4)$$

Mit der ersten Dichtefunktion (2.3) ergeben sich die Kenngrößen
linearer und *quadratischer Mittelwert* sowie *Varianz* eines Vektorprozesses aus den Ensemblemittelungen

$$\underline{m}_x(t) = E\{\underline{x}(t)\} = \int_{-\infty}^{+\infty} \underline{x}(t)p(\underline{x},t)d\underline{x}(t) \qquad (2.5)$$

$$\underline{q}_x(t) = E\{\underline{x}(t).\underline{x}^T(t)\} = \int_{-\infty}^{+\infty} \underline{x}(t)\underline{x}^T(t)p(\underline{x},t)d\underline{x}(t)$$

$$\underline{V}_x(t) = \text{cov}\{\underline{x}(t),\underline{x}^T(t)\} = E\{[\underline{x}(t)-\underline{m}_x(t)].[\underline{x}(t)-\underline{m}_x(t)]^T\} =$$

$$= \int_{-\infty}^{+\infty} [\underline{x}(t)-\underline{m}_x(t)][\underline{x}(t)-\underline{m}_x(t)]^T p(x,t)d\underline{x}(t) \qquad (2.6)$$

70

Für Skalarprozesse gilt

$$m_x(t) = E\{x(t)\} = \int\limits_{-\infty}^{+\infty} x(t)p(x,t)dx(t) \qquad (2.5a)$$

$$q_x(t) = E\{x^2(t)\} = \int\limits_{-\infty}^{+\infty} x^2(t)p(x,t)dx(t)$$

$$V_x(t) = \text{cov}\{x(t),x(t)\} = E\{[x(t)-m_x(t)]^2\} =$$

$$= \int\limits_{-\infty}^{+\infty} [x(t)-m_x(t)]^2 p(x,t)dx(t) \qquad (2.6a)$$

Ist der lineare Mittelwert $m_x(t) = 0$, stimmen Varianz und quadratischer Mittelwert überein.

Für zwei verschiedene Zeitpunkte t_1 und t_2 folgt aus (2.2) für n = 2 die instationäre zweidimensionale *Verteilungsdichtefunktion* (zweite Dichtefunktion, Moment zweiter Ordnung)

$$p(\underline{x}_1,t_1;\ \underline{x}_2,t_2) = \frac{\partial P\{\underline{x}(t_1)<\underline{x}_1;\ \underline{x}(t_2)<\underline{x}_2\}}{\partial\underline{x}_1\partial\underline{x}_2} \qquad (2.7)$$

Jeder Skalarprozeß genügt der Bedingung

$$\int\limits_{-\infty}^{+\infty}\int\limits_{-\infty}^{+\infty} p(x_1,t_1;\ x_2,t_2)dx_1\ dx_2 = 1 \qquad \forall\ t_1,t_2 \qquad (2.8)$$

Die eindimensionalen Verteilungsdichtefunktionen ergeben sich aus (2.8) durch Integration über die entsprechende Variable

$$p(\underline{x}_1,t_1) = \int\limits_{-\infty}^{+\infty} p(\underline{x}_1,t_1;\ \underline{x}_2,t_2)d\underline{x}_2 \qquad (2.9)$$

$$p(\underline{x}_2,t_2) = \int\limits_{-\infty}^{+\infty} p(\underline{x}_1,t_1;\ \underline{x}_2,t_2)d\underline{x}_1$$

Manchmal ist die *bedingte Verteilungsdichtefunktion* von Interesse

$$p(\underline{x}_1,t_1/\underline{x}(t_2)=\underline{x}_2) \; : \; = \frac{p(\underline{x}_1,t_1; \; \underline{x}_2,t_2)}{p(\underline{x}_2,t_2)} \qquad (2.10)$$

Auskunft über die innere Struktur des stochastischen Vektorprozesses gibt die *Autokorrelationsmatrix* als Ensemblemittelwert des Produktes $\underline{x}(t_1).\underline{x}^T(t_2)$

$$\underline{R}_x(t_1,t_2) = E\{\underline{x}(t_1).\underline{x}^T(t_2)\} =$$
$$= \int\limits_{-\infty}^{+\infty}\int\limits_{-\infty}^{+\infty} \underline{x}_1\underline{x}_2^T p(\underline{x}_1,t_1; \; \underline{x}_2,t_2)d\underline{x}_1 d\underline{x}_2 \qquad (2.11)$$

Für einen Skalarprozeß geht die Autokorrelationsmatrix in die *Autokorrelationsfunktion* über

$$R_x(t_1,t_2) = E\{x(t_1).x(t_2)\} =$$
$$= \int\limits_{-\infty}^{+\infty}\int\limits_{-\infty}^{+\infty} x_1 x_2 p(x_1,t_1; \; x_2 t_2)dx_1 dx_2 \qquad (2.11a)$$

Für einen n-dimensionalen Vektorprozeß $\{\underline{x}(t)\}$ und einen m-dimensionalen Vektorprozeß $\{\underline{y}(t)\}$ ist mit der *Verbundsverteilungsdichte*

$$p(\underline{x}_1,t_1; \; \underline{y}_2,t_2) = \frac{\partial P\{\underline{x}(t_1)<\underline{x}_1,\underline{y}(t_2)<\underline{y}_2\}}{\partial\underline{x}_1\partial\underline{y}_2} \qquad (2.12)$$

in der $\underline{x}_1$ und $\underline{y}_2$ konstante Spaltenvektoren sind, die *Kreuzkorrelationsmatrix* (n x m) dieser beiden Vektorprozesse definiert als

$$\underline{R}_{xy}(t_1,t_2) = E\{\underline{x}(t_1).\underline{y}^T(t_2)\} =$$
$$= \int\limits_{-\infty}^{+\infty}\int\limits_{-\infty}^{+\infty} \underline{x}_1\underline{y}_2^T p(\underline{x}_1,t_1,\underline{y}_2,t_2)d\underline{x}_1 d\underline{y}_2 \qquad (2.13)$$

die für Skalarprozesse in die *Kreuzkorrelationsfunktion*

$$R_{xy}(t_1,t_2) = E\{x(t_1)\cdot y(t_2)\} =$$

$$= \int\limits_{-\infty}^{+\infty} \int\limits_{-\infty}^{+\infty} x_1 y_2 \cdot p(x_1,t_1;y_2,t_2)\cdot dx_1 dx_2 \qquad (2.13a)$$

übergeht. Die Auto- und Kreuzkorrelationsfunktionen instationärer stochastischer Skalarprozesse sind symmetrisch

$$R_x(t_1,t_2) = R_x(t_2,t_1)$$

$$R_{xy}(t_1,t_2) = R_{yx}(t_2,t_1) \qquad (2.14a)$$

Die Kreuzkorrelationsfunktionen genügen weiters der Bedingung

$$|R_{xy}(t_1,t_2)|^2 \le R_x(t_1,t_1)\cdot R_y(t_2,t_2) \qquad (2.15a)$$

Die quadratische (n x n) Autokorrelationsmatrix $\underline{R}_x(t_1,t_2)$ eines instationären Vektorprozesses $\{\underline{x}(t)\}$ enthält die möglichen Auto- und Kreuzkorrealtionsfunktionen von $\{\underline{x}(t)\}$. Die Autokorrelationsfunktionen stehen dabei in der Hauptdiagonale. Die Autokorrelationsmatrix ist für $t_1 = t_2$ symmetrisch

$$\underline{R}_x(t_1,t_2) = \underline{R}_x^T(t_2,t_1) \qquad (2.14)$$

für $t_1 \ne t_2$ jedoch unsymmetrisch.

Die nicht quadratische (n x m) Kreuzkorrelationsmatrix $\underline{R}_{xy}(t_1,t_2)$ zweier instationärer Vektorprozesse $\{\underline{x}(t)\}$ und $\{\underline{y}(t)\}$ enthält alle möglichen Kreuzkorrelationsfunktionen beider Prozesse. Sie ist nur für den Sonderfall n = m und $t_1 = t_2$ symmetrisch

$$\underline{R}_{xy}(t_1,t_2) = \underline{R}_{yx}^T(t_2,t_1) \qquad (2.14)$$

Manchmal finden statt der Korrelationsmatrizen die *Kovarianz-matrizen* (Matrizen der Zentralmomente)

$$\underline{V}_x(t_1,t_2) = \text{cov}\{\underline{x}(t_1),\underline{x}(t_2)\} =$$
$$E\{[\underline{x}(t_1)-\underline{m}_x(t_1)][\underline{x}(t_2)-\underline{m}_x(t_2)]^T\} \qquad (2.16)$$

$$\underline{V}_{xy}(t_1,t_2) = \text{cov}\{\underline{x}(t_2),\ \underline{y}(t_2)\} =$$
$$E\{[x(t_1)-\underline{m}_x(t_1)][\underline{y}(t_2)-\underline{m}_v(t_2)]^T\} \qquad (2.17)$$

Verwendung. Ist $t_1=t_2=t$, geht die Kovarianzmatrix (2.16) in die Varianzmatrix $\underline{V}_x(t)$ (2.6) über. Korrelations- und Kovarianzmatrizen hängen wie folgt zusammen

$$\underline{V}_x(t_1,t_2) = \underline{R}_x(t_1,t_2) - \underline{m}_x(t_1)\underline{m}_x^T(t_2) \qquad (2.18)$$

$$\underline{V}_{xy}(t_1,t_2) = \underline{R}_{xy}(t_1,t_2) - \underline{m}_x(t_1)\underline{m}_y^T(t_2) \qquad (2.19)$$

Daher gelten für sie sinngemäß die Gleichungen (2.14).
Für Skalarprozesse gehen die Gleichungen (2.16) bis (2.19) über in

$$V_x(t_1,t_2) = \text{cov}\{x(t_1),x(t_2)\} =$$
$$E\{[x(t_1)-m_x(t_1)][x(t_2)-m_x(t_2)]\} \qquad (2.16a)$$

$$V_{xy}(t_1,t_2) = \text{cov}\{x(t_1),y(t_2)\} =$$
$$E\{[x(t_1)-m_x(t_1)][y(t_2)-m_y(t_2)]\} \qquad (2.17a)$$

$$V_x(t_1,t_2) = R_x(t_1,t_2) - m_x(t_1)\cdot m_x(t_2) \qquad (2.18a)$$

$$V_{xy}(t_1,t_2) = R_{xy}(t_1,t_2) - m_x(t_1)m_y(t_2) \qquad (2.19a)$$

Skalar- und Vektorprozesse mit verschwindendem linearen Mittelwert oder Mittelwertvektor haben gleiche Korrelations- und Ko-

varianzfunktionen bzw. gleiche Korrelations- und Kovarianzmatrizen.

Zur Kennzeichnung der statistischen Eigenschaften eines
stochastischen Vektorprozesses im Frequenzbereich kann entweder die eindimensionale oder zweidimensionale Fouriertransformation (siehe Abschnitt 1.2.1.2) verwendet werden. Unterwirft man alle Elemente der Autokorrelations- oder Kreuzkorrelationsmatrix eines Vektorprozesses oder zweier Vektorprozesse
der eindimensionalen Fouriertransformation, wobei entweder t_1
oder t_2 konstant anzunehmen ist

$$\underline{S}_p(\omega_1,t_2) = \int\limits_{-\infty}^{+\infty} \underline{R}(t_1,t_2)\exp\{-i\omega_1 t_1\}dt_1$$

$$\underline{S}_p(t_1,\omega_2) = \int\limits_{-\infty}^{+\infty} \underline{R}(t_1,t_2)\exp\{-i\omega_2 t_2\}dt_2 \qquad (2.20)$$

ergibt sich die Matrix der *parametrischen Leistungs*-oder *Kreuz-
leistungsspektren*. Durch nochmalige Fouriertransformation dieser Spektralmatrizen oder Anwendung der zweidimensionalen
Fouriertransformation [2.1] auf die Elemente der Korrelationsmatrizen

$$\underline{S}_x(\omega_1,\omega_2) = \int\limits_{-\infty}^{+\infty}\int\limits_{-\infty}^{+\infty} \underline{R}_x(t_1,t_2)\exp\{-i(\omega_1 t_1+\omega_2 t_2)\}dt_1 dt_2$$

$$\qquad (2.21)$$

$$\underline{S}_{xy}(\omega_1,\omega_2) = \int\limits_{-\infty}^{+\infty}\int\limits_{-\infty}^{+\infty} \underline{R}_{xy}(t_1,t_2)\exp\{-i(\omega_1 t_1+\omega_2 t_2)\}dt_1 dt_2$$

$$\qquad (2.22)$$

folgt die *Matrix der Leistungsspektren* oder der *Kreuzleistungs-
spektren*. Für Skalarprozesse gelten dieselben skalaren Beziehungen.

2.1.3 Besondere Eigenschaften stochastischer Prozesse

Um mit stochastischen Prozessen wirkungsvoll arbeiten zu
können, müssen sie im allgemeinen besondere Eigenschaften auf-

weisen, die ihre Beschreibung wesentlich vereinfachen. Die für
regelungstechnische Problemstellungen wichtigen Eigenschaften
stochastischer Vektorprozesse sollen nun kurz erläutert werden.

<u>Stationärität</u>

Ein stochastischer Vektorprozeß ist *stationär im engeren
Sinn* (stationär im strengen Sinne) oder *stationär*, wenn seine
n-dimensionale Verteilungsdichtefunktion gegenüber einer Zeitverschiebung τ invariant ist

$$p[\underline{x}(t_1),\ldots, \underline{x}(t_n)] = p[\underline{x}(t_1+\tau),\ldots, \underline{x}(t_n+\tau)] \qquad (2.23)$$

Damit ein Vektorprozeß stationär ist, müssen nicht nur dessen
Komponenten $\{x_1(t)\}\ldots\{x_n(t)\}$ stationäre Prozesse sein, sondern auch die Verbundverteilungsdichtefunktionen der einzelnen
Komponenten gegen eine Zeitverschiebung invariant sein. Es ist
kaum möglich mit Gleichung (2.23) nachzuprüfen, ob ein Zufallsprozeß stationär ist. Man hat deshalb "schwächere" Definitionen
für die Stationärität eingeführt.

Ein stochastischer Prozeß ist *stationär k-ter Ordnung* im engeren Sinn, wenn (2.23) nur für die k-dimensionale Verteilungsdichtefunktion (k$\leq$n) erfüllt ist.
Wichtige Sonderfälle sind:
k=1: Die Verteilungsdichtefunktion erster Ordnung ist zeitinvariant

$$p[\underline{x}(t_1)] = p[\underline{x}(t_1+\tau)] = p(\underline{x}) \qquad (2.24)$$

wodurch nach (2.5) $\underline{m}_x(t)=\underline{m}_x$=const. gilt. Der Prozeß ist stationär erster Ordnung im engeren Sinn.
k=2: Die Verteilungsdichtefunktion zweiter Ordnung hängt
nicht von den Zeitpunkten t_1 und t_2, sondern nur von deren
Differenz $t_1-t_2=\tau$ ab.

$$p[\underline{x}(t_1),\underline{x}(t_2)] = p[\underline{x}(t_1-t_2)] = p[\underline{x}(\tau)] \qquad (2.25)$$

Der Prozeß ist stationär zweiter Ordnung im engeren Sinn. Für
die Autokorrelations- bzw. Kovarianzmatrix gilt mit $t_1 - t_2 = \tau$

$$\underline{R}_x(t_1, t_2) = \underline{R}_x(t_1 - t_2, 0) = \underline{R}_x(\tau)$$

$$\underline{V}_x(t_1, t_2) = \underline{V}_x(t_1 - t_2, 0) = \underline{V}_x(\tau)$$

$$(2.26)$$

Ein stochastischer Vektorprozeß mit konstantem Mittelwertsvektor und einer nur von $t_1 - t_2 = \tau$ abhängigen Autokorrelations-
oder Kovarianzmatrix heißt *stationär im weiteren Sinn* oder
schwach stationär.

Unabhängigkeit

Ein stochastischer Vektorprozeß $\{\underline{x}(t)\}$ heißt *unabhängig*,
wenn für k beliebige Zeitpunkte $(t_1, \ldots t_k) \in T$ die k-dimensionale
Verbundverteilungsdichte gleich dem Produkt der k Einzelver-
teilungsdichten ist

$$p[\underline{x}(t_1), \ldots, \underline{x}(t_k)] = \prod_{i=1}^{k} p_i[\underline{x}(t_i)] \qquad (2.27)$$

Sind bei einem n-dimensionalen Vektorprozeß die Komponenten
paarweise unabhängig voneinander, dann ist seine Kovarianzmatrix (2.16) eine Diagonalmatrix.

Ein n-dimensionaler stochastischer Vektorprozeß $\{\underline{x}(t)\}$ und
ein m-dimensionaler stochastischer Vektorprozeß $\{\underline{y}(t)\}$ sind
unabhängig, wenn für k beliebige Zeitpunkte $(t_1, \ldots, t_k) \in T$ und
alle n-Vektoren $[\underline{x}(t_1), \ldots, \underline{x}(t_k)]$ sowie alle m-Vektoren
$[\underline{y}(t_1), \ldots, \underline{y}(t_k)]$ gilt

$$p[\underline{x}(t_1), \ldots, \underline{x}(t_k); \underline{y}(t_1), \ldots, \underline{y}(t_k)] =$$

$$= p_1[\underline{x}(t_1), \ldots, \underline{x}(t_k)] p_2[\underline{y}(t_1), \ldots, \underline{y}(t_k)] \qquad (2.28)$$

Unkorreliertheit

Ein stochastischer Prozeß $\{\underline{x}(t)\}$ heißt *unkorreliert*, wenn
gilt

$$\underline{R}_x(t_1,t_2) = E\{\underline{x}(t_1)\underline{x}^T(t_2)\} = E\{\underline{x}(t_1)\}.E\{\underline{x}^T(t_2)\}$$
$$\forall\, t_1 \neq t_2 \qquad (2.29)$$

Die Elemente der Autokorrelationsmatrix sind die Produkte der
linearen Mittelwerte der entsprechenden Skalarprozesse. Ein unabhängiger stochastischer Vektorprozeß ist immer unkorreliert.
Ein unkorrelierter Prozeß muß aber nicht unabhängig sein.
Zwei stochastische Vektorprozesse $\{\underline{x}(t)\}$ und $\{\underline{y}(t)\}$ heißen
unkorreliert, wenn für ihre Kreuzkorrelationsmatrix gilt

$$\underline{R}_{xy}(t_1,t_2) = E\{\underline{x}(t_1)\underline{y}^T(t_2)\} = E\{\underline{x}(t_1)\}.\,E\{\underline{y}^T(t_2)\}$$
$$(2.30)$$

Die Elemente der Kovarianzmatrix werden nach (2.19) Null

$$\underline{V}_{xy}(t_1,t_2) = \underline{0} \qquad (2.30a)$$

Sind zwei stochastische Vektorprozesse unkorreliert, müssen
sie oder ihre Komponenten nicht voneinander unabhängig sein.
Das Unkorreliertsein zweier Zufallsprozesse ist also eine
schwächere Eigenschaft als deren Unabhängigkeit.

Prozesse mit unabhängigen oder unkorrelierten Zuwächsen (In-
krementen)

Ein stochastischer Vektorprozeß hat *unabhängige Zuwächse*,
wenn $\forall\{t_i : t_i < t_{i+1}\}$ die Differenzvektoren

$$\underline{x}(t_2)-\underline{x}(t_1),\ldots,\underline{x}(t_n)-\underline{x}(t_{n-1}) \qquad (2.31)$$

unabhängig sind. Für die Differenzvektoren (2.31) gilt (2.27).

Ein stochastischer Vektorprozeß hat *unkorrelierte Zuwächse*,

wenn die Differenzvektoren (2.31) nach Gleichung (2.29) unkorreliert sind.

Normale Prozesse

Ein stochastischer Vektorprozeß heißt *normal* oder *gaußisch*,
wenn für alle Zeitpunkte $(t_1, \ldots, t_k) \in T$ die k n-dimensionalen
Zufallsvektoren gaußverteilt sind. Daraus folgt mit

$$\underline{x}(t_i) = [\underline{x}(t_1), \ldots, \underline{x}(t_k)]^T$$

$$\underline{m}_x(t_i) = E\{\underline{x}(t_i)\} = [\underline{m}_x(t_1), \ldots, \underline{m}_x(t_k)]^T$$

und der Matrix der Kovarianzen

$$\underline{V}_x(t_i, t_j) = \text{cov}\{\underline{x}(t_i), \underline{x}(t_j)\} =$$

$$= E\{[\underline{x}(t_i) - \underline{m}_x(t_i)][\underline{x}(t_j) - \underline{m}_x(t_j)]^T\}$$

für die Verteilungsdichtefunktion - das Argument t wurde weg-
gelassen -

$$p[\underline{x}] = [(2\pi)^{n \cdot k} \det \underline{V}_x]^{-\frac{1}{2}} \exp\{-\frac{1}{2}[\underline{x} - \underline{m}_x]^T \underline{V}_x^{-1} \cdot$$

$$\cdot [\underline{x} - \underline{m}_x]\} \qquad (2.32)$$

Für einen skalaren Zufallsprozeß $\{x(t)\}$ ergibt sich die Verteilungsdichtefunktion

$$p[x(t)] = [2\pi V_x(t)]^{-\frac{1}{2}} \exp\{-\frac{1}{2}[x(t) - m_x(t)]^2 \cdot V_x(t)^{-1}\}$$

$$(2.32a)$$

Markoveigenschaft

Ein stochastischer Vektorprozeß besitzt die *Markoveigen-
schaft*, wenn für alle Zeitpunkte $(t_1 < t_2 < \ldots < t_k) \in T$ und alle n-
dimensionalen Vektoren $\underline{x}_1, \ldots, \underline{x}_k$ die bedingte Wahrscheinlichkeit der Beziehung

$$P\{\underline{x}(t_k)<\underline{x}_k\,|\,\underline{x}(t_{k-1})<\underline{x}_{k-1},\ldots,\ \underline{x}(t_1)<\underline{x}_1\} =$$

$$= P\{\underline{x}(t_k)<\underline{x}_k\,|\,\underline{x}(t_{k-1})<\underline{x}_{k-1}\}$$

genügt. Damit folgt für die bedingte Dichtefunktion

$$p[\underline{x}(t_k)\,|\,\underline{x}(t_{k-1}),\ldots,\ \underline{x}(t_1)] = p[\underline{x}(t_k)\,|\,\underline{x}(t_{k-1})] \qquad (2.33)$$

Das den Prozeß beschreibende Wahrscheinlichkeitsgesetz hängt für den gegenwärtigen Zeitpunkt t_k nur vom unmittelbaren Vor-zeitpunkt t_{k-1} und nicht von früheren Zeitpunkten $t_{k-2},\ldots,\ t_1$ ab.

2.2 Spezielle stochastische Prozesse in der Regelungstechnik

Ein allgemeiner stochastischer Prozeß ist durch seine n-dimensionale Verteilungsdichtefunktion (2.2) für $n\to\infty$ voll-ständig bestimmt. Sie ist in vielen Fällen überhaupt nicht oder für endliches n nur mit großem meßtechnischen Aufwand zu er-mitteln. Um trotzdem brauchbare Analyse- und Syntheseverfahren für Regelsysteme unter Einwirkung von Zufallssignalen zu ent-wickeln, ist es daher notwendig, auf einfach beschreibbare (besondere) stochastische Skalar- oder Vektorprozesse zurück-zugreifen. Diese sind meist Prozesse mit besonderen Eigenschaf-ten (Abschnitt 2.1.3) und durch ihre Momente erster und zwei-ter Ordnung vollständig bestimmt.

2.2.1 Gaußprozesse

Alle Skalar- oder Vektorprozesse, deren Zufallsvariable oder -vektoren für alle Zeitpunkte nach (2.32a) oder (2.32) gaußverteilt sind, werden als *Gaußprozesse* oder normale Pro-zesse bezeichnet.

Aus (2.32) folgt unmittelbar, daß ein vektorieller Gauß-prozeß durch seinen Mittelwertsvektor und seine Kovarianz-matrix vollständig bestimmt ist. Durch Mittelwertsvektor und

Kovarianzmatrix sind auch alle Dichtefunktionen festgelegt.
Ist der Gaußprozeß zusätzlich stationär, dann ist der Mittelwertsvektor zeitunabhängig und die Elemente der Kovarianzmatrix
nicht mehr von den Zeitpunkten t_i und t_j, sondern nur mehr von
deren Differenzen $t_i - t_j = \tau$ abhängig. Im weiteren Sinne stationäre Gaußprozesse sind auch stationär im engeren Sinn. Wendet man auf Gaußprozesse lineare Operationen (z.B. Differentiation, Integration, lineare Transformation) an, ergibt sich
wieder ein Gaußprozeß mit anderen Parametern.

2.2.2. Markovprozesse

Alle Skalar- und Vektorprozesse, welche die Markoveigenschaft
(2.33) aufweisen, werden als *Markovprozesse* bezeichnet.

Um festzustellen, welche Kenngrößen und -funktionen zur voll-
ständigen Beschreibung der statistischen Eigenschaften von
Markovprozessen notwendig sind, wird zunächst die n-dimensionale
Verteilungsdichtefunktion (2.2) mit Hilfe der Bayesregel umgeformt.

$$p[\underline{x}(t_k),\ldots,\underline{x}(t_1)] = p[\underline{x}(t_k)|\underline{x}(t_{k-1}),\ldots,\underline{x}(t_1)]$$
$$\cdot p[\underline{x}(t_{k-1}),\ldots,\underline{x}(t_1)]$$

Unter Berücksichtigung der Markoveigenschaft (2.33) ergibt sich
mit der Bayesregel

$$p[\underline{x}(t_k),\ldots,\underline{x}(t_1)] = p[\underline{x}(t_k)/\underline{x}(t_{k-1})]\cdot p[\underline{x}(t_{k-1})/\underline{x}(t_{k-2})]$$
$$\ldots p[\underline{x}(t_2)/\underline{x}(t_1)]\cdot p[\underline{x}(t_1)] =$$
$$= \prod_{i=k}^{2} p[\underline{x}(t_i)/\underline{x}(t_{i-1})]\cdot p[\underline{x}(t_1)]$$

$$(2.34)$$

Die bedingten Verbundverteilungsdichtefunktionen $p[\underline{x}(t_i)|
\underline{x}(t_{i-1})]$ heißen *übergangsdichtefunktionen*. Sind sie für alle
$t_i (i=2,\ldots k)$ gegeben und zusätzlich die Verteilungsdichtefunktionen $p[\underline{x}(t_1)]$ bekannt, liegt der Markovprozeß in seinen
statistischen Eigenschaften vollständig fest.

Markovprozesse weisen zwei bedeutsame Eigenschaften auf

a) Ist $\{\underline{x}(t)\}$, $t \in T$ ein Markovprozeß und $T_1 \in T$ eine Untermenge
   von T, dann ist $\{\underline{x}^*(t)\}$, $t \in T_1$ ebenfalls ein Markovprozeß.
b) Bei Zeitumkehr bleibt die Markoveigenschaft erhalten.
   Für $(t_k < t_{k+1} < \ldots < t_{k+p}) \in T$ gilt ebenfalls

$$p[\underline{x}(t_k), \underline{x}(t_{k+1}), \ldots, \underline{x}(t_{k+p})] = p[\underline{x}(t_k)|\underline{x}(t_{k+1})]$$

Markovprozesse sind das stochastische Analogon zu determinierten
Prozessen.

2.2.3 Gauß-Markov-Prozesse

Ein *Gauß-Markov-Prozeß* ist ein Markovprozeß, bei dem die Verteilungsdichtefunktion $p[\underline{x}(t_1)]$ und die Übergangsdichtefunk-
tionen $p[\underline{x}(t_i)|\underline{x}(t_{i-1})]$ gaußverteilt sind.

Die Amplitudenverteilung eines Gauß-Markov-Prozesses wird
demnach durch (2.32); der zeitliche Prozeßverlauf durch die
Markoveigenschaft (2.33) festgelegt. Die Bedeutung der Gauß-
Markov-Prozesse für die moderne Regelungstechnik resultiert
aus ihrer einfachen Beschreibbarkeit und der Möglichkeit, viele
in der Technik und Physik vorkommenden Zufallsprozesse durch
sie zu approximieren (vgl. Abschnitt 3.1.1).

2.2.4 Weiße Gaußprozesse (Weißes Rauschen)

Weiße Gaußprozesse $\{\underline{w}(t)\}$ sind Gauß-Markovprozesse, deren
Übergangsdichtefunktionen nach (2.27) unabhängig sind.

$$p[\underline{w}(t_i)|\underline{w}(t_{i-1})] = p[\underline{w}(t)] \quad \forall\ t_i \in T$$

Da die Übergangsdichtefunktionen voraussetzungsgemäß gaußverteilt sind, gilt für die Elemente der Kovarianzmatrix eines
weißen Gaußprozesses

$$\text{cov}\{\underline{w}(t),\underline{w}(\tau)\} = E\{[\underline{w}(t)-\underline{m}_w(t)][\underline{w}(\tau)-\underline{m}_w(\tau)]^T\} = \underline{Q}_w(t)\delta(t-\tau)$$
$$(2.35)$$

mit $\underline{Q}_W(t)$ als positiv semidefiniter Kovarianzmatrix und der
Deltafunktion $\delta(t-\tau)$.

Weiße Gaußprozesse sind durch $\underline{m}_W(t)$ und $\underline{V}_W(t)$ vollständig
bestimmt und physikalisch nicht realisierbar. Infolge der statistischen Unabhängigkeit wäre der Prozeß vollkommen unvorher-
sagbar, d.h. aus dem Prozeßverlauf in der Vergangenheit könnte
auf keinen noch so nahe bei dem Momentanwert des Prozesses
liegenden zukünftigen Wert geschlossen werden (Prozeß maximaler
Regellosigkeit). Für stationäre weiße Gaußprozesse gilt
$\underline{Q}_W(t) = \underline{Q}_W = $ const und $\underline{m}_W(t) = \underline{m}_W$. Da die Fouriertransformierte
der Deltafunktion eine Konstante ist, folgt aus (2.35), daß das
Leistungsspektrum jedes Skalarprozesses bis zu beliebig hohen
Frequenzen konstant sein würde. In diesem Fall ist $\underline{Q}_W$ die konstante Spektraldichtematrix. Jeder Skalarprozeß und somit auch
der Vektorprozeß hat einen unendlich großen Energieinhalt und
ist somit physikalisch nicht realisierbar.
Große Bedeutung haben in der Regelungstechnik Breitbandprozesse
(farbiges Rauschen) erlangt, deren Leistungsspektren bis zu
einer Grenzfrequenz annähernd konstant sind. Liegt die Grenzfrequenz des betrachteten Systems unter jener des Breitband-
signals, kann letzteres bezüglich dieses Systems als weißes
Rauschen betrachtet werden.

2.2.5 Wienerprozesse

Wienerprozesse $\{\underline{W}(t)\}$ sind wie folgt definiert [2.3]

   I) $\{\underline{W}(t)\}$ hat für $t>0$ unabhängige stationäre Zuwächse
  II) Für alle $t>0$ ist $\{\underline{W}(t)\}$ normalverteilt
 III) Für alle $t>0$ ist $\underline{m}_W(t) = \underline{0}$
 IV) Es gilt $\underline{X}(t_0) = 0$

Sie wurden von N. Wiener als einfaches mathematisches Modell
für die Brown'sche Molekularbewegung eingeführt und können als
Integrale von stationären weißen Gaußprozessen $\{\underline{w}(t)\}$

$$\{\underline{W}(t)\} = \int_0^t \{\underline{w}(\lambda)\}d\lambda \qquad\qquad (2.36)$$

mit verschwindendem linearen Mittelwert aufgefaßt werden. Aus
der Linearität des Integraloperators folgt Voraussetzung II).
Der Wienerprozeß ist stetig,aber nirgends differenzierbar.
Seine Varianz nimmt proportional mit t zu. Er ist also ein extrem irregulärer Prozeß.

Die Umkehrung von (2.36), daß die Ableitung des Wiener Prozesses ein stationärer weißer Gaußprozeß ist,

$$\frac{d}{dt} \{\underline{W}(t)\} = \{\underline{w}(t)\} \tag{2.37}$$

gilt nur, wenn man beide Prozesse im Sinne der Distributionentheorie als verallgemeinerte stochastische Prozesse auffaßt.

2.3 Zeitvariante Systeme mit stochastischen Eingangssignalen und Parameteränderungen

In den bisherigen Abschnitten wurden determinierte Eingangssignale und Parameteränderungen vorausgesetzt. Hier soll der
unter anderem für die Systemidentifikation bedeutsame Fall
stochastischer Eingangssignale und Parameteränderungen,jedoch
noch ohne Störsignale, behandelt werden.
Die vorigen Abschnitte zeigten, daß für zeitvariante Systeme
die Beschreibung im Zeitbereich in Form von Differentialgleichungen überwiegen. Während lineare Differentialgleichungen mit zufälligen Störfunktionen und/oder zufälligen Koeffizienten noch
mit von der deterministischen Theorie her bekannten Verfahren
behandelt werden können, ist dies für nichtlineare Differentialgleichungen nicht mehr möglich. Da hier, wenn auch nur am Rande,
nichtlineare zeitvariante Systeme betrachtet werden, sind stochastische Integrale von Bedeutung. Ihre grundlegenden Eigenschaften werden daher in einem eigenen Abschnitt dargestellt.

Für ein System mit zufälligen Parameteränderungen und/oder
zufälligen Eingangssignalen gilt im wesentlichen Gleichung (1.1)
unverändert. Die Koeffizienten $a_i(t)$ und $b_j(t)$ sind nun stochastische Prozesse und das Eingangssignal u(t) muß als m-mal
differenzierbarer stochastischer Prozeß vorausgesetzt werden.

Das Ausgangssignal ist dann meist ein instationärer stochastischer Prozeß. Es ist leicht einzusehen, daß solche allgemeine
stochastische Differentialgleichungen ungleich schwieriger als
jene mit determinierten Koeffizienten und Eingangssignalen zu
handhaben sind. Allgemeine, stochastische Differentialgleichungen werden hauptsächlich im Zusammenhang mit Schwingungspro-
blemen studiert. Bekannte Beispiele sind das Pendel mit schwin-
gendem Aufhängepunkt, die Biegeschwingungen eines Stabes unter
pulsierender Axiallast oder elektrische Schwingkreise mit zufällig veränderlicher Kapazität oder Induktivität. Lösungen
sind derzeit nur für Differentialgleichungen erster Ordnung mit
weißen Gaußprozessen als Störfunktionen bekannt. Jede Differentialgleichung n-ter Ordnung (1.1) kann jedoch in ein System von
n-Differentialgleichungen erster Ordnung übergeführt werden
(Zustandsraumdarstellung).

2.3.1 Grundlagen stochastischer Differentialgleichungen [2.7], [2.8], [2.9]

Bisher wurden zwei Typen von stochastischen Differentialgleichungen untersucht.

a) Stochastische Differentialgleichungen, in denen gewisse
   Funktionen, Koeffizienten, Parameter, Rand- oder Anfangsbedingungen zufällig sind. Ein Beispiel für nichtlineare
   stochastische Differentialgleichungen dieses Typs sind
   Gleichungen der Form

$$\underline{\dot{x}}(t) = \underline{f}[\underline{x}(t), \underline{n}(t), t] \qquad \underline{x}(t_o = \underline{x}_o$$

   mit der zufälligen Funktion $\underline{n}(t)$, den zufälligen Anfangswerten $\underline{x}_o$ und der festen Funktion $\underline{f}$. Dieser Typ von Differentialgleichungen kann unter bestimmten Voraussetzungen
   mit den klassischen Methoden der Theorie der Differentialgleichungen behandelt werden [2.7].

b) Eigentliche nichtlineare stochastische Differentialgleichungen sind von der Form

$$\underline{\dot{x}}(t) = \underline{f}[\underline{x}(t),\underline{w}(t),t] \qquad\qquad (2.38)$$

$\underline{x}(t)$ ist ein stochastischer Vektorprozeß und $\underline{w}(t)$ ein vektorieller weißer Gaußprozeß. Weitergehende Resultate sind derzeit nur
für den Fall des in $\underline{w}(t)$ linearen Systems

$$\underline{\dot{x}}(t) = \underline{f}[\underline{x}(t),t] + \underline{g}[\underline{x}(t),t]\underline{w}(t) \qquad\qquad (2.39)$$

bekannt. Gleichungen dieser Form werden als ITÔ -Gleichungen
bezeichnet.

Für die gegenständliche Problemstellung sind stochastische
Differentialgleichungen des Typs b) von Interesse, da sie das
Systemverhalten sowohl für zufällige Parameteränderungen als
auch für zufällige Eingangssignale beschreiben. Differentialgleichungen linearer stochastischer zeitvarianter Systeme ergeben sich als Sonderfall der ITÔ -Gleichung, wenn $\underline{f}$ eine lineare
Funktion des Systemzustandes $\underline{x}(t)$ ist und $\underline{g}$ überhaupt nicht
von $\underline{x}(t)$ abhängt

$$\underline{\dot{x}}(t) = \underline{A}(t)\,\underline{x}(t) + \underline{B}(t)\underline{w}(t) \qquad\qquad (2.40)$$

Sind Elemente der Zustandsmatrix $\underline{A}(t)$ bzw. der Eingangsmatrix
$\underline{B}(t)$ stochastische Prozesse, beschreibt (2.40) ein lineares
System mit zufälligen Parameteränderungen und weißen Gaußprozessen als Eingangssignale. Dies folgt unmittelbar aus den
Gleichungen (1.29) des Abschnittes 1.2.2.2. Ein vom mathematischen Standpunkt einfacher zu behandelnder Fall ist ein
lineares System mit determinierten Parameteränderungen - Elemente
der Matrizen $\underline{A}(t)$ und $\underline{B}(t)$ sind determinierte Zeitfunktionen -
und stochastischen Eingangssignalen.

In ITÔ -Gleichungen (2.39) tritt das Produkt $\underline{g}[\underline{x}(t),t]\underline{w}(t)$
auf. $\underline{w}(t)$ und $\underline{g}[\underline{x}(t),t]$ sind im allgemeinsten Fall stochastische
Vektorprozesse - verallgemeinerte stochastische Funktionen -
deren Produkt in der Distributionentheorie nicht definiert ist.
Man schreibt deshalb (2.39) mit (2.37) meist in Differential-

form

$$d\underline{x} = \underline{f}[\underline{x}(t),t]dt + \underline{g}[\underline{x}(t),t]\ d\underline{W}(t) \qquad (2.39a)$$

worin $W(t)$ ein Wienerprozeß ist. Die Lösung von (2.39a) ist allgemein gegeben durch

$$\underline{x}(t) = \underline{x}(t_o) + \int_{t_o}^{t} \underline{f}[\underline{x}(s),s]ds + \int_{t_o}^{t} \underline{g}[\underline{x}(s),s]d\underline{W}(s)ds \qquad (2.41)$$

Das erste Integral in (2.41) ist ein gewöhnliches Riemann'sches Integral, das zweite infolge von $d\underline{W}(s)$ ist zunächst noch nicht definiert. Es wird als *stochastisches Integral* bezeichnet und wurde erstmalig von ITÔ definiert und untersucht.

Stochastische Integrale weisen gegenüber den geläufigen Riemann und Riemann-Stieltjes-Integralen einige Besonderheiten auf. Betrachtet man als Sonderfall des in (2.41) auftretenden stochastischen Integrals

$$I(T) = \int_{0}^{T} g[x(t),t]dW(t)$$

das nur von t abhängige Integral

$$I_{\epsilon}(T) = \int W(t)dW(t)$$

und nähert dem Riemann'schen Integralbegriff folgend $I(T)$ durch die Summe an

$$I_{\epsilon}(T) = \underset{n \to \infty}{\text{l.i.m.}} \sum_{i=0}^{n-1} W(s_i)[W(t_{i+1}) - W(t_i)]$$

ergibt sich als Lösung

$$I_{\epsilon}(T) = \frac{1}{2}[W^2(T) - W^2(0)] + (\frac{1}{2} - \epsilon).T \qquad (2.42)$$

ε bestimmt die Funktionswerte $W(s_i)$ der Summe gemäß

$$W(s_i) = W(\varepsilon t_i) + W[(1-\varepsilon)t_{i+1}]$$

Der erste Summand der rechten Seite entspricht der gewöhnlichen Integrationsformel. Der zweite, zusätzliche Summand kann durch die Wahl $\varepsilon = \frac{1}{2}$ beseitigt werden. Dies hat STRATONOVICH vorgeschlagen, nachdem ITÔ seine Theorie in Übereinstimmung mit dem Riemann'schen Integralbegriff auf $\varepsilon = 1$ aufgebaut hatte. Die Theorie von Stratonovich besitzt zwei große Vorteile: erstens können die geläufigen Formeln der Differential- und Integralrechnung beibehalten werden und zweitens ergibt sich ein nahtloser Übergang vom farbigen zum weißen Rauschen. Die Theorie von ITÔ erfordert einen neuen Differential- und Integralkalkül, ist aber vom mathematischen Standpunkt eine in sich geschlossene Theorie und wird daher hauptsächlich angewandt.

Nachdem das stochastische Integral in (2.41) kurz erläutert wurde, kann auf die Lösung von stochastischen Differentialgleichungen eingegangen werden. Eine Grundlage dafür ist der Satz von ITÔ:

Es sei der stochastische Prozeß $\{\underline{x}(t)\}$ nach (2.41) durch das stochastische Differential (2.39a) gegeben. Dann besitzt auch der durch $\{\varphi(\underline{x},t)\}$ definierte, stochastische Prozeß ein stochastisches Differential bezüglich desselben Wienerprozesses $\{\underline{W}(t)\}$

$$d\varphi(\underline{x},t) = \left\{ \frac{\partial\varphi(\underline{x},t)}{\partial t} + \underline{f}^{T}(\underline{x},t)\frac{\partial\varphi(\underline{x},t)}{\partial\underline{x}} + \frac{1}{2}\mathrm{sp}\left[\underline{g}^{T}(\underline{x},t) \right.\right.$$

$$\left.\left. \frac{\partial^{2}\varphi(\underline{x},t)}{\partial\underline{x}^{2}}\, g\,(\underline{x},t) \right]\right\}dt + \left[\frac{\partial\varphi(\underline{x},t)}{\partial\underline{x}}\right]^{T} \underline{g}(\underline{x},t)d\underline{W}(t)$$

$$(2.43)$$

Zum Unterschied zu totalen Differentialen φ entlang der Lösung $\underline{x}(t)$ bei deterministischen Differentialgleichungen kommt hier nach ITÔ noch ein Zusatzterm hinzu, der die zweite Ableitung von φ nach $\underline{x}$ enthält.

Der Differentialoperator

$$L = \frac{\partial}{\partial t} + \underline{f}(\underline{x},t)\frac{\partial}{\partial \underline{x}} + \frac{1}{2}\text{sp}\left[\underline{g}\,(\underline{x},t)\,\frac{\partial}{\partial \underline{x}^2}\,\underline{g}^T(\underline{x},t)\right] \qquad (2.44)$$

trägt die Bezeichnung *Rückwärtsdiffusionsoperator*. Der *Vorwärtsdiffusionsoperator* unterscheidet sich von ihm nur durch das negative Vorzeichen bei dem Zusatzterm.

Eine weitere Grundlage zur Lösung von stochastischen Differentialgleichungen des Typs (2.39a) bildet die Tatsache, daß unter bestimmten Voraussetzungen ihre Lösungen Markovprozesse mit stetigen Realisierungen, ja sogar Diffusionsprozesse sind. Als *Diffusionsprozesse* werden Markovprozesse mit stetigen Realisierungen und speziellen Eigenschaften bezeichnet. Umgekehrt ist jeder glatte Diffusionsprozeß Lösung einer stochastischen Differentialgleichung (2.39a) - (2.39a) ist ein Modell für den Diffusionsprozeß. Wienerprozesse gehören zur Klasse der Diffusionsprozesse.

Nach Abschnitt 2.2.2 ist ein Markovprozess durch seine Verteilungsdichtefunktionen (Anfangsdichten) $p[x(t_1)]$ und seine Übergangsdichtefunktionen $p[\underline{x}(t_i)/\underline{x}(t_{i-1})]$ vollständig bestimmt. Die Anfangsverteilungsdichtefunktionen der Lösungen von (2.39a) sind durch die Verteilungsdichten der Anfangsbedingungen gegeben. Für die Übergangsdichtefunktionen kann mit dem Vorwärtsdiffusionsoperator aus (2.43) eine vektorielle stochastische Differentialgleichung

$$\frac{\partial p[\underline{x}(t_i)/\underline{x}(t_{i-1})]}{t} + \text{sp}\left\{\frac{\partial}{\partial \underline{x}(t)}\left[\underline{f}(\underline{x},t)\cdot p[\underline{x}(t_i)/\underline{x}(t_{i-1})]\right]\right\}$$

$$-\frac{1}{2}\,\text{sp}\left\{\frac{\partial}{\partial \underline{x}(t)}\left[\frac{\partial}{\partial \underline{x}(t)}\right]^T\left[\underline{g}(\underline{x},t)\cdot\underline{g}^T(\underline{x},t)\cdot p[\underline{x}(t_i)/\underline{x}(t_{i-1})]\right]\right\}$$

$$(2.45)$$

abgeleitet werden. Gleichung (2.45) trägt die Bezeichnung mehr-
dimensionale (vektorielle) *Fokker-Planck Gleichung* oder *Kolmo-
goroff'sche Vorwärtsdiffusionsgleichung*. Sie gestattet die Be-
rechnung der Übergangsdichtefunktionen $p[\underline{x}(t_i)/\underline{x}(t_{i-1})]$ allein
aus den Funktionen $\underline{f}(\underline{x},t)$ und $\underline{g}(\underline{x},t)$ der stochastischen Vektordifferentialgleichung (2.39a). Sind daher die Verteilungsdichte-
funktionen der Anfangszustände von (2.39a) und die Lösung von
(2.45) bekannt, liegen die Markovprozesse (2.41) - die Lösungen von (2.39a) - in ihren statistischen Eigenschaften fest.
Die Lösung der Fokker-Planck Gleichung ist derzeit nur für einfache skalare Differentialgleichungen meist nur näherungsweise
möglich.

Der besprochene Lösungsweg gehört zu den analytischen oder
indirekten wahrscheinlichkeitstheoretischen Methoden, da nur
statistische Kennfunktionen der Lösungen, nicht aber deren zeit-
licher Verlauf bestimmt wird. Die Theorie der stochastischen
Differentialgleichungen befaßt sich mit dem zeitlichen Verlauf der Lösungen (probabilistische oder direkte Methoden).
Die stochastische Differentialgleichung (z.B. (2.39a)) stellt
ein Modell für den stochastischen Prozeß $\{\underline{x}(t)\}$ dar, mit dem
aus den Realisierungen des Wienerprozesses $\{W(t)\}$ die Realisierungen von $\{\underline{x}(t)\}$ berechnet werden können. Dies ist jedoch nur
für einige wenige Prozesse [2.7] möglich.

Wesentliche Vereinfachungen ergeben sich für lineare stochastische Differentialgleichungen

$$d\underline{x}(t) = \underline{A}(t)\,\underline{x}(t)dt + \underline{B}(t)\,d\underline{W}(t) \qquad (2.46)$$

(2.46) ist die differentielle Form der Gleichung (2.40). Die
Lösung dieser Gleichung ergibt sich mit der Zustandsübergangsmatrix $\underline{\Phi}(t,t_o)$

$$\underline{x}(t) = \underline{\Phi}(t,t_o)\underline{x}(t_o) + \int_{t_o}^{t} \underline{\Phi}(t,\tau)\underline{B}(\tau)\underline{W}(\tau)d\tau \qquad (2.47)$$

und stimmt im wesentlichen mit (1.30) überein.

2.3.2 Modelle zeitvarianter Systeme mit stochastischen Eingangssignalen

Nach den Ausführungen über stochastische Differentialgleichungen, die insbesondere für die Beschreibung nichtlinearer zeitvarianter Systeme und die nichtlineare Filterung von Interesse sind, sollen hier in ähnlicher Weise wie in Abschnitt 1.2 Modelle für zeitvariante Systeme unter dem Einfluß stochastischer Eingangssignale angegeben werden. Die folgenden Gleichungen gelten für determinierte Parameteränderungen - manche von ihnen auch für stochastische Parameteränderungen. Die Schwierigkeiten bei stochastischen Eingangssignalen und stochastischen Parameteränderungen ergeben sich durch das Auftreten von Produkten von stochastischen Prozessen in den Modellgleichungen, was auf stochastische Integrale bei deren Lösung führt. Um einen Vergleich zwischen Beschreibungsmöglichkeiten determinierter und stochastischer zeitvarianter Systeme zu erleichtern, wird die Einteilung des Abschnittes 1.2 beibehalten.

2.3.2.1 Empirische Modelle

Modelle im Zeitbereich

Die Differentialgleichung

$$\sum_{i=0}^{n} a_i(t)\, \frac{d^i y(t)}{dt^i} \;=\; \sum_{j=0}^{m} b_j(t)\, \frac{d^j u(t)}{dt^j} \tag{1.1b}$$

mit dem m mal differenzierbaren zufälligen Eingangssignal - dem stochastischen Skalarprozeß $\{u(t)\}$ - und den stetig determiniert oder stochastisch variierenden Parametern $a_i(t)$ und $b_i(t)$ gilt unverändert. Die explizite Lösung dieser Differentialgleichung ist, da infolge der Parameteränderungen $\{y(t)\}$ ein instationärer Skalarprozeß ist, nach den Ausführungen des Abschnittes 2.1 im allgemeinen nicht möglich. Es können daher nur statistische Kennfunktionen des Ausgangssignals berechnet werden. Eine Möglichkeit wäre die Bildung des Ensemblemittelwertes von (1.1b)

$$E\left\{\sum_{i=0}^{n} a_i(t)\,\frac{d^i y(t)}{dt^i}\right\} = E\left\{\sum_{j=0}^{m} b_j(t)\,\frac{d^j u(t)}{dt^j}\right\}$$

oder nach Vertauschen von Summe und Erwartungswert

$$\sum_{i=0}^{n} E\left\{a_i(t)\,\frac{d^i y(t)}{dt^i}\right\} = \sum_{j=0}^{m} E\left\{b_j(t)\,\frac{d^j u(t)}{dt^j}\right\} \tag{2.48}$$

Mit den Bezeichnungen

$$R_{a_i \overset{(i)}{y}}(t,t) = E\left\{a_i(t)\,\overset{(i)}{y}(t)\right\} \qquad R_{b_j \overset{(j)}{u}}(t,t) = E\left\{b_j(t)\,\overset{(j)}{u}(t)\right\}$$

$$\tag{2.49}$$

geht (2.48) in eine Beziehung zwischen den Kreuzkorrelationsfunktionen von Parametern und den Ableitungen von Ein- und Ausgangssignal über.

$$\sum_{i=0}^{n} R_{a_i \overset{(i)}{y}}(t,t) = \sum_{j=0}^{m} R_{b_j \overset{(j)}{u}}(t,t) \tag{2.50}$$

Die Gleichung (2.50) hat im Gegensatz zur Differentialgleichung
für die Korrelationsfunktion zeitinvarianter Systeme mit ebensolchen Eingangssignalen wenig praktische Bedeutung, da sie
keine Beziehung zwischen der Autokorrelationsfunktion des Eingangssignals und der Kreuzkorrelationsfunktion von Ein- und
Ausgangssignal und deren Ableitungen angibt. Eine ähnliche Beziehung ergibt sich für die Kovarianzfunktionen.

Das Faltungsintegral (1.5)

$$y(t) = \int_{t_o}^{t} g(t,\tau)u(\tau)d\tau \tag{1.5}$$

gilt unverändert, wobei die rechte Seite als stochastisches
Integral aufzufassen ist. Bildet man den Ensemblemittelwert von
(1.5)

$$E\{y(t)\} = \int\limits_{t_o}^{t} g(t,\tau)E\{u(\tau)\}d\tau$$

ergibt sich unmittelbar eine Beziehung zwischen den linearen
Mittelwerten von Ein- und Ausgangssignal

$$m_y(t) = \int\limits_{t_o}^{t} g(t,\tau)m_u(\tau)d\tau \qquad (2.51)$$

Es sei noch einmal daran erinnert, daß $m_u(t)$ im allgemeinen
eine determinierte Zeitfunktion ist. Das Integral ist daher
ebenfalls "deterministisch".

Setzt man in (1.5) $t = t_1$, multipliziert beide Seiten mit
$u(t_2)$ und bildet den Erwartungswert, folgt mit den Gleichungen
(2.11a) und (2.13a)

$$R_{yu}(t_1,t_2) = \int\limits_{-\infty}^{t} g(t,\tau)R_u(t_2,\tau)d\tau \qquad (2.52)$$

eine Beziehung zwischen der Kreuzkorrelationsfunktion von Aus-
und Eingangssignal und der Autokorrealtionsfunktion des Eingangssignals.

Schreibt man (1.5) jeweils für das Argument t_1 und t_2 an
und bildet das Produkt

$$y(t_1)y(t_2) = \int\limits_{-\infty}^{t_1} g(t_1,\tau_1)u(\tau_1)d\tau_1 \int\limits_{-\infty}^{t_2} g(t_2,\tau_2)u(\tau_2)d\tau_2$$

folgt nach Mittelung über alle Realisierungen von $\{u(t)\}$ nach
(1.58)

$$R_y(t_1,t_2) = \int\limits_{-\infty}^{t_1} \int\limits_{-\infty}^{t_2} g(t_1,\tau_1)g(t_2,\tau_2)R_u(\tau_1,\tau_2)d\tau_2 d\tau_1 \qquad (2.53)$$

Die Berechnung der Autokorrelationsfunktion des Ausgangssignals
eines zeitvarianten Systems ist für ein beliebiges zufälliges
Eingangssignal über das Faltungsintegral bei bekannter Gewichtsfunktion möglich. Entsprechende Beziehungen für die Kovarianzfunktionen können in gleicher Weise abgeleitet oder diese aus
den Korrelationsfunktionen mit den Gleichungen (2.18a) und
(2.19a) berechnet werden.

Für $t_1 = t_2 = t$ folgt aus (2.53) der quadratische Mittelwert des Ausgangssignals

$$R_y(t,t) = q_y^2(t) = \int\limits_{-\infty}^{t_1} \int\limits_{-\infty}^{t_2} g(t,\tau_1)g(t,\tau_2)R_u(\tau_1,\tau_2)d\tau_2 d\tau_1$$

$$(2.54)$$

Ist das Eingangssignal stationär mit dem zeitunabhängigen
linearen Mittelwert $m_u(t) = m_u = $ const und der nur mehr von
der Differenz $\tau = t_1 - t_2$ abhängigen Autokorrelationsfunktion
$R_u(t_1,t_2) = R_u(t_1-t_2) = R_u(\tau)$, vereinfacht sich (2.51) auf

$$m_y(t) = m_u \int\limits_{t_o}^{t} g(t,\tau)d\tau \qquad (2.51a)$$

Die Gleichungen für die Korrelationsfunktion (2.52) und (2.53)
und somit auch für den quadratischen Mittelwert des Ausgangssignals (2.54) gehen über in

$$R_{yu}(t_1,t_2) = \int\limits_{-\infty}^{t_1} g(t,\tau)R_u(t_2-\tau)d\tau \qquad (2.52a)$$

$$R_y(t_1,t_2) = \int\limits_{-\infty}^{t_1} \int\limits_{-\infty}^{t_2} g(t_1,\tau_1)g(t_2,\tau_2)R_u(\tau_1-\tau_2)d\tau_2 d\tau_1$$

$$(2.53a)$$

$$q_y^2(t) = \int\limits_{-\infty}^{t} \int\limits_{-\infty}^{t} g(t,\tau_1)g(t,\tau_2)R_u(\tau_1-\tau_2)d\tau_2 d\tau_1 \qquad (2.54a)$$

Die Gleichung (2.53a) zeigt, daß die Autokorrelationsfunktion des Ausgangssignals eines zeitvarianten Systems, an dessen Eingang ein stationäres Zufallssignal liegt, von t_1 und t_2 und nicht nur von der Differenz $t_1 - t_2$ abhängt. Das Ausgangssignal eines zeitvarianten Systems ist selbst bei stationärem Eingangssignal instationär.

Liegt am Eingang eines linearen zeitvarianten Systems ein stationärer weißer Gaußprozeß mit dem linearen Mittelwert $m_w = 0$ und der Autokorrelationsfunktion nach Gleichung (2.35) $R_w(t,\tau) = Q_w\delta(t-\tau)$, gilt infolge von (2.51a) $m_y = 0$ und die Gleichungen (2.52a) bis (2.54a) gehen über in

$$R_{yu}(t_1,t_2) = Q_w\int\limits_{-\infty}^{t_1} g(t_2,\tau)d\tau \qquad (2.52b)$$

$$R_y(t_1,t_2) = Q_w\int\limits_{-\infty}^{\min t_1,t_2} g(t_1,\tau)g(t_2,\tau)d\tau \qquad (2.53b)$$

$$\text{mit } \min t_1,t_2 = \begin{cases} t_2 \ \vee \ t_1 > t_2 \\ t_1 \ \vee \ t_1 < t_2 \end{cases}$$

$$V_y(t) = q_y^2(t) = Q_w\int\limits_{-\infty}^{t} g^2(t,\tau)d\tau \qquad (2.54b)$$

Da die Gleichungen für weiße Gaußprozesse als Eingangssignal (2.52b) bis (2.54b) wesentlich einfacher als die Gleichungen für nichtstationäre und stationäre beliebige Eingangssignale zu lösen sind, sind dem System Formfilter (siehe Abschnitt 3.1.1) vorzuschalten. Die Schwierigkeit liegt in der Bestimmung eines geeigneten Formfilters (für instationäre Eingangssignale wäre es zeitvariant) und der Berechnung von $R_y(t_1, t_2)$ oder $R_{yu}(t_1,t_2)$ aus (2.52b) oder (2.53b).

Die Systemidentifikation erfordert die Lösung des umgekehr-
ten Problems. Aus der gemessenen Auto- oder Kreuzkorrelationsfunktion ist aus (2.52b) oder (2.53b) die Gewichtsfunktion zu
berechnen. Die von linearen zeitinvarianten Systemen her bekannte Tatsache, daß bei einem stationären weißen Gaußprozeß
am Eingang die Kreuzkorrelationsfunktion proportional der Gewichtsfunktion ist, wird hier durch Gleichung (2.52b) wiederge-
geben. Soll aus Gleichung (2.53b) bei gemessener Autokorrelationsfunktion des Ausgangssignals die Gewichtsfunktion berechnet werden, führt dies auf die Lösung einer nichtlinearen
Volterra'schen Integralgleichung erster Art. Bedeutende Vereinfachungen hinsichtlich der Auswertung ergeben sich, wenn
die Gewichtsfunktion des zu identifizierenden Systems separierbar (vgl. Abschnitt 1.3.2)ist. In diesem Fall ist auch die
Autokorrelationsfunktion des Ausgangssignals separierbar [1.1].

Modelle im Frequenzbereich

In Abschnitt 1.2.1.2 wurde unter Punkt a) die Anwendung der
nichtkompatiblen eindimensionalen Laplacetransformation auf
die Differentialgleichung (1.1) diskutiert. Diese Vorgangsweise ist im Prinzip auch hier mit der Fouriertransformation
möglich, führt aber meist auf nicht leicht auszuwertende Zusammenhänge. Anwendung der eindimensionalen Fouriertransformation auf beide Seiten von (2.52) und (2.53) ergibt mit $t_2 = t =$
$=$ const

$$S_{yup}(\omega,t) = F_p(i\omega,t) \cdot S_{up}(\omega,t) \tag{2.55}$$

$$S_{yp}(\omega,t) = F_p(i\omega,t) \cdot S_{up}(\omega,t) \cdot F_p^*(i\omega,t) \tag{2.56}$$

$F_p(i\omega,t)$ ist der parametrische Frequenzgang nach Gleichung
(1.16) und $F_p^*(i\omega,t)$ der konjugierte parametrische Frequenzgang. $S_p(\omega,t)$ sind die entsprechenden parametrischen Leistungsspektren nach Gleichung (2.20). Für stationäre Eingangssignale
ist in den Gleichungen (2.55) und (2.56) $S_{up}(\omega,t)$ durch $S_u(\omega)$
und für stationäre weiße Eingangs-Gaußprozesse $S_{up}(\omega,t)$ durch

Q_w zu ersetzen. Der quadratische Mittelwert des Ausgangssignals ergibt sich durch Integration des parametrischen Leistungs-spektrums

$$q_y(t) = \frac{1}{\pi} \int_0^\infty S_{yp}(\omega,t)\,d\omega \qquad (2.57)$$

In Übereinstimmung mit Abschnitt 1.2.1.2 Punkt b) kann auch hier die zweidimensionale Fouriertransformation angewandt werden [2.1]. Dies führt unter Berücksichtigung der Gleichungen (2.21) und (2.22) auf die Beziehungen

$$S_{yu}(\omega_1,\omega_2) = F(i\omega_1,i\omega_2)\cdot S_u(\omega_1,\omega_2)$$

$$S_y(\omega_1,\omega_2) = F(i\omega_1,i\omega_2)\cdot S_u(\omega_1,\omega_2)\cdot F^*(i\omega_1,i\omega_2)$$

$S(\omega_1, \omega_2)$ sind die entsprechenden Leistungsspektren. $F(i\omega_1,i\omega_2)$ ist der bifrequente Frequenzgang und $F^*(i\omega_1,i\omega_2)$ der konjugierte bifrequente Frequenzgang. Für Eingangssignale, die stationär oder stationäre weiße Gaußprozesse sind, kann wieder $S_u(\omega_1,\omega_2)$ durch $S_u(\omega)$ oder Q_w ersetzt werden.

2.3.2.2 Axiomatische Modelle

Das dynamische Verhalten eines linearen stochastischen Systems wird eindeutig durch den Zustandsvektor beschrieben - seine statistischen Eigenschaften kennzeichnen daher das Systemverhalten bei zufälligen Eingangssignalen. Der Zustandsvektor bildet einen stochastischen Vektorprozeß, dessen Komponenten durch den zeitlichen Verlauf der Zustandsvariablen gegeben sind. Die Zustandsgleichungen (1.26) können nach Gleichung (2.40) als System von stochastischen Differentialgleichungen aufgefaßt werden, deren Lösung durch (2.47) gegeben ist. Das in Gleichung (2.47) auftretende Integral ist ein stochastisches Integral und daher auch mit den entsprechenden Methoden zu lösen.

Es werden daher wie im vorigen Abschnitt nicht die Realisierungen der vektoriellen stochastischen Prozesse $\{\underline{x}(t)\}$ und
$\{\underline{y}(t)\}$ berechnet, sondern lediglich ihre Erwartungswerte wie
Mittelwertvektor sowie Varianz- und Kovarianzmatrizen. In den
sich ergebenden Integralen treten dann nicht mehr die stochastischen Prozesse, sondern deren Momente erster und zweiter
Ordnung auf. Da diese aber determinierte Zeitfunktionen sind,
können sie mit den bekannten Methoden ausgewertet werden.

Die im folgenden kurz abgeleiteten Beziehungen - ausführliche
Ableitungen finden sich beispielsweise in [2.10] und [2.6] -
verknüpfen Momente erster und zweiter Ordnung von stochastischen
Vektorprozessen. Die Vektorprozesse sind nur dann vollständig
beschrieben, wenn sie Gauß-Prozesse sind. Handelt es sich jedoch um nicht gaußische Prozesse, reichen in den meisten Fällen
die Momente erster und zweiter Ordnung zu ihrer näherungsweisen
Kennzeichnung aus.

Ausgangspunkt für die abzuleitenden Beziehungen sind die Zustandsgleichungen (1.26) eines linearen zeitvarianten Mehrgrös-
sensystems. Der Mittelwertsvektor und die Kovarianzmatrix des
Eingangsvektors

$$\underline{m}_u(t) = E\{\underline{u}(t)\} \quad ; \quad \underline{V}_u(t_1,t_2) = \mathrm{cov}\{\underline{u}(t_1), \underline{u}(t_2)\}$$

$$(2.57)$$

sowie der Mittelwertsvektor und die Varianzmatrix von den
Anfangswerten des Zustandsvektors $\underline{x}(t_o)$

$$\underline{m}_x(t_o) = E\{\underline{x}(t_o)\} \quad ; \quad \underline{V}_x(t_o) = \mathrm{cov}\{\underline{x}(t_o),\underline{x}(t_o)\} \quad (2.58)$$

werden als bekannt angenommen.

Zur Bestimmung des linearen Mittelwertes $\underline{m}_x(t)$ des Zustandsvektors $\underline{x}(t)$ wird der Erwartungswert von (1.30) gebildet

$$\underline{m}_x(t) = E\{\underline{x}(t)\} = E\{\underline{\Phi}(t,t_o)\underline{x}(t_o)\} + E\{\int_{t_o}^{t} \underline{\Phi}(t,\tau)\underline{B}(\tau)\underline{y}(\tau)d\tau\}$$

Nach Vertauschen von Integration und Erwartungswert folgt

$$\underline{m}_x(t) = \underline{\Phi}(t_o,t)\underline{m}_x(t_o) + \int_{t_o}^{t} \underline{\Phi}(t,\tau)\underline{B}(\tau)\underline{m}_u(\tau)d\tau \qquad (2.59)$$

Die Gleichung erlaubt bei bekannter Zustandsübergangsmatrix die Bestimmung des Spaltenvektors $\underline{m}_x(t)$. Allerdings ist die Lösung der Integralgleichung (2.59) sehr aufwendig, weshalb eine Umformung zweckmäßig erscheint. Differenziert man Gleichung (2.59) mit Hilfe des Differentiationssatzes für Parameterintegrale

$$\frac{\partial}{\partial t} \int_{\beta(t)}^{\alpha(t)} f(t,\tau)d\tau = \int_{\beta(t)}^{\alpha(t)} \frac{\partial f(t,\tau)}{\partial t} d\tau - f(t,\alpha)\frac{d\alpha(t)}{dt} + f(t,\beta)\frac{d\beta(t)}{dt}$$

einmal nach der Zeit, ergibt sich mit t_o = const. und $\underline{m}_x(t_o)$ = const.

$$\underline{\dot{m}}_x(t) = \underline{\dot{\Phi}}(t,t_o)\underline{m}_x(t_o) + \int_{t_o}^{t} \underline{\dot{\Phi}}(t,\tau)\underline{B}(\tau)\underline{m}_u(\tau)d\tau + \underline{B}(t)\underline{m}_u(t)$$

$$(2.60)$$

Substitution von $\underline{\dot{\Phi}}(t, t_o)$ nach (1.31) in (2.60) liefert

$$\underline{\dot{m}}_x(t) = \underline{A}(t)[\underline{\Phi}(t,t_o)\underline{m}_x(t_o) + \int_{t_o}^{t} \underline{\Phi}(t,\tau)\underline{B}(\tau)\underline{m}_u(\tau)d\tau] +$$
$$+ \underline{B}(t)m_u(t)$$

$$(2.61)$$

Der Ausdruck in der eckigen Klammer ergibt nach (2.59) $\underline{m}_x(t)$.
Mit (1.32) folgt für den Mittelwert des Zustandsvektors die
Vektordifferentialgleichung erster Ordnung

$$\dot{\underline{m}}_x(t) = \underline{A}(t)\underline{m}_x(t) + \underline{B}(t)\underline{m}_u(t) \tag{2.62}$$

Der lineare Mittelwert ist durch Integration von (2.62) unter
Beachtung der Anfangsbedingung $\underline{m}_x(t_o)$ im allgemeinen leichter
als aus (2.59) zu bestimmen.

Zur Ermittlung der Kovarianzmatrix des Zustandsvektors wird
in deren Definitionsgleichung (2.16) $\underline{x}(t_1)$ und $\underline{x}(t_2)$ aus (1.30)
eingesetzt.

$$\underline{V}_x(t_1,t_2) = \text{cov}\{\underline{x}(t_1),\underline{x}(t_2)\} = \text{cov}\left\{[\underline{\Phi}(t_1,t_o)\underline{x}(t_o) + \right.$$
$$+ \int_{t_o}^{t_1} \underline{\Phi}(t_1,\tau)\underline{B}(\tau)\underline{u}(\tau)d\tau],[\underline{\Phi}(t_2,t_o)\underline{x}(t_o) +$$
$$\left. + \int_{t_o}^{t_2} \underline{\Phi}(t_2,\tau)\underline{B}(\tau)\underline{u}(\tau)d\tau]\right\}$$

Nach einigen Umformungen (Vertauschen von Integration und Ko-
varianz) sowie mit der Voraussetzung, daß $\underline{u}(\tau)$ für $\tau>t_o$ mit
dem Anfangszustand $\underline{x}(t_o)$ unkorreliert ist, folgt schließlich
für t_1, $t_2>t_o$

$$\underline{V}_x(t_1,t_o) = \underline{\Phi}(t_1,t_o)\underline{V}_x(t_o)\underline{\Phi}^T(t_2,t_o) + \int_{t_o}^{t_1}\int_{t_o}^{t_2} \underline{\Phi}(t_1,\tau_1)\underline{B}(\tau_1)$$
$$\underline{V}_u(\tau_1,\tau_2)\underline{B}^T(\tau_2)\underline{\Phi}^T(t_2,\tau_2)d\tau_2 d\tau_1$$

$$\tag{2.63}$$

Die Kovarianzmatrix zwischen Eingangs- und Zustandsvektor
$\underline{V}_{xu}(t_1, t_2)$ kann in gleicher Weise aus (2.17) und (1.30) errechnet werden.

$$\underline{V}_{xu}(t_1,t_2) = \text{cov}\{\underline{x}(t_1),\underline{u}(t_2)\} = \underline{\Phi}(t_1,t_o)\,\text{cov}\{\underline{x}(t_o),\underline{u}(t_2)\}$$

$$+\ \text{cov}\left\{\int\limits_{t_o}^{t_1} \underline{\Phi}(t_1,\tau)\underline{B}(\tau)\underline{u}(\tau)d\tau,\underline{u}(t_2)\right\} =$$

$$= \underline{\Phi}(t,t_o)\underline{V}_{xu}(t_o,t_2) + \int\limits_{t_o}^{t_1} \underline{\Phi}(t_1,\tau)\underline{B}(\tau)\underline{V}_u(\tau,t_2)d\tau$$

Unter der Voraussetzung, daß $\underline{u}(t_2)$ und $\underline{x}(t_o)$ für $t_2 > t_o$ unkorreliert sind, folgt

$$\underline{V}_{xu}(t_1,t_2) = \int\limits_{t_o}^{t_1} \underline{\Phi}(t_1,\tau)\underline{B}(\tau)\underline{V}_u(\tau,t_2)d\tau \qquad (2.64)$$

Die Gleichungen (2.63) und (2.64) sind auf Grund ihres Aufbaues sehr schwer lösbar. Vereinfachungen ergeben sich nur, wenn Einschränkungen bezüglich der Eingangssignale oder des Systems zulässig sind. Meist werden als Eingangssignale weiße Gaußprozesse angenommen oder allgemeine stochastische Prozesse durch Formfilter in solche umgeformt. Mit der Kovarianzmatrix nach Gleichung (2.35) geht Gleichung (2.64) zunächst über in

$$\underline{V}_{xu}(t_1,t_2) = \int\limits_{t_o}^{t_1} \underline{\Phi}(t_1,\tau)\underline{B}(\tau)\underline{Q}_u(\tau)\delta(\tau-t_2)d\tau$$

woraus mit den Eigenschaften der Deltafunktion für $t_1 > t_o$ folgt

$$\underline{V}_{xu}(t_1,t_2) = \begin{cases} 0 & \forall\ t_o < t_1 < t_2 \\[2mm] \dfrac{1}{2}\left[\underline{B}(t_2)\underline{Q}_u(t_2)\right] & \forall\ t_o < t_1 = t_2 \\[2mm] \underline{\Phi}(t_1,t_2)\underline{B}(t_2)\underline{Q}_u(t_2) & \forall\ t_o < t_2 < t_1 \end{cases}$$

$$(2.64a)$$

Die Fälle $t_2 = t_o$ und $t_2 < t_o$ treten wegen der Voraussetzung in (2.64) $t_2 > t_o$ hier nicht auf. Aus (2.64a) kann ohne große Schwierigkeiten die Kovarianzmatrix zwischen Eingangs- und Zustandsvektor ermittelt werden.

In ähnlicher Weise ergibt sich aus (2.63) mit der Kovarianzmatrix des weißen Gaußprozesses nach Gleichung (2.35) für die Kovarianzmatrix des Zustandsvektors

$$\underline{V}_x(t_1,t_2) = \underline{\Phi}(t_1,t_o)\underline{V}_x(t_o)\underline{\Phi}^T(t_2,t_o) +$$
$$+ \int\limits_{t_o}^{\min(t_1,t_2)} \underline{\Phi}(t_1,\tau)\underline{B}(\tau)\underline{Q}_u(\tau)\underline{B}^T(\tau)\underline{\Phi}^T(t_2,\tau)d\tau$$

$$(2.63a)$$

$\min(t_1, t_2)$ symbolisiert, daß die Integration zuerst über die größere der beiden Variablen τ_1 und τ_2 durchzuführen ist. Mit $t_1 = t_2 = t$ folgt

$$\underline{V}_x(t) = \underline{\Phi}(t,t_o)\underline{V}_u(t_o)\underline{\Phi}^T(t,t_o)$$
$$+ \int\limits_{t_o}^{t} \underline{\Phi}(t,\tau)\underline{B}(\tau)\underline{Q}_u(\tau)\underline{B}^T(\tau)\underline{\Phi}^T(t,\tau)d\tau \qquad (2.65)$$

Einsetzen von (2.65) in (2.63a) führt unmittelbar auf

$$\underline{V}_x(t_1,t_2) = \begin{cases} \underline{\Phi}(t_1,t_2)\underline{V}_x(t_2) & \forall \quad t_1 \geq t_2 \\[2em] \underline{V}_x(t_1)\underline{\Phi}^T(t_2,t_1) & \forall \quad t_1 \leq t_2 \end{cases}$$

$$(2.63b)$$

Bei bekannter Zustandsübergangsmatrix sind die Gleichungen
(2.63b) wesentlich einfacher als (2.63a) zu lösen, da die Berechnung des Integrals entfällt. Die Varianz $\underline{V}_x(t)$ des Zustandsvektors ist durch die Gleichung (2.65) bestimmt. Da die
Lösung von (2.65) sehr umständlich ist, wird sie ähnlich wie
(2.59) in eine lineare Vektordifferentialgleichung erster Ordnung umgeformt. Wendet man den Differentiationssatz für Parameterintegrale auf (2.65) an, ergibt sich unter Berücksichtigung von (1.31)

$$\dot{\underline{V}}_x(t) = \underline{A}(t)\underline{V}_x(t)+\underline{V}_x(t)\underline{A}^T(t)+\underline{B}(t)\underline{Q}_u(t)\underline{B}^T(t) \qquad (2.65a)$$

Zur direkten Integration dieser Gleichung ist die Kenntnis der
Zustandsübergangsmatrix $\underline{\Phi}(t,t_o)$ nicht erforderlich.

Bisher wurden nur der Mittelwertsvektor $\underline{m}_x(t)$, die Varianz-
und Kovarianzmatrix $\underline{V}_x(t)$ und $\underline{V}_x(t_1, t_2)$ des Zustandsvektors
sowie die Kovarianzmatrix zwischen Zustands- und Eingangsvektor
$\underline{V}_{xu}(t_1, t_2)$ bestimmt. Die eigentliche Ausgangsgröße des Systems
ist jedoch der Ausgangsvektor $\{\underline{y}(t)\}$. Daher soll nun der Mittelwertsvektor $\underline{m}_y(t)$ und die Kovarianzmatrix $\underline{V}_y(t_1, t_2)$ der Ausgangssignale berechnet werden. Der Mittelwert des vektoriellen
Ausgangszufallsprozesses $\{\underline{y}(t)\}$ ergibt sich mit der zweiten
Gleichung (1.26) nach einer ähnlichen Ableitung wie für $\underline{m}_x(t)$

$$\underline{m}_y(t) = \underline{C}(t) \cdot \underline{m}_x(t) + \underline{D}(t) \underline{m}_u(t) \qquad (2.66)$$

Ist der Mittelwert des Eingangsvektors $\underline{m}_u(t)$ nach (2.57) gegeben und der Mittelwert des Zustandsvektors $\underline{m}_x(t)$ aus (2.59)
oder (2.62) bekannt, kann $\underline{m}_y(t)$ ohne Schwierigkeiten bestimmt
werden. Für die Kovarianzmatrix $\underline{V}_y(t_1, t_2)$ des Ausgangssignals
ergibt sich

$$\underline{V}_y(t_1,t_2) = \underline{C}(t_1)\underline{V}_x(t_1,t_2)\underline{C}^T(t_2) + \underline{D}(t_1)\underline{V}_{ux}(t_1,t_2)\underline{C}^T(t_2)$$
$$+ \underline{C}(t_1)\underline{V}_{xu}(t_1,t_2)\underline{D}^T(t_2) + \underline{D}(t_1)\underline{V}_u(t_1,t_2)\underline{D}^T(t_2)$$
$$(2.67)$$

$\underline{V}_u(t_1, t_2)$ ist voraussetzungsgemäß nach (2.57) gegeben; $\underline{V}_{xu}(t_1, t_2)$ kann aus Gleichung (2.64) und $\underline{V}_x(t_1, t_2)$ aus Gleichung (2.63) berechnet werden. Die Kovarianzmatrix $\underline{V}_{ux}(t_1, t_2)$ ist in ähnlicher Weise wie $\underline{V}_{xu}(t_1, t_2)$ leicht ableitbar. Somit kann $\underline{V}_y(t_1, t_2)$ aus Gleichung (2.67) bestimmt werden.

2.3.2.3 Modelle zeitdiskreter stochastischer Systeme

In diesem Abschnitt sollen wie bereits in Abschnitt 1.2.3 für zeitdiskrete determinierte Systeme die entsprechenden Modelle für zeitdiskrete stochastische Systeme angegeben werden. Die Differenzengleichung (1.43) und die Faltungssumme (1.46) gelten hier unverändert. Der Gleichung für die linearen Mittelwerte (2.51) entspricht bei zeitdiskreten Systemen die Beziehung

$$m_y(k) = \sum_{l=0}^{k-1} g(k,l)\, m_u(l) \qquad (2.68)$$

Die Faltungssumme gilt auch für die Korrelationsfunktionen, wodurch die Gleichungen (2.52) und (2.53) übergehen in

$$R_{yu}(k,i) = \sum_{l=0}^{k-1} g(k,l) R_u(l,i) \qquad (2.69)$$

$$R_y(k,i) = \sum_{l=0}^{k-1} \sum_{j=0}^{k-1} g(k,l) g(i,j) R_u(l,j) \qquad (2.70)$$

$R(.,.)$ sind jetzt die Werte der Korrelationsfunktionen zu diskreten Zeitpunkten. Für stationäre stochastische Eingangssignale oder weiße Gaußprozesse als Eingang vereinfachen sich die Gleichungen in gleicher Weise wie für zeitkontinuierliche Systeme.

Die Zustandsraumdarstellung eines zeitdiskreten stochastischen Systems ist durch Gleichung (1.50) oder (1.51) gegeben.

Als bekannt werden wieder $\underline{m}_u(k)$, $\underline{V}_u(k,i)$, $\underline{m}_x(o)$ und $\underline{V}_x(o)$ vorausgesetzt. Die Herleitung der Formeln für zeitdiskrete Systeme unterscheidet sich nur wenig von der für kontinuierliche Systeme, weshalb hier nur die entsprechenden Ergebnisse angegeben werden.

Der Vektor der linearen Mittelwerte des Zustandsvektors zum Zeitpunkt kT_o kann entweder aus

$$\underline{m}_x(k) = \underline{\Phi}(k,0)\underline{m}_x(0) + \sum_{l=0}^{k-1} \underline{\Phi}(k,l+1)\underline{B}(l)\underline{m}_u(l) \qquad (2.71)$$

oder aus der Vektordifferenzengleichung

$$\underline{m}_x(k+1) = \underline{A}(k)\underline{m}_x(k) + \underline{B}(k)\underline{m}_u(k) \qquad (2.72)$$

berechnet werden. Die Gleichungen (2.71) und (2.72) entsprechen den Gleichungen (2.59) und (2.60) im zeitkontinuierlichen Fall. Die Kovarianzmatrix $\underline{V}_x(k, i)$ ergibt sich unter den gleichen Voraussetzungen wie sie für Gleichung (2.63) gemacht wurden.

$$\underline{V}_x(k,i) = \underline{\Phi}(k,0)\underline{V}_x(0)\underline{\Phi}^T(i,0) +$$

$$+ \sum_{l=0}^{k-1} \sum_{j=0}^{i-1} \underline{\Phi}(k,l+1)\underline{B}(l)\underline{V}_u(l,j)\underline{B}^T(j)\underline{\Phi}^T(i,j+1)$$

$$(2.73)$$

Für die Kovarianzmatrix $\underline{V}_{xu}(k,i)$ gilt

$$\underline{V}_{xu}(k,i) = \sum_{l=0}^{k-1} \underline{\Phi}(k,l+1)\underline{B}(l)\underline{V}_u(l,i) \qquad (2.74)$$

Ist der vektorielle Eingangsprozeß $\{\underline{u}(k)\}$ ein zeitdiskreter weißer Gaußprozeß mit der Kovarianzmatrix

$$\underline{V}_u(k,i) = \underline{Q}_u(k)\delta(k,i)$$

worin $\delta(k,i)$ das Kronecker-Symbol ist, ergeben sich weitere Vereinfachungen. Gleichung (2.73) geht über in

$$\underline{V}_x(k,i) = \underline{\Phi}(k,0)\underline{V}_x(0)\underline{\Phi}^T(i,0) +$$

$$+ \sum_{l=0}^{\min(k-1,j-1)} \underline{\Phi}(k,l+1)\underline{B}(l)\underline{Q}_u(l)\underline{B}^T(l)\underline{\Phi}^T(i,l+1)$$

$$(2.73a)$$

und (2.74) vereinfacht sich zu

$$\underline{V}_{xu}(k,i) = \begin{cases} \underline{0} & \forall\ i > k-1 \\[2ex] \underline{\Phi}(k,i+1)\underline{B}(i)\underline{Q}_u(i) & \forall\ i < k-1 \end{cases}$$

$$(2.74a)$$

Für zeitkontinuierliche Systeme ergibt sich die Gleichung (2.63b) entsprechende Beziehung

$$\underline{V}_x(k,i) = \begin{cases} \underline{\Phi}(k,i)\underline{V}_x(i) & \forall\ k \geq i \\[2ex] \underline{V}_x(k)\underline{\Phi}^T(i,k) & \forall\ k \leq i \end{cases}$$

$$(2.73b)$$

Der Vektordifferentialgleichung für die Kovarianzmatrix des Zustandsvektors (2.65a) entspricht für weißes Rauschen als Eingangssignal und $\underline{x}(o)$ und $\{\underline{u}(k)\}$ unkorreliert die Vektordifferenzengleichung

$$\underline{V}_x(k+1) = \underline{A}(k)\underline{V}_x(k)\underline{A}^T(k) + \underline{B}(k)\underline{Q}_u(k)\underline{B}^T(k) \qquad (2.75)$$

Für den Ausgangsvektor $\{\underline{y}(k)\}$ können Werte für den linearen Mittelwert aus der Gleichung

$$\underline{m}_y(k) = \underline{C}(k)\,\underline{m}_x(k) + \underline{D}(k)\underline{m}_u(k) \qquad (2.76)$$

und Werte der Elemente der Kovarianzmatrix $\underline{V}_y(k,i)$ aus

$$\underline{V}_y(k,i) = \underline{C}(k)\underline{V}_x(k,i)\underline{C}^T(i) + \underline{D}(k)\underline{V}_{ux}(k,i)\underline{C}^T(i) +$$
$$+ \underline{C}(k)\underline{V}_{xu}(k,i)\underline{D}^T(i) + \underline{D}(k)\underline{V}_u(k,i)\underline{D}^T(i)$$
$$(2.77)$$

zu diskreten Zeitpunkten berechnet werden.

2.3.2.4 Modelle nichtlinearer stochastischer Systeme

Nichtlineare zeitvariante Systeme mit stochastischen Eingangssignalen werden durch stochastische Vektordifferentialgleichungen erster Ordnung (ITÔ-Gleichungen) in Form von Gleichung (2.39) beschrieben. Zum Unterschied zur linearen Theorie ist hier das weiße Rauschen durch einen Wienerprozeß zu ersetzen und der ITÔ'sche Kalkül anzuwenden, dessen Grundgedanken in Abschnitt 2.3.1 skizziert wurden.

Da nichtlineare stochastische Differentialgleichungen vom ITÔ-Typ derzeit die einzigen sind, für die theoretische Lösungsansätze existieren, bleiben als Systembeschreibung nur die Zustandsgleichungen. Wie in Abschnitt 1.2.4 für Systeme mit determinierten Eingangssignalen lauten die Zustandsgleichungen (1.62) eines nichtlinearen zeitvarianten Systems mit dem weissen Eingangs-Gaußprozeß $\{\underline{w}(t)\}$

$$\underline{\dot{x}}(t) = \underline{f}[\underline{x}(t),\underline{w}(t),t]$$
$$\underline{y}(t) = \underline{g}[\underline{x}(t),\underline{w}(t),t] \qquad (2.78)$$

Wie bereits ausgeführt, sind Lösungsansätze nur für in $\underline{w}(t)$
lineare Systeme bekannt

$$\dot{\underline{x}}(t) = \underline{f}[\underline{x}(t),t] + \underline{g}[\underline{x}(t),t]\underline{w}(t)$$

$$\underline{y}(t) = \underline{h}[\underline{x}(t),t] + \underline{j}[\underline{x}(t),t]\underline{w}(t) \qquad (2.79)$$

Die erste Gleichung (2.79) stimmt mit Gleichung (2.39) überein und ist eine ITO-Gleichung. Die zweite Gleichung (2.79)
ist eine algebraische Gleichung für den Ausgangsvektor $\{\underline{y}(t)\}$.

Die Lösungen der ersten Gleichung (2.79) sind Markovprozesse,
deren Übergangsdichtefunktionen aus der Fokker-Planck-Gleichung
(2.45) folgen. Diese Gleichung ist im allgemeinen nur in den
seltensten Fällen lösbar. Wie bei linearen Systemen genügt
jedoch für regelungstechnische Problemstellungen meist die Kenntnis der ersten und zweiten Momente des Zustandsvektors. Diese
können näherungsweise aus der Fokker-Planck-Gleichung bestimmt
werden. Die folgenden Ausführungen sind [2.10] entnommen, wo
sich auch nähere Details finden. Für den Mittelwertsvektor
eines Markovprozesses - den Zustandsvektor $\{\underline{x}(t)\}$ - gilt mit
(2.5) und den Eigenschaften der Übergangsdichtefunktion
$p[\underline{x}(t)/\underline{x}(t_o)]$ nach Gleichung (2.34)

$$\underline{m}_x(t) = \int\limits_{-\infty}^{+\infty} \underline{x}(t)p[\underline{x}(t)/\underline{x}(t_o)]d\underline{x}(t) \qquad (2.80)$$

Die Varianz kann aus

$$\underline{V}_x(t) = \int\limits_{-\infty}^{+\infty} [\underline{x}(t)-\underline{m}_x(t)]\,[\underline{x}(t)-\underline{m}_x(t)]^T p[\underline{x}(t)/\underline{x}(t_o)]d\underline{x}(t)$$

$$(2.81)$$

bestimmt werden. Mit diesen Gleichungen und der Fokker-Planck-

Gleichung ist es möglich, ähnliche Beziehungen wie für lineare
Systeme herzuleiten. Allerdings ist dazu $\underline{f}[\underline{x}(t),t]$ durch eine
Taylorreihe anzunähern. Die sich ergebenden Gleichungen sind
kompliziert aufgebaut und in [2.10] angegeben. Es sollen daher nur die Beziehungen für weiße Gaußprozesse als Eingangssignale und für die Näherungen

$$\underline{f}[\underline{x}(t),t] \sim \underline{f}[\underline{m}_x(t),t] + \frac{\partial \underline{f}[\underline{m}_x(t),t]}{\underline{m}_x(t)} \, [\underline{x}(t)-\underline{m}_x(t)]$$

$$\underline{g}[\underline{x}(t),t] \sim \underline{g}[\underline{m}_x(t),t]$$

$$(2.82)$$

angegeben werden. Die Mittelwerte des Zustandsvektors genügen
unter der Voraussetzung $\underline{m}_u(t) = \underline{0}$ der Differentialgleichung

$$\dot{\underline{m}}_x(t) = \underline{f}[\underline{m}_x(t),t] \qquad\qquad (2.83)$$

Gleichung (2.83) entspricht (2.62) für lineare Systeme. Die zu
(2.65a) korrespondierende Differentialgleichung für die Kovarianzmatrix des Zustandsvektors lautet für nichtlineare Systeme

$$\dot{\underline{V}}_x(t) = \frac{\partial \underline{f}[\underline{m}_x(t),t]}{\partial \underline{m}_x(t)} \underline{V}_x(t) + \underline{V}_x(t) \frac{\partial \underline{f}^T[\underline{m}_x(t),t]}{\partial \underline{m}_x(t)} +$$

$$+ \, \underline{g}[\underline{m}_x(t),t]\underline{Q}_u(t) \, \underline{g}^T[\underline{m}_x(t),t]$$

$$(2.84)$$

In vielen Fällen genügen die aus diesen Differentialgleichun-
gen gewonnenen groben Näherungen für $\underline{m}_x(t)$ und $\underline{V}_x(t)$. Die Berücksichtigung von Gliedern mit höheren Ableitungen würde zwar
genauere Werte liefern. Es zeigt sich jedoch, daß die entstehenden Gleichungen meist unlösbar sind.

Die Modelle für nichtlineare zeitdiskrete Systeme können
nach den bisherigen Ausführungen angeschrieben werden. Auf sie
wird außerdem noch in Kapitel 3 ausführlicher eingegangen.

3 Identifikation zeitvarianter Systeme

Dieses Kapitel dient der Zusammenstellung und dem Vergleich
von bisherigen Arbeiten über die Identifikation zeitvarianter
Systeme. Nach Wissen des Verfassers sind erst in jüngster Zeit
Ansätze einer zusammenfassenden Darstellung dieses Problemkrei-
ses festzustellen. Wenn es gelingen sollte, diese Lücke teilweise zu schließen, ist das Hauptanliegen des vorliegenden
Buches erfüllt.

Ausgehend von einer kurzen Erläuterung des Begriffes *Systemidentifikation* - für ausführliche Darstellungen sei auf die umfangreiche Literatur z.B. [3.1] bis [3.10] verwiesen - wird versucht, Besonderheiten der Identifikation zeitvarianter Systeme
aufzuzeigen. In Übereinstimmung mit [3.2] wird nach der Einteilung: Signalmodelle - Systemmodelle - Methoden vorgegangen.
Die Literaturzusammenstellung versucht bisherige, dem Verfasser
bekannte Arbeiten über die Identifikation zeitvarianter Systeme
systematisch zu ordnen und hinsichtlich ihrer Leistungsfähigkeit und ihrer praktischen Anwendbarkeit zu vergleichen.

3.1 Grundlagen der Systemidentifikation:

Die klassische Definition der Systemidentifikation stammt
von Zadeh [3.11]:
Gegeben ist ein unbekanntes *System S*, ein *Eingangssignal-
bereich U* d.h. eine Klasse von Zeitfunktionen $u_r(t)$, für die
die Arbeitsweise von S definiert ist und eine Klasse von
Systemmodellen M. Aus den gemessenen Ausgangssignalen $y_S(t)$
ist ein Element aus M (ein Modell) gesucht, dessen Ausgangssignale $y_{SM}(t)$ für alle Eingangssignale aus U möglichst
wenig von den Signalen $y_S(t)$ abweichen.

Durch Definition einer Verlustfunktion

$$V = V[y_s(t), y_{SM}(t)] \qquad\qquad (3.1)$$

kann das Identifikationsproblem als Optimierungsproblem formuliert werden. Aus der Klasse der Modelle M ist jenes Modell M_o auszuwählen, das die Verlustfunktion V minimiert

$$M_o \in M \quad : \quad V[y_s(t), y_{SM}(t)] \rightarrow Min \qquad\qquad (3.2)$$

Eine wahrscheinlichkeitstheoretische Betrachtung des Identifikationsproblems geht von einer parametrischen Modellklasse $M = \{M_p\}$ mit $\underline{p}$ als Parametervektor (siehe Abschnitt 3.1.2) aus. Dadurch erfolgt die Reduktion auf ein Parameterschätzproblem, das unter Verwendung von Verfahren der Schätz- und Vorhersagetheorie zu lösen ist.

Ein System wird *identifizierbar* genannt, wenn das Optimierungsproblem eine eindeutige Lösung hat oder im Sinne der Wahrscheinlichkeitstheorie, wenn die erhaltene Schätzung konsistent ist [3.12]. Weitere Definitionen der Identifizierbarkeit gehen von der Zustandsraumdarstellung aus (siehe z.B. [3.2]).

Nach den Ausführungen des Abschnittes 1.2.2.6 ist nur der vollständig steuerbare und vollständig beobachtbare Teil eines Systems aus Meßwerten von Ein- und Ausgangssignalen identifizierbar. Falls der Prozeß die Messung von Zustandsgrößen zuläßt, können natürlich auch Informationen über die innere Struktur, unter Umständen auch über nicht vollständig steuerbare oder beobachtbare Teilsysteme erhalten werden.

Die Definition der Systemidentifikation basiert auf den Begriffen *Systemmodell* und *Signalmodell*. Häufig erscheint es zweckmäßig Signal- und Systemmodell zu einem *Prozeßmodell* zusammenzufassen.
Das mathematische Modell eines Systemes ist durch die:

Modellklasse (siehe Tab. 1.1)

Modellstruktur (z.B. Ordnungen n und m)

Parameterwerte des Modells

festgelegt.

Ist das zu untersuchende System vollkommen unbekannt, liegen keinerlei a-priori Informationen vor, spricht man manchmal von *black-box Identifikation*. Im Falle gegebener Systemklasse sowie unbekannter Modellstruktur und Parameter liegt ein *Identifikations*problem vor. Sind bei gegebener Systemklasse und Modellstruktur nur mehr die Parameterwerte zu bestimmen, wurde dies früher als Kennwertermittlung bezeichnet. Letzterer Begriff wird aber zunehmend durch *Parameterschätzung* verdrängt. Sind insbesondere für ein internes Systemmodell Zustandsgrößen allein oder mit diesen die Parameter abzuschätzen, spricht man von Zustandsschätzung oder Zustands- und Parameterschätzung [3.3].

Eine Übersicht dieser Begriffe gibt Tabelle 3.1

o...nicht bekannt x...bekannt	a priori Informationen		
	klasse	System- struktur	parameter
"black-box" Identifikation	o	o	o
Identifikation	x	o	o
Kennwertermittlung Parameterschätzung	x	x	o

Tabelle 3.1

Die Modellerstellung besteht im wesentlichen aus diesen 3 Schritten und kann theoretisch oder experimentell erfolgen.

3.1.1 Signalmodelle

Von den Modellen determinierter Signale wurde bereits in
Kapitel 1 Gebrauch gemacht. Ein kontinuierliches determiniertes
Signal läßt sich durch seinen zeitlichen Verlauf (kontinuierliches Zeitfunktionsmodell) oder durch dessen Fouriertransformierte sein Amplitudenspektrum (kontinuierliches Frequenzfunktions-
modell) beschreiben. Ein zeitdiskretes determiniertes Signal
kann durch zeitdiskrete (abgetastete) Amplitudenwerte (diskontinuierliches Zeitfunktionsmodell) oder durch diskrete Werte
seines Amplitudenspektrums (diskontinuierliches Frequenzfunk-
tionsmodell) charakterisiert werden. Determinierte Signale
spielen bei der experimentellen Systemidentifikation als Testsignale und als Antwortsignale ungestörter Systeme eine wesentliche Rolle.

Die Modelle stochastischer Signale (Momente erster und zweiter Ordnung) wurden bereits ausführlich in Kapitel 2 besprochen.
Die Bedeutung stochastischer Signale für die Systemidentifikation ergibt sich aus der Tatsache, daß Störsignale, unter Umständen Testsignale und bei zeitvarianten Systemen Parameteränderungen zufällig sind.

Nach den Ausführungen des Kapitels 2 sind aber nur einige
wenige stochastische Prozesse durch Momente erster und zweiter Ordnung vollständig beschrieben. Für viele Identifikationsverfahren ergibt sich die Notwendigkeit, alle auf den Prozeß
einwirkenden Signale (Störsignale, Eingangssignale und Parameteränderungen) als einfach beschreibbare stochastische Prozesse
vorauszusetzen. Zur Approximation der Prozeßeingangssignale
haben sich Gauß-Markovprozesse bewährt. Die Autokorrelationsfunktion eines skalaren Gauß-Markovprozesses erster Ordnung
hat die Form einer Exponentialfunktion [2.4], die durch seine
Kenngrößen (Dichtefunktionen usw.) bestimmt ist. Bei bekannter
Autokorrelationsfunktion des zu approximierenden Signals kann
diese meist näherungsweise durch die Autokorrelationsfunktion
eines Gauß-Markovprozesses ersetzt werden. Obwohl bei der Näherung die Momente höherer Ordnung unberücksichtigt bleiben, ist
sie, wie die Praxis zeigt, in den meisten Fällen ausreichend.

114

In der Regelungstechnik, insbesonders bei der Systemidentifikation, wird vielfach die Tatsache ausgenützt, daß die Lösung
einer linearen stochastischen Differentialgleichung mit einem
weißen Gaußprozeß als Störfunktion unter bestimmten Voraussetzungen ein Gauß-Markovprozeß (siehe Abschnitt 2.3.1) ist.
Umgekehrt kann daher ein Gauß-Markovprozeß immer als Zustandsvektor $\underline{\dot{x}}_G(t)$ eines linearen Systems

$$\underline{\dot{x}}_G(t) = \underline{G}(t)\underline{x}_G(t) + \underline{J}(t)\underline{w}(t) \tag{3.3}$$

aufgefaßt werden, an dessen Eingängen weiße Gaußprozesse $\underline{w}(t)$
liegen und dessen Anfangszustand $\underline{x}_G(t_o)$ gaußverteilt ist
(Bild 3.1).

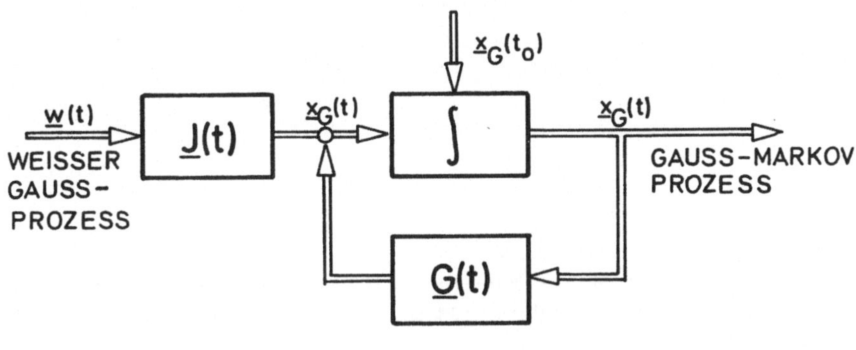

Bild 3.1

Die Kenngrößen des entstehenden vektoriellen Gauß-Markovprozesses sind durch die statistischen Eigenschaften von $\underline{w}(t)$ und
$\underline{x}_G(t_o)$ sowie durch die Elemente der "Systemmatrizen" $\underline{G}(t)$ und
$\underline{J}(t)$ bestimmt.

Wirken auf den Prozeß zeitdiskrete (abgetastete) Signale, gilt
sinngemäß

$$\underline{x}_G(k+1) = \underline{G}(k)\underline{x}_G(k) + \underline{J}(k)\underline{w}(k) \tag{3.3a}$$

Im Matrixblockschaltbild 3.1 ist der Integrierer durch ein Totzeitglied (T_t = 1) zu ersetzen.

Ein zeitvariantes System mit zufälligen Eingangs- und Störsignalen sowie zufälligen Parameteränderungen kann somit auf
ein System,auf das ausschließlich weiße Gaußprozesse einwirken,
zurückgeführt werden. Jeder einwirkende stochastische Prozeß
ist mittels eines Formfilters nach Bild 3.1 zu approximieren.
Die Formfilter werden gedanklich mit dem Systemmodell zu einem
Prozeßmodell vereinigt. Bild 3.2 zeigt dies am Beispiel eines
zeitkontinuierlichen stochastischen Eingangssignals.

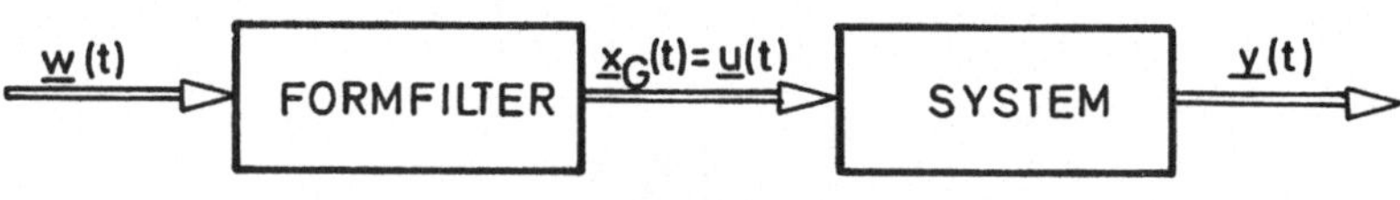

Bild 3.2

Der Eingangsvektor des Prozeßmodells ist ein weißer Gaußprozeß.
Der Zustandsvektor des Formfilters $\underline{x}_G(t)$ nähert den Eingangsvektor $\underline{u}(t)$ des Systems durch einen Gauß-Markovprozeß an, wobei die Filterparameter durch $\underline{u}(t)$ bestimmt sind. Gleiches gilt
für zufällige Störsignale und Parameteränderungen (siehe Abschnitt 3.2.4.1). Für stationäre stochastische Prozesse sind die
Formfilter zeitinvariant,für instationäre Prozesse jedoch zeitvariant. Dies erschwert nicht nur die mathematische Behandlung,
sondern auch die Identifikation von Systemen mit instationären
Parameteränderungen beträchtlich.

3.1.2 Systemmodelle

Die Modelle ungestörter determinierter und stochastischer
Systeme wurden bereits in den Kapiteln 1 und 2 behandelt. Auf
jedes reale System wirken jedoch Störgrößen, die besonders bei
der experimentellen Systemidentifikation zu berücksichtigen sind.

Sie verfälschen die Meßwerte unter Umständen nicht unbeträcht-
lich. Für die Systemidentifikation werden die einwirkenden Störungen als *Systemstörungen* oder *Meßstörungen* aufgefaßt. Bei axiomatischen Modellen (Zustandsraumdarstellung) werden die Systemstörungen zu einem Vektor $\underline{\xi}(t)$ zusammengefaßt, der auf den Systemeingang wirkt (Eingangsrauschen), die Meßstörungen zu einem Vektor $\underline{n}(t)$, der auf den Systemausgang wirkt (Meßrauschen). Beide
Störvektoren werden gedanklich dem Eingangs- oder Ausgangs-
vektor $\underline{u}(t)$ oder $\underline{y}(t)$ multiplikativ oder additiv überlagert.
Bei empirischen Modellen gilt sinngemäß das Gleiche. Die Stör-
größen treten als Zusatzterme in der Differentialgleichung
auf.

In Tab. 3.2 sind die wichtigsten axiomatischen Modelle für
gestörte Systeme zusammengestellt. Es sind die Zustands -
gleichungen (mit $\underline{D}(.)=\underline{0}$) und die entsprechenden Matrix -
blockschaltbilder sowohl für kontinuierliche als auch für zeitdiskrete Systeme angegeben. Die Tabelle enthält 5 Grundmodelle
(2 nichtlineare und 3 lineare), aus denen mit den Vereinfachungen
a) bis e) die Modelle verschiedenster nur teilweise gestörter
oder ungestörter Systeme folgen. Aus (3.7a) und (3.7b) ergeben
sich mit den Vereinfachungen c) $\underline{\xi}(t) = \underline{0}$ oder $\underline{\xi}(k) = \underline{0}$ und
d) $\underline{n}(t) = \underline{0}$ oder $\underline{n}(k) = \underline{0}$ die Gleichungen der ungestörten Systeme (1.26) und (1.50).
Der in den Zustandsgleichungen auftretende (n+m) dimensionale
Parametervektor $\underline{p}(t)$ oder $\underline{p}(k)$ besteht aus den Koeffizienten
der Systemdifferential- (1.1) oder Differenzengleichungen
(1.43) und ist für $a_n(t) = b_m(t) = 1$ bzw. für $c_n(k) = d_m(k)=1$
definiert als

$$\underline{p}(t): = [a_{n-1}(t),\ldots,a_o(t); b_o(t),\ldots,b_{m-1}(t)]^T \quad (3.8a)$$

$$\underline{p}(k): = [c_{n-1}(k),\ldots,c_o(k); d_o(k),\ldots,d_{m-1}(k)]^T \quad (3.8b)$$

3.1.3 Methoden der Systemidentifikation

Für die Systemidentifikation gibt es derzeit eine Vielzahl
von Methoden, die aber relativ wenig in der Praxis angewandt

Tabelle 3.2

Systemtyp		Zustandsgleichungen	
allgemeines, nichtlineares, zeitvariantes System	kontinuierlich	$\dot{\underline{x}}(t) = \underline{f}[\underline{x}(t),\ \underline{u}(t),\ \underline{p}(t),\ \underline{\xi}(t),\ t]$ $\underline{y}(t) = \underline{g}[\underline{x}(t),\ \underline{u}(t),\ \underline{p}(t),\ \underline{\eta}(t),\ t]$	(3.3a)
	diskret	$\underline{x}(k+1) = \underline{f}[\underline{x}(k),\ \underline{u}(k),\ \underline{p}(k),\ \underline{\xi}(k),\ k]$ $\underline{y}(k) = \underline{g}[\underline{x}(k),\ \underline{u}(k),\ \underline{p}(k),\ \underline{\eta}(k),\ k]$	(3.3b)
nichtlineares, zeitvariantes System mit additiven Störungen	kontinuierlich	$\dot{\underline{x}}(t) = \underline{f}[\underline{x}(t),\ \underline{u}(t),\ \underline{p}(t),\ t] + \underline{E}(t)\,\underline{\xi}(t)$ $\underline{y}(t) = \underline{g}[\underline{x}(t),\ \underline{u}(t),\ \underline{p}(t),\ t] + \underline{F}(t)\,\underline{\eta}(t)$	(3.4a)
	diskret	$\underline{x}(k+1) = \underline{f}[\underline{x}(k),\ \underline{u}(k),\ \underline{p}(k),\ k] + \underline{E}(k)\,\underline{\xi}(k)$ $\underline{y}(k) = \underline{g}[\underline{x}(k),\ \underline{u}(k),\ \underline{p}(k),\ k] + \underline{F}(k)\,\underline{\eta}(k)$	(3.4b)
lineares, zeitvariantes System mit parameterabhängigen Matrizenelementen, Störungen multiplikativ	kontinuierlich	$\dot{\underline{x}}(t) = \underline{A}[\underline{p}(t),\ \underline{\xi}(t),\ t]\,\underline{x}(t) + \underline{B}[\underline{p}(t),\ t]\,\underline{u}(t)$ $\underline{y}(t) = \underline{C}[\underline{p}(t),\ \underline{\eta}(t),\ t]\,\underline{x}(t)$	(3.5a)
	diskret	$\underline{x}(k+1) = \underline{A}[\underline{p}(k),\ \underline{\xi}(k),\ k]\,\underline{x}(k) + \underline{B}[\underline{p}(k),\ k]\,\underline{u}(k)$ $\underline{y}(k) = \underline{C}[\underline{p}(k),\ \underline{\eta}(k),\ k]\,\underline{x}(k)$	(3.5b)
lineares, zeitvariantes System mit parameterabhängigen Matrizenelementen, Störungen additiv	kontinuierlich	$\dot{\underline{x}}(t) = \underline{A}[\underline{p}(t),\ t,\ \underline{x}(t)] + \underline{B}[\underline{p}(t),\ t]\,\underline{u}(t) + \underline{E}(t)\,\underline{\xi}(t)$ $\underline{y}(t) = \underline{C}[\underline{p}(t),\ t,\ \underline{x}(t)] + \underline{F}(t)\,\underline{\eta}(t)$	(3.6a)
	diskret	$\underline{x}(k+1) = \underline{A}[\underline{p}(k),\ k,\ \underline{x}(k)] + \underline{B}[\underline{p}(k),\ k],\ \underline{u}(k) + \underline{E}(k)\,\underline{\xi}(k)$ $\underline{y}(k) = \underline{C}[\underline{p}(k),\ k,\ \underline{x}(k)] + \underline{F}(k)\,\underline{\eta}(k)$	(3.6b)
lineares, zeitvariantes System mit additiven Störungen	kontinuierlich	$\dot{\underline{x}}(t) = \underline{A}(t)\,\underline{x}(t) + \underline{B}(t)\,\underline{u}(t) + \underline{E}(t)\,\underline{\xi}(t)$ $\underline{y}(t) = \underline{C}(t)\,\underline{x}(t) + \underline{F}(t)\,\underline{\eta}(t)$	(3.7a)
	diskret	$\underline{x}(k+1) = \underline{A}(k)\,\underline{x}(k) + \underline{B}(k)\,\underline{u}(k) + \underline{E}(k)\,\underline{\xi}(k)$ $\underline{y}(k) = \underline{C}(k)\,\underline{x}(k) + \underline{F}(k)\,\underline{\eta}(k)$	(3.7b)

Sonderfälle: a) $\underline{E}(.) = \underline{I}$; b) $\underline{F}(.) = \underline{I}$; c) $\underline{\xi}(.) = \underline{0}$; d) $\underline{\eta}(.) = \underline{0}$; e) $\underline{u}(.) = \underline{0}$

Blockschaltbild

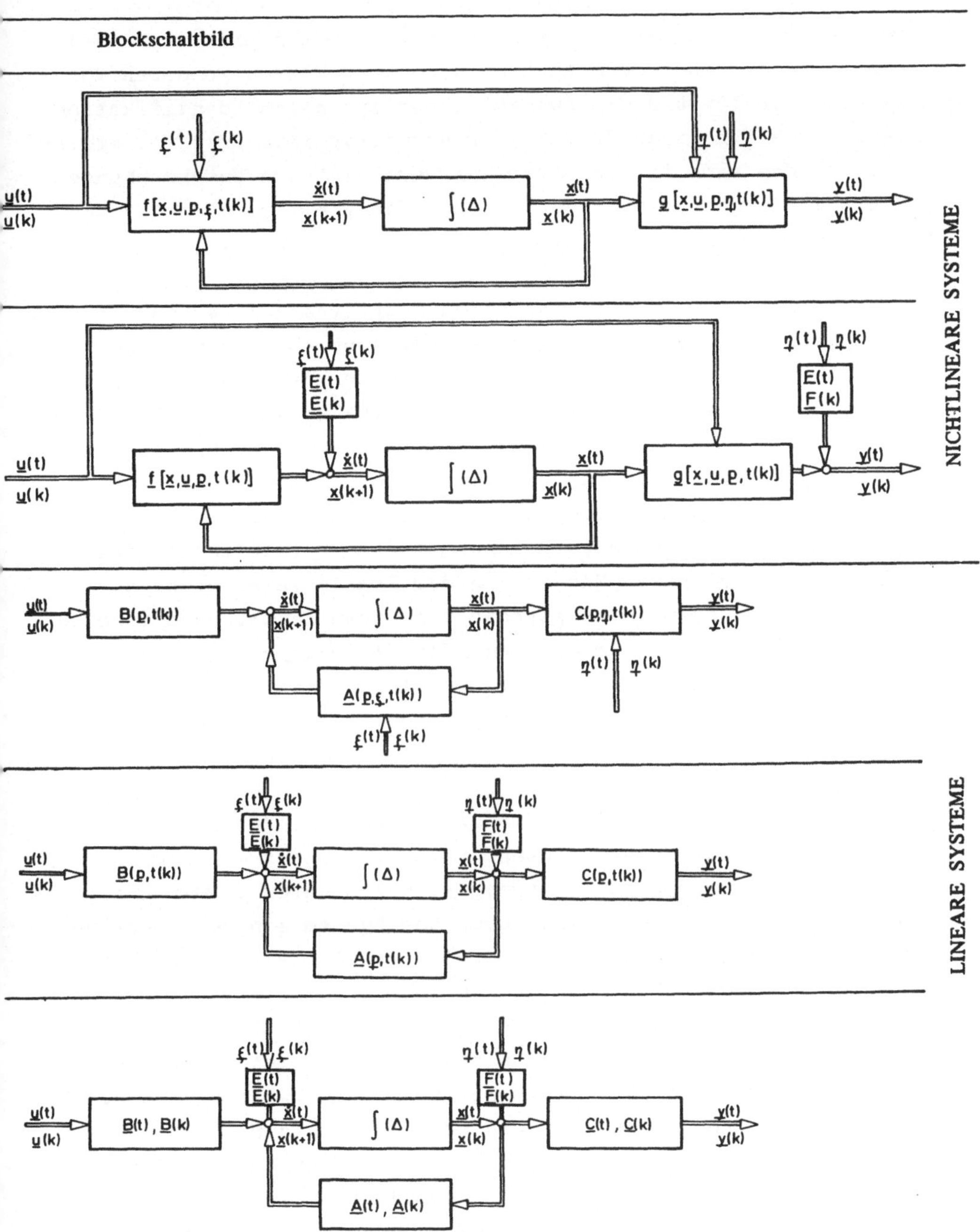

werden. Der Grund ist darin zu suchen, daß dem praktisch tätigen Ingenieur meist die theoretischen Grundlagen zu deren Verständnis fehlen und die Auswahl eines optimalen Identifikationsverfahrens für einen Prozeß sehr schwierig ist. Erst in letzter
Zeit finden sich in der Literatur vergleichende Untersuchungen
über die Anwendbarkeit und Leistungsfähigkeit von Identifikationsverfahren.

Die *theoretische* (rechnerische) *Modellerstellung* benützt
physikalische und technologische Systemzusammenhänge. Dabei ist
im wesentlichen von Unter-(Teil-)systemen auszugehen, deren Modelle durch elementare Grundgesetze (Erhaltungssätze für Masse,
Energie, Impulse und deren Bilanzgleichungen) gegeben sind. Bei
genauer Kenntnis der Umgebungseinflüsse folgt daraus das Systemmodell in der gewünschten Form. Diese Vorgangsweise wird als
theoretische Systemanalyse (manchmal auch *theoretische Identifikation*) bezeichnet. Sie ist in der Praxis meist nicht einfach durchzuführen, da abgesehen vom hohen Zeitaufwand infolge
der Kompliziertheit der entstehenden Gleichungen sowie der Unsicherheiten beim Erfassen der Umwelteinflüsse ein zu ungenaues
oder einer mathematischen Weiterbearbeitung unzugängliches
Modell entstehen kann.

Deshalb findet häufiger die *experimentelle Modellerstellung
- Systemidentifikation* - Anwendung, bei welcher aus gemessenen
Werten von Eingangs- und Ausgangssignalen unter Verwendung bestimmter a-priori-Kenntnisse über das System ein mehr oder weniger genaues mathematisches Modell erstellt wird. Die theoretische Modellerstellung sollte bei der Projektierung einer Anlage angewandt werden, um eine auch regelungstechnisch günstige
Auslegung sicherzustellen. Das resultierende mathematische Modell enthält die funktionalen Zusammenhänge zwischen den Auslegungsdaten der Anlage und den Modellparametern. Es kann daher leicht beurteilt werden, ob durch Änderung von Auslegungsdaten das dynamische Verhalten wesentlich zu verbessern ist.
Aus vorerwähnten Gründen erhält man jedoch nur für mathematisch
einfach zu beschreibende Anlagen (Systeme) genügend genaue
Modelle.

Bei komplexeren Prozessen muß zwangsläufig die bestehende Anlage experimentell identifiziert werden. Für bestimmte regelungstechnische Problemstellungen, z.B. Auswahl und Anpassung eines
Regelalgorithmus, ist das experimentell ermittelte Modell vor-
zuziehen, da es das wirkliche Systemverhalten besser beschreibt.
Sowohl theoretisch als auch experimentell ermittelte Modelle
sind, um damit arbeiten zu können, meist noch zu vereinfachen.

Grundsätzlich sind die Identifikationsverfahren nach verschiedensten Gesichtspunkten einteilbar.
In Tabelle 3.3 wurde die:

Art der Testsignale
Art der Messung
Art der Auswertung
Art des sich ergebenden Modells

zu einer Einteilung herangezogen.

Eingangssignale: Meist finden künstlich erzeugte, determinierte oder stochastische Testsignale Verwendung. Um eine einfachere Auswertung der Meßergebnisse zu gewährleisten, sollen
sie besondere Eigenschaften hinsichtlich ihrer Beschreibung
aufweisen. Eine Zwischenstellung nehmen pseudozufällige Signale [3.13] ein, die periodisch, aber innerhalb ihrer Periode
zufällig sind; (stochastisch im Kleinen - determiniert im Gros-
sen). Über die Auswahl optimaler Testsignale siehe z.B.[3.2].

Messung: Theoretisch besteht die Möglichkeit, die Messung
von Ein- und Ausgangssignalen im *offenen* oder *geschlossenen*
Regelkreis vorzunehmen. Meist wird die Messung im offenen Regelkreis d.h. ohne Rückführung zwischen Ausgang und Eingang des
zu identifizierenden Prozesses vorgenommen. Viele Prozesse sind
jedoch Bestandteile von Regelkreisen,die aus Gründen der Sicher-
heit und Wirtschaftlichkeit nicht unterbrochen werden dürfen.
Hier ist nur eine Identifikation im geschlossenen Regelkreis
möglich. Die Messung kann dabei auf *direktem* oder *indirektem*
Wege erfolgen. Bei direkter Messung wird das Prozeßmodell aus
den gemessenen Ein- und Ausgangssignalwerten, beispielsweise
durch Fourier- oder Korrelationsanalyse berechnet. Die indirek-

IDENTIFIKATIONSVERFAHREN
Einteilung nach
Eingangssignale
Messung
Auswertung
Ergebnis
deter- miniert
stocha- stisch
offener Kreis
geschlos- sener Kreis
on line
off line
Modell
periodisch
aperiodisch
direkt
indirekt
analog (Modell- abgleich)
digital (Parameter- schätzung)
para- metrisch
nichtpara- metrisch
Approximation

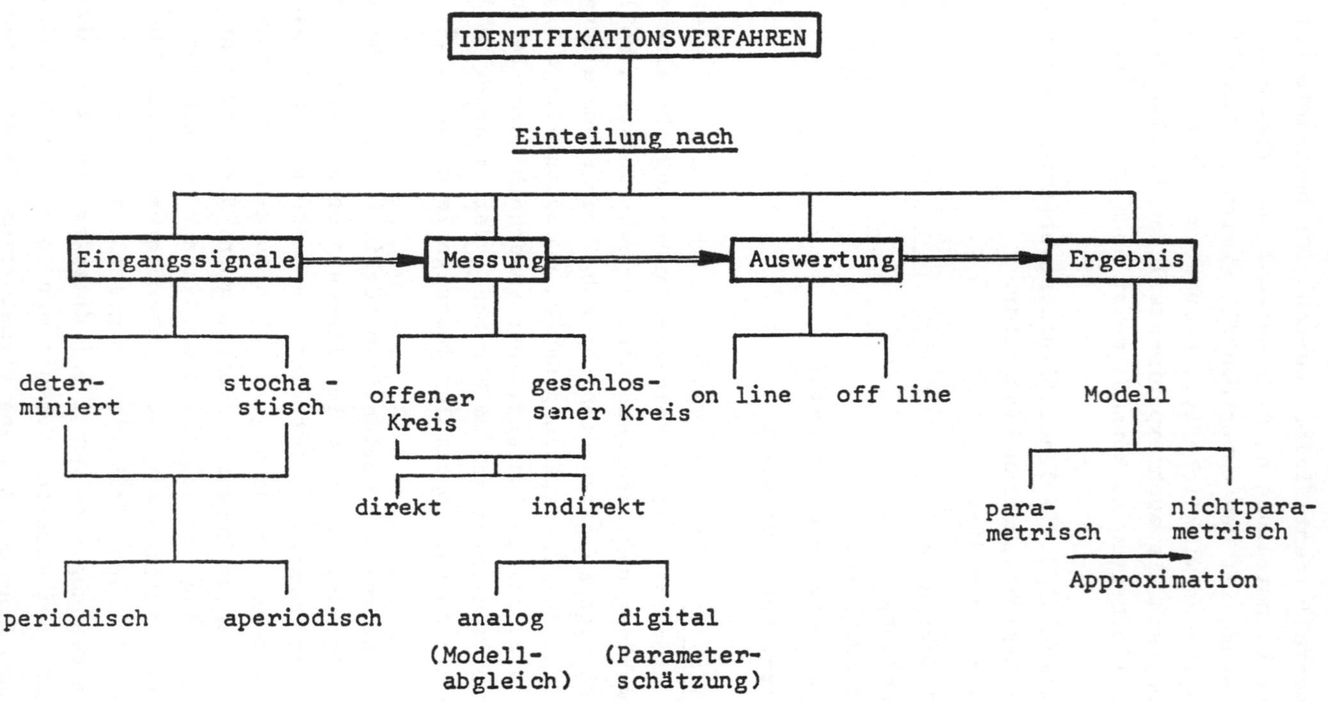

Tabelle 3.3

ten Meßverfahren (Modellverfahren) verwenden ein dem zu untersuchenden System parallel oder in Serie geschaltetes Modell. Der Fehler zwischen den beiden Ausgängen wird nach einem geeignet gewählten Gütekriterium durch laufende Anpassung des Modells minimiert. Es ist zu beachten, daß Modellverfahren mehr a-priori Kenntnisse verlangen - meist die Modellstruktur - als direkte Meßverfahren. Die Modellverfahren können mit analogen oder digitalen Modellen arbeiten (Modellabgleich - Parameterschätzung).

Auswertung: Bei der off-line Auswertung werden zunächst die Meßdaten auf Schreibern, Magnetbandgeräten usw. gespeichert und zu einem späteren Zeitpunkt ausgewertet. Die on-line Auswertung erfolgt am zweckmäßigsten rekursiv und bietet sich naturgemäß bei Vorhandensein eines Rechners an. Das aus allen bisherigen Meßwerten berechnete Ergebnis wird laufend durch neue Datenfolgen verbessert. Dadurch entfällt die Speicherung umfangreicher Datensätze.

Ergebnis (Systemmodell): Die Identifikationsmethoden führen auf empirische oder auf axiomatische Systemmodelle. Die Vorteile ersterer liegen darin, daß beispielsweise aus einem gemessenen Frequenzgang mittels klassischer Methoden (z.B. Frequenzkennlinien) unmittelbar die Synthese einer Regelung vorgenommen werden kann. Parameter- und Zustandsschätzverfahren liefern Modelle in Form der Zustandsgleichungen. Sie erfordern rechnerorientierte Methoden, die auf der Optimierungs- und Schätztheorie basieren. Nach den in den Modellen der Tab. 3.2 abzuschätzenden Größen kann mit der Definition eines Parametervektors nach den Gleichungen (3.8) unterschieden werden zwischen:

Zustandsschätzung (Schätzwerte $\hat{\underline{x}}$ für $\underline{x}$)
Parameterschätzung (Schätzwerte $\hat{\underline{p}}$ für $\underline{p}$)
Zustands- u. Parameterschätzung (Schätzwerte $\hat{\underline{x}}$ und $\hat{\underline{p}}$ für
$\underline{x}$ und $\underline{p}$)

Vom Standpunkt der Identifikation ist noch die Unterscheidung in *nichtparametrische* und *parametrische Modelle* zweckmäßig. Nichtparametrische Modelle liegen meist in Tabellen-

oder Kurvenform (z.B. Gewichtsfunktion, Frequenzkennlinien)
vor und sind durch Approximation in einen mathematischen Ausdruck (Differentialgleichung, Übertragungsfunktion usw.), also
in ein parametrisches Modell umzuformen.

3.2 Identifikation zeitvarianter Systeme

Während über die Analyse und Synthese linearer zeitvarianter
Ein- und Mehrgrößensysteme einige zusammenfassende Darstellungen (siehe Abschnitt 1.1) vorliegen, ist dies für deren experimentelle Identifikation keineswegs der Fall. Der Grund ist ver-
mutlich darin zu suchen, daß der Problemkreis der Identifikation
äußerst expansiv und heterogen ist, sodaß zwar Bücher über Prozeßidentifikation z.B. [3.1] bis [3.6] bzw. Parameter- und/oder
Zustandsschätzung z.B. [1.24], [1.28],[2.10] sowie [3.8] bis
[3.10] vorhanden sind, welche aber fast durchwegs zeitinvariante Systeme behandeln. Zeitvariante werden meist nur in Zusammenhang mit dem Kalmanfilter oder der Bayesschätzung erwähnt. Gleiches gilt für die Übersichtsvorträge diverser Sym-
posien und Kongresse. Die Identifikation zeitvarianter Systeme
beschränkt sich auf Einzelarbeiten. Diese sind weit gestreut
veröffentlicht und naturgemäß in ihrer Darstellung ohne Ver-
bindungen zueinander, wodurch ein Vergleich sehr erschwert wird.
Hier soll wie in früheren Arbeiten des Autors [1.17] und [3.14]
versucht werden, von allgemeinen Betrachtungen über die Identifikation zeitvarianter Regelstrecken ausgehend, die bisher ver-
öffentlichten Arbeiten in übersichtlicher und vergleichbarer
Form zusammenzustellen und auf einige Gemeinsamkeiten hinzu-
weisen.

Ziel der Identifikation ist die Bestimmung eines parametrischen oder nichtparametrischen Modells des zeitvarianten Systems.
Parametrische Modelle sind nach den Ausführungen des Kapitels 1
beispielsweise die Differentialgleichung (1.1), die eingefrorene (1.15) oder parametrische Übertragungsfunktion (1.12) sowie die Zustandsgleichungen (1.26). Nichtparametrische Modelle
sind z.B. Übergangsfunktions- oder Gewichtsfunktionsflächen,
parametrische Ortskurven oder Frequenzkennlinien (vergleiche

dazu Abschnitt 1.2.1.3) sowie Kovarianzflächen.

Die speziellen, bei der Identifikation zeitvarianter Systeme
auftretenden Probleme sollen nach der Einteilung des Abschnittes 3.1 – Bestimmung der Modellklasse, Ermittlung der Modellstruktur und Abschätzung der Modellparameter – behandelt werden.

3.2.1 Bestimmung der Modellklasse

Die experimentelle Bestimmung des Modells eines zeitvarianten Systems aus meist verrauschten Meßwerten von Ein- und Ausgangssignalen ohne a-priori Kenntnisse über das System ("black-
box" identification) stößt bei Systemen dieser Klasse auf prin-
zipielle Schwierigkeiten. In vielen Fällen ist es, da manche
nichtlinearen, zeitinvarianten Systeme die Struktur auf sie
wirkender Signale in gleicher Weise wie lineare zeitvariante
verändern, schwierig zu entscheiden, welcher Systemklasse der
zu identifizierende Prozeß zuzuordnen ist.
Bei Systemen mit determinierten, insbesondere periodischen Parameteränderungen ist durch eine Überprüfung mit dem Superpositionsprinzip (Abschnitt 1.1) unter Verwendung determinierter oder stochastischer Testsignale in vielen Fällen eine
Entscheidung über die Modellklasse möglich. Für lineare zeitvariante Systeme mit stationären stochastischen Parameteränderungen und ebensolchen Eingangssignalen ist mit dem *erweiterten Superpositionsprinzip* für die Korrelationsfunktionen
[1.7] eine Aussage möglich.

Werden auf ein System hintereinander zwei unabhängige stationäre Skalarprozesse als Eingangssignale $\{u_1(t)\}$ und $\{u_2(t)\}$
gegeben, welche auch von den stationären stochastischen Komponenten des Parametervektors $\underline{p}(t)$ unabhängig sind, bewirken diese zwei instationäre Ausgangssignale $\{y_1,(t)\}$ und $\{y_2(t)\}$ mit
den Autokorrelationsfunktionen $R_{y1}(t_1,t_2)$, $R_{y2}(t_1.t_2)$. Sind
weiters a und b zwei beliebige reelle Konstante und liegt am
Systemeingang das Signal $\{\bar{u}(t)\} = a\{u_1(t)\} + b\{u_2(t)\}$, ergibt
sich als Ausgangssignal $\{\bar{y}(t)\}$ mit der Autokorrelationsfunktion $R_{\bar{y}}(t_1,t_2)$.

Gilt

$$R_{\overline{y}}(t_1,t_2) = a^2 R_{y1}(t_1,t_2) + b^2 R_{y2}(t_1,t_2) \qquad (3.9)$$

genügt das System dem erweiterten Superpositionsprinzip und
ist linear. Die Schwierigkeit liegt in der Bestimmung der Autokorrelationsfunktionen und in den Voraussetzungen (siehe [1.7]).
Sind diese nicht erfüllt, beispielsweise die Parametervariationen instationär, gilt Gleichung (3.9) nicht. Es ist auf diesem Wege keine Aussage mehr möglich.

3.2.2 Bestimmung der Modellstruktur

Ein weiterer Grund für die Undurchführbarkeit einer black-
box-Identifikation ist die zu bestimmende Modellstruktur. Die
Ermittlung der Modellstruktur ohne a-priori Information ist
eines der schwierigsten Probleme bei der Identifikation zeitinvarianter Systeme. Bei zeitvarianten Systemen komplizierterer
Struktur ist dies fast aussichtslos. Als Struktur eines linearen zeitvarianten Systems soll im folgenden die Struktur eines
zeitinvarianten Ersatzsystems eventuell mit den Parameternenn-
werten (linearen Mittelwerten) der variierenden Systemparameter verstanden werden (vgl. auch (1.9)). Somit ist die Struktur des in Abschnitt 1.2.1.3 behandelten Übertragungsgliedes
die eines Verzögerungsgliedes erster Ordnung mit der Zeitkonstante $\frac{1}{b}$. Das in Abschnitt 1.2.2.7 erläuterte Übertragungsglied hat die Struktur eines Verzögerungsgliedes zweiter Ordnung.
Da sich Zeitkonstante T und Verstärkung K linear bzw. quadra-
tisch mit der Zeit ändern, sind nicht unmittelbar Parameternennwerte angebbar.

Bei Variation eines Parameters ist meist die Bestimmung der
tatsächlichen Systemstruktur möglich. Ändern sich in einem zeitvarianten System mehrere Parameter unter Umständen mit großer
Amplitude, kann die Systemstruktur nur mehr näherungsweise
festgelegt werden. Man erhält Modelle mit anderer Struktur
und somit auch anderen Parametern, deren Änderungen naturgemäß von denen des tatsächlichen Systems abweichen. Bildet das
so erhaltene Modell das dynamische Verhalten des Systems mit

hinreichender Genauigkeit nach, war die angenommene Modellstruktur richtig. Im allgemeinen kann die tatsächliche Systemstruktur eines linearen zeitvarianten Systems nur bei Vorliegen von a-priori Informationen über sie bestimmt werden.

In vielen linearen zeitvarianten Systemen können ein oder
mehrere Parameter gleichzeitig oder zu verschiedenen Zeitpunkten Null werden, wodurch die Systemstruktur ebenfalls zeitvariant ist. Solche Systeme könnten in Anlehnung an die Literatur als *strukturveränderliche Systeme* [3.15] bezeichnet werden.
Sie wurden im Zusammenhang mit der experimentellen Identifikation noch sehr wenig behandelt.

Sonderfälle zeitvarianter Systeme sind Systeme, deren Parameter in Abhängigkeit von den Richtungen des Eingangssignals
nur zwei verschiedene Werte annehmen können. Sie werden von
[3.13] als *lineare unsymmetrische* Systeme bezeichnet und können
der Klasse der dynamisch nichtlinearen Systeme zugeordnet werden. Systeme dieses Typs treten bei praktischen Problemstellungen häufig auf, finden aber in der Literatur fast keine Beachtung. Insbesondere Prozesse, die Energie- oder Massespeicher,
(z.B. Härteöfen, klimatisierte Räume) enthalten, weisen vorzugsweise dieses Verhalten auf und können daher in vielen Fällen nicht mehr als lineare zeitinvariante Systeme behandelt
werden. Die zweiwertigen Parameter hängen implizit über den
Verlauf des Eingangssignals von der Zeit ab, wodurch für sie
entweder nichtlineare oder zeitvariante Systemmodelle möglich
sind. Nichtlineare Differentialgleichungen mit vom Vorzeichen
der ersten zeitlichen Ableitung des Eingangssignals abhängigen
Koeffizienten sind vom regelungstechnischen Standpunkt aus
sehr schwer zu behandeln. Es wird daher versucht, sie als
lineare zeitvariante Systeme zu betrachten, um deren Analyse-
und Syntheseverfahren anwenden zu können [3.16].

3.2.3 Wahl eines geeigneten Identifikationsverfahrens

Die bisherigen Ausführungen zeigen, daß für die Identifikation zeitvarianter Systeme neben der Systemklasse auch In-

formationen über die Systemstruktur vorliegen müssen. Die Identifikation zeitvarianter Systeme reduziert sich daher auf eine Bestimmung der aktuellen Werte der Systemparameter. Dazu finden hauptsächlich analoge und digitale Modellverfahren - Modellabgleichverfahren und Parameterschätzverfahren - , zu denen Methoden der adaptiven und optimalen Regelung herangezogen werden, Verwendung. Eine Übersicht über mögliche Identifikationsverfahren wird in Abschnitt 3.3 angegeben. Andere Verfahren (meist modifizierte Korrelationsverfahren), die ohne Strukturkenntnisse auskommen, sind auf spezielle Parametervariationen zugeschnitten und führen meist auf nichtparametrische Modelle. Meist wird versucht, Identifikationsverfahren für zeitinvariante Systeme auf zeitvariante anzuwenden.

Das anzuwendende Identifikations- oder Parameterschätzverfahren sowie der erforderliche Rechenaufwand ist im wesentlichen von der Anzahl und dem zeitlichen Verlauf (Änderungsgeschwindigkeit, Amplitude und Art der Zeitfunktion) der zu schätzenden Systemparameter abhängig. In Tabelle 3.4 sind die möglichen Parametervariationen nach diesen Gesichtspunkten zusammengestellt.

Nach der Änderungsgeschwindigkeit kann zwischen schnell (hochfrequent) und langsam (niederfrequent) variierenden Parametern unterschieden werden. Sehr niederfrequente Parameteränderungen werden als *Drift* bezeichnet. Systeme mit hinreichend langsam variierenden Parametern sind näherungsweise mit Verfahren für zeitinvariante Systeme identifizierbar, wobei nachträglich unter Umständen eine Korrektur der Ergebnisse (Driftelimination) vorzunehmen ist.

Ein weiteres Kriterium für die Zurückführung auf zeitinvariante Systeme stellt die Amplitude der Parametervariation dar. Systeme mit großer Änderungsamplitude sind nur bei sehr kleiner Änderungsgeschwindigkeit mit Methoden zeitinvarianter Systeme identifizierbar. Für Systeme, deren Parameter sich rasch und mit großer Amplitude ändern, d.h. für eigentliche zeitvariante Systeme werden vorwiegend on-line Verfahren, die meist in Echt-

PARAMETERÄNDERUNG
Einteilung nach
GESCHWINDIGKEIT
AMPLITUDE
ZEITFUNKTION
schnell
langsam (Drift)
groß
klein
kontinuierlich
diskret
determiniert
stochastisch
periodisch
aperiodisch
stationär
instationär
sinusförmig
beliebig
polynomial
exponentiell
beliebig
besonders
beliebig
weißer Gaußprozeß
Gauß-prozeß
Markov-prozeß
Gauß-Markov-prozeß
Wiener-prozeß

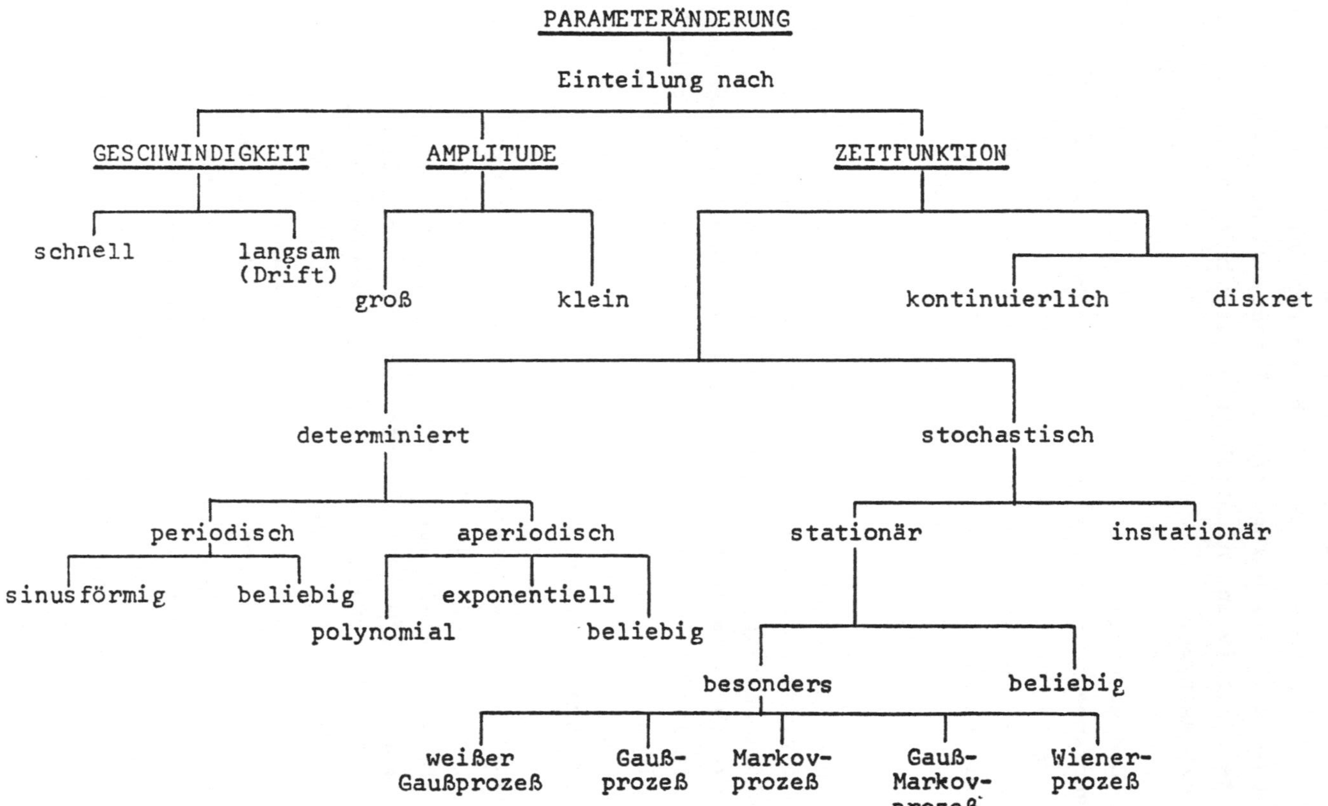

Tabelle 3.4

zeit (real time) arbeiten, angewandt. Die Auswertung kann *nicht*
rekursiv (offener Kreis bezüglich der Parameter) oder *rekursiv*
(geschlossener Kreis bezüglich der Parameter) erfolgen. Auf die
Begriffe rekursiv und nichtrekursiv wird in Abschnitt 3.2.4.2
näher eingegangen.

Der bedeutendste Gesichtspunkt für die Wahl des Identifikationsverfahrens und des sich ergebenden Modells ist allerdings,
ob die Parameteränderungen determiniert oder stochastisch erfolgen. Die vielfach angewandten Schätzverfahren mit Auswertung
durch Digitalrechner liefern aktuelle Parameterwerte zu diskreten Zeitpunkten. Sind die Parameter determinierte Zeitfunktionen, können die erhaltenen Werte durch eine analytisch dar-
stellbare Funktion angenähert und diese beispielsweise in die
Differentialgleichung (1.1) oder in die Zustandsgleichungen
(1.26) eingesetzt werden. Im Falle stochastisch variierender
Parameter sind aus ihren Momentanwerten lediglich statistische
Kennwerte und Kennfunktionen berechenbar, wobei Schwierigkeiten
bei instationären Parameteränderungen auftreten. Führt das ge-
wählte Identifikationsverfahren von Haus aus auf statistische
Kenngrößen für die Parameter, sind nur mehr qualitative Aussagen über ihren zeitlichen Verlauf möglich.

Determinierte Parameteränderungen sind in periodische (z.B.
sinusförmig) und aperiodische (polynomial, exponentiell usw.)
einteilbar. Beispiele für Systeme mit periodischen Parameteränderungen sind elektrische Netzwerke mit periodisch variierenden Widerständen, Kapazitäten, Induktivitäten usw. Die Systemgleichungen und Eigenschaften solcher Systeme wurden in Abschnitt 1.3.1 behandelt. Aperiodische Parameteränderungen treten beispielsweise durch den Treibstoffverbrauch in Flugkörpern
sowie durch Abnützungs- und Alterungserscheinungen von Bautei-
len auf. Systeme mit determinierten, insbesondere periodisch
variierenden Parametern sind wesentlich leichter zu identifizieren als Systeme mit stochastisch sich ändernden Parametern.
Letztere treten aber bei praktischen Aufgabenstellungen wesentlich häufiger auf.

Stochastische Parameteränderungen können in Form stationärer

oder instationärer stochastischer Prozesse erfolgen. Die meisten
bekannten Identifikationsverfahren setzen dafür stationäre, insbesondere spezielle stochastische Prozesse (Gauß-Markov oder
weiße Gaußprozesse) voraus.

Vielfach wird mit künstlichen *Testsignalen,* die selten determiniert periodisch (Sinus-, Rechteckfunktion usw), vielfach
stochastisch periodisch (pseudozufällig), meist aber speziell
stochastisch sind, gearbeitet.

Aus diesen Ausführungen folgt, daß die direkten "klassischen"
Identifikationsverfahren, wie Ermittlung der Sprungantwort (Gewichtsfunktion) oder Frequenzgangmessung, durch Anregen des
Systems mit Sprungfunktionen oder Sinusschwingungen nur brauchbare Ergebnisse liefern, wenn über die Ausgleichszeit oder hinreichend viele Perioden der Sinusschwingung die Parameter als
konstant angenommen werden. Gleiches gilt für die Korrelations-
oder Spektralanalyse. Für kleine und langsame Parameteränderungen finden sie vielfach als Näherungsmethoden zur experimentellen Ermittlung nichtparametrischer Modelle von Eingrößensystemen
Verwendung.

Manchmal gelingt es, zeitvariante Systeme durch spezielle
Umformungen in einfacher zu identifizierende überzuführen. In
der Arbeit [3.17] wird ein System mit stochastischen Parameteränderungen in ein System mit determinierten Parameteränderungen
und additivem Eingangsrauschen übergeführt. HARRIS [3.18] formt
ein nichtlineares, kontinuierliches System mit stochastischen
Parameteränderungen und determinierten Eingangssignalen in ein
lineares, zeitinvariantes System mit stochastischen Eingangssignalen um. Die Approximation eines linearen, autonomen, zeitvarianten Systems durch ein lineares, zeitinvariantes im Sinne
quadratischer Kriterien wird in der Arbeit [3.19] beschrieben.
Schließlich findet sich in [3.20] eine Transformation der Zustandsvariablen, die bezüglich der Identifikation Vereinfachungen bringt.

<u>3.2.4 Parameterschätzverfahren für zeitvariante Systeme:</u>

Bei der Parameterschätzung zeitvarianter Systeme ist prinzi-
piell das in Bild 3.3 dargestellte Problem zu lösen

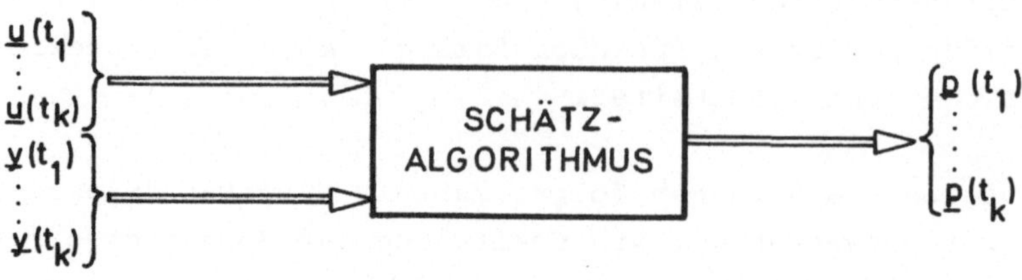

Bild 3.3

Aus Meßwerten der r-Eingangsgrößen und der s-Ausgangsgrößen
zu den Zeitpunkten t_j (j = 1,..., k) sind die Werte der Parameter $\underline{p}$ zu den k Zeitpunkten t_1, t_2..., t_k zu bestimmen. Für
einen Zeitpunkt t_j ergeben sich aus den (r + s)-Meßwerten $\underline{u}(t_j)$
und $\underline{y}(t_j)$ Bestimmungsgleichungen für die (m + n) unbekannten
Parameterwerte $\underline{p}(t_j)$. Infolge von Meßfehlern ist es jedoch
zweckmäßig, Meßwerte vergangener Zeitpunkte zur Ermittlung von
$\underline{p}(t_j)$ heranzuziehen. Dies setzt aber voraus, daß sich die
Systemparameter langsam ändern. Zur Schätzung schnell veränderlicher Parameter können diese als Zustandsvariable aufgefaßt
werden oder es kann bei der Zustands- und Parameterschätzung
mit einem um die Parameter erweiterten Zustandsvektor gearbeitet werden.

<u>3.2.4.1 Modelle zur Schätzung zeitvarianter Systemparameter</u>

Die meisten Schätzverfahren sind auf die Schätzung von Zustandsvariablen zugeschnitten und müssen erst für die Parameterschätzung adaptiert werden.

Modifiziert man die Differenzengleichung eines zeitdiskreten linearen Eingrößensystems (1.43) mit $c_n(k) = d_m(k) = 1$ und $m = n$

$$y(k) + c_{n-1}(k)y(k-1) + \ldots + c_o(k)y(k-n) =$$

$$= d_o(k)u(k-n) + \ldots + d_{n-1}(k)u(k-1) + u(k) \qquad (1.43c)$$

und faßt die zeitvarianten Systemparameter nach Gleichung (3.8b) zu dem Parametervektor $\underline{p}(k)$ zusammen

$$\underline{p}(k): = [p_1(k),\ldots, p_{2n}(k)]^T =$$

$$= [c_{n-1}(k),\ldots, c_o(k), d_o(k),\ldots, d_{n-1}(k)]^T$$

ergeben sich mit Gleichung (3.3a) die "Zustandsgleichungen" für den Parametervektor

$$p_1(k+1) = g_1(k)p_1(k) + w_1(k)$$
$$\vdots \qquad \vdots \quad \vdots \qquad \vdots$$
$$p_n(k+1) = g_n(k)p_n(k) + w_n(k)$$
$$p_{n+1}(k+1) = g_{n+1}(k)p_{n+1}(k) + w_{n+1}(k)$$
$$\vdots \qquad \vdots \quad \vdots \qquad \vdots$$
$$p_{2n}(k+1) = g_{2n}(k)p_{2n}(k) + w_{2n}(k) \qquad (3.10)$$

Setzt man diese "Zustandsvariablen" in (1.43c) ein, folgt für die Ausgangsgleichung

$$y(k) = -p_1(k)y(k-1)- \ldots -p_n(k)y(k-n) +$$

$$+p_{n+1}(k)u(k-n) + \ldots + p_{n+m}(k)u(k-1) + u(k)$$

Somit ergeben sich die Zustandsgleichungen in Matrizenschreibweise

$$\underline{p}(k+1) = \begin{bmatrix} g_1(k) & & & \\ & g_2(k) & & \Large 0 \\ & & \ddots & \\ \Large 0 & & & g_{2n}(k) \end{bmatrix} \underline{p}(k) + \underline{w}(k)$$

$$\underline{y}(k) = [-y(k-1), \ldots, -y(k-n), u(k-n), \ldots$$

$$\ldots, u(k-1)]\underline{p}(k) + u(k)$$

oder mit der Matrix $\underline{G}(k)$ und dem Vektor $\underline{h}(k)$

$$\underline{p}(k+1) = \underline{G}(k)\underline{p}(k) + \underline{w}(k)$$

$$y(k) \quad = \underline{h}^T(k)\underline{p}(k) + u(k) \qquad\qquad (3.11)$$

Den Zustandsgleichungen (3.11) entspricht das Matrixblockschaltbild (Bild 3.4)

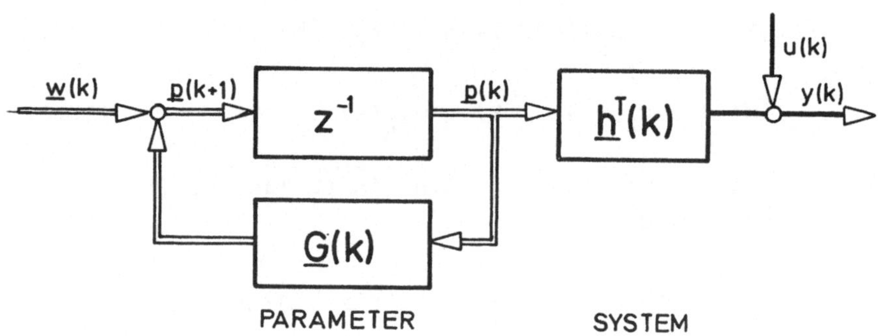

Bild 3.4

Das dynamische Verhalten des zu identifizierenden zeitvarianten Eingrößensystems ist durch die zweite Gleichung (3.11), die
Systemgleichung bestimmt. Die Ausgangsmatrix $\underline{H}(k)$, in diesem
Zusammenhang meist als Meßmatrix bezeichnet, entartet für Eingrößensysteme zu einem Zeilenvektor $\underline{h}^T(k)$. Durch die erste

Gleichung (3.11) - das Parametermodell - werden die stochastischen Parameter nach den Ausführungen des Abschnittes 3.1.1
(Gleichung (3.3a)) durch Gauß-Markovprozesse angenähert. Der
Eingangsvektor $\underline{w}(k)$ ist ein gauß'scher, weißer Vektorprozeß
mit bekanntem Mittelwertsvektor $\underline{m}_w(t)$ und bekannter Varianzmatrix $\underline{V}_w(t)$. Die Elemente der Diagonalmatrix $\underline{G}(k)$ werden nach
Abschnitt 3.1.1 durch die Momente erster und zweiter Ordnung
der zufälligen Parameter bestimmt.

Ändern sich die Systemparameter in Form stationärer Skalarprozesse, enthält $\underline{G}(k)$ konstante Elemente. Werden die Parameteränderungen durch instationäre Skalarprozesse beschrieben, sind
die Elemente von $\underline{G}(k)$ determinierte Zeitfunktionen. Die Gleichungen für das zeitkontinuierliche Modell sowie für Mehrgrößensysteme können sehr leicht angegeben werden.

Das *Parametermodell* - erste Gleichung (3.11) - kann nicht
nur für stochastische, sondern auch für determinierte Parameteränderungen sowie Parameteränderungen in Form von Wiener-
prozessen oder konstante Systemparameter angewandt werden. Diese Sonderfälle sind für kontinuierliche und diskrete Parameteränderungen in Tabelle 3.5 zusammengestellt

	kontinuierlich $\dot{p}(t)=G(t)p(t)+w(t)$		diskret $p(k+1)=G(k)p(k)+w(k)$	
konstante Parameter	$\underline{G}(t)=0$ $\underline{w}(t)=\underline{\overline{0}}$	$\dot{\underline{p}}(t)=0$	$\underline{G}(k)=\underline{I}$ $\underline{w}(k)=\underline{\overline{0}}$	$\underline{p}(k+1)=\underline{p}(k)$
determinierte Parameter- änderung	$\underline{G}(t)\neq 0$ $\underline{w}(t)=\underline{\overline{0}}$	$\dot{\underline{p}}(t)=$ $\underline{G}(t)\underline{p}(t)$	$\underline{G}(k)\neq\underline{I}$ $\underline{w}(k)=\underline{\overline{0}}$	$\underline{p}(k+1)=$ $\underline{G}(k)\underline{p}(k)$
Parameter- änderung nach Wienerprozeß	$\underline{G}(t)=0$ $\underline{w}(t)\neq\underline{\overline{0}}$	$\dot{\underline{p}}(t)=\underline{w}(t)$	$\underline{G}(k)=\underline{I}$ $\underline{w}(k)\neq\underline{\overline{0}}$	$\underline{p}(k+1)=$ $\underline{p}(k)+\underline{w}(k)$

Tabelle 3.5

Für die *Zustands- und Parameter schätzung* kann in den Zustandsgleichungen des Modells der Zustandsvektor $\underline{x}$ um den Parametervektor $\underline{p}$ erweitert werden. Der *erweiterte Zustandsvektor* $\underline{x}^*$ ist somit definiert als

$$\underline{x}^*(k): = [\underline{x}(k),\underline{p}(k)]^T \qquad (3.12)$$

Mit dem erweiterten Eingangsvektor

$$\underline{u}^*(k): = [\underline{u}(k),\underline{w}(k)]^T$$

ergeben sich die Zustandsgleichungen des vereinigten ungestörten Systems aus den Systemgleichungen (1.26) und den (3.11) entsprechenden Gleichungen für ein Mehrgrößensystem

$$\underline{x}^*(k+1) = \begin{bmatrix} \underline{A}(k) & 0 \\ 0 & \underline{G}(k) \end{bmatrix} \underline{x}^*(k) + \begin{bmatrix} \underline{B}(k) & 0 \\ 0 & \underline{I} \end{bmatrix} \underline{u}^*(k)$$

$$\underline{y}(k) = \begin{bmatrix} \underline{C}(k), & 0 \end{bmatrix} \underline{x}^*(k) + \underline{D}(k)\, \underline{u}(k) \qquad (3.13)$$

Der abzuschätzende, erweiterte Zustandsvektor $\underline{x}^*(k)$ besteht nun allerdings aus 3n-Elementen, wodurch der Rechenaufwand bei der Auswertung wesentlich höher ist. Die Gleichungen (3.13) können leicht für kontinuierliche, gestörte oder Eingrößensysteme modifiziert werden. Da nach Abschnitt 1.2.2.2 die unbekannten Systemparameter in den Matrizen $\underline{A}$ und $\underline{C}$ und mit den Zustandsgrößen Produkte bilden, wird das Schätzproblem im Sinne der Schätztheorie nichtlinear (vgl. Abschnitt 3.3.5).

3.2.4.2 Arten von Schätzverfahren

In Abschnitt 3.1.3 wurde zwischen *nichtrekursiven* und *rekursiven* sowie *indirekten* (iterativen) und *direkten* (nichtiterativen) Schätzverfahren unterschieden. Diese Arten von Schätzverfahren sind für zeitvariante Systeme von großer Bedeutung.

Ausgehend von der in Bild 3.3 illustrierten Schätzaufgabe
bestimmt ein *nichtrekursiver, direkter* Schätzalgorithmus die
Schätzwerte für die Parameterwerte zum Zeitpunkt t_k $\underline{p}(t_k)$ aus
gemessenen Werten von Ein- und Ausgangsgrößen zu diesem Zeitpunkt und unter Umständen aus Meßwerten früherer Zeitpunkte
(Bild 3.5)

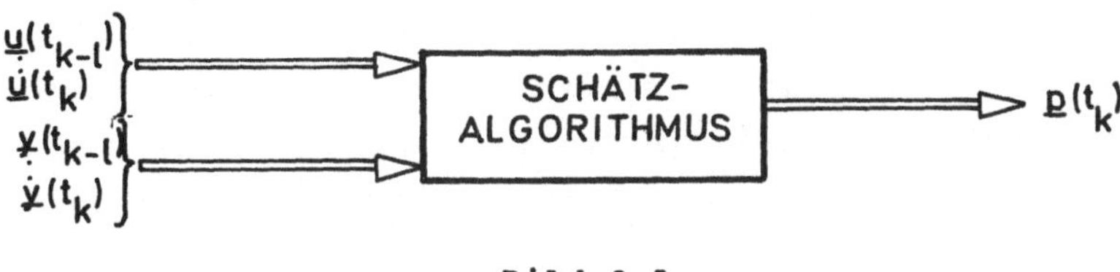

Bild 3.5

Voraussetzung ist, daß sich die Parameter im Intervall
$[t_{k-1} \leq t \leq t_k]$ wenig ändern. Bei stärkeren Parameteränderungen
können zeitlich zurückliegende Messungen schwächer gewichtet
werden. Beispiele für nichtrekursive, direkte Schätzverfahren
sind Verfahren,die auf der Methode der kleinsten Quadrate beruhen.

Bei *rekursiven*, direkten Schätzverfahren erfolgt die Ermittlung der Werte $\underline{p}(t_k)$ mit Hilfe einer Rekursionsformel nicht-
iterativ (Bild 3.6)

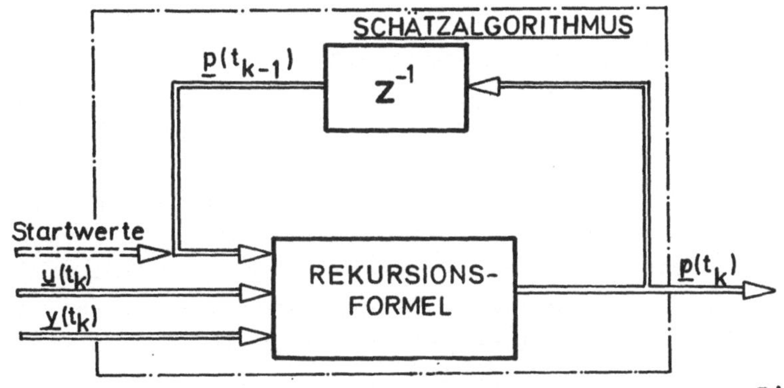

Bild 3.6

Die Parameter werden aus den aktuellen Meßwerten zum Zeitpunkt
t_k und dem vorherigen Parameterschätzwert $\underline{p}(t_{k-1})$ berechnet.
Dadurch kann die Speicherung alter Meßwerte entfallen. *Rekurssive Parameterschätzverfahren sind zur on-line Bestimmung aktueller Parameterschätzwerte zeitvarianter Systeme am besten geeignet.* Beispiele sind die rekursive Methode der kleinsten Quadrate, die Methode der Hilfsvariablen und die Methoden der
stochastischen Approximation.

Indirekte (iterative) Schätzverfahren berechnen Schätzwerte
für die aktuellen Parameterwerte $\underline{p}(t_k)$ aus Meßwerten zu dem betrachteten Zeitpunkt t_k und vergangener Zeitpunkte t_{k-1}, t_{k-2},
..., t_{k-1} durch eine Folge $\underline{p}^{(o)}(t_k)$, $\underline{p}^{(1)}(t_k)$,..., $\underline{p}^{(i)}(t_k)$.
Die Rekursionsformel wird hier nicht dazu verwendet,um $\underline{p}(t_k)$
aus $\underline{p}(t_{k-1})$ zu berechnen, sondern um $\underline{p}(t_k)$ durch die Folge zu
approximieren (Bild 3.7)

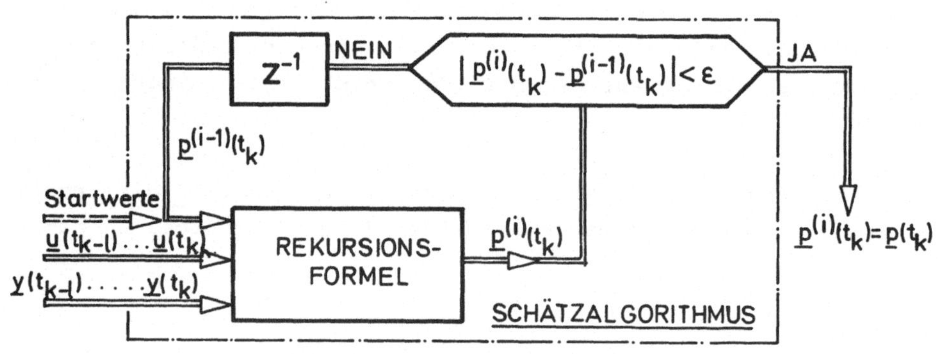

Bild 3.7

Iterative Schätzverfahren sind zur on-line Ermittlung aktueller
Parameterwerte zeitvarianter Systeme nicht so gut geeignet, da
das Durchlaufen der Iterationsschleife meist sehr rechenzeitaufwendig ist.Beispiele sind die Maximum-Likelihood- und die
Bayes-Methode. Iterative Schätzverfahren sind vorteilhaft anzuwenden, wenn das Fehlersignal nichtlinear in Parametern (siehe
Abschnitt 3.3.5) ist. Um iterative Schätzverfahren auch on-line

verwenden zu können, werden sie manchmal rekursiv durchgeführt
(kombiniert iterativ-rekursive Schätzverfahren). Durch die zusätzliche Rekursion können die Startwerte laufend verbessert
werden.

3.3 Arbeiten über die Identifikation zeitvarianter Systeme [1.17], [3.14].

Nachdem im Abschnitt 3.2 Probleme der Identifikation zeitvarianter Systeme, die zusätzlich zu den bei der Identifikation
zeitinvarianter Systeme auftretenden behandelt wurden, beinhaltet dieser Abschnitt ausgewählte Arbeiten über die Identifikation zeitvarianter Systeme.

Die Identifikation zeitvarianter Systeme mit nichtparametrischen Modellen beschränkt sich im wesentlichen auf Korrelationsverfahren,die entweder für zeitvariante Systeme modifiziert
werden oder "langsame" Parameteränderungen voraussetzen. Sie betrachten das zeitvariante System als quasistationär. Der Haupt-
vorteil der Korrelationsverfahren liegt darin, daß die Systemstruktur nicht a-priori bekannt sein muß. Andere von zeitinvarianten Systemen her bekannte Identifikationsverfahren mit
nichtparametrischen Modellen,wie die experimentelle Bestimmung
von Systemantworten auf aperiodische (z.B. Sprungfunktion,
Rampenfunktion, Rechteckimpulse) und periodische (Sinusschwingung, Rechteckwelle) Testsignale,sind für zeitvariante Systeme
im allgemeinen nicht anwendbar.

Die Identifikationsverfahren für zeitvariante Systeme führen
- wie bereits ausgeführt - hauptsächlich auf parametrische Modelle. Es handelt sich im Sinne von Tabelle 3.1 nicht um Identifikationsverfahren,sondern um Parameter- und/oder Zustandsschätzverfahren. Für sie muß die Modellstruktur a priori bekannt sein. Angewandt werden analoge *Modellabgleichverfahren*
(eventuell unter Verwendung von Optimierungsverfahren),die
aber, bedingt.durch den Einsatz von Digitalrechnern, in zunehmendem Maße durch digitale *Parameterschätzverfahren* verdrängt
werden. Die benützten Testsignale müssen das zu untersuchende

System mit den gewünschten Frequenzen genügend "intensiv" anregen. Als Fehlersignal zwischen Prozeß und Modell findet meist
der *verallgemeinerte Fehler*, seltener der *Ausgangsfehler* Verwendung (Bild 3.8).

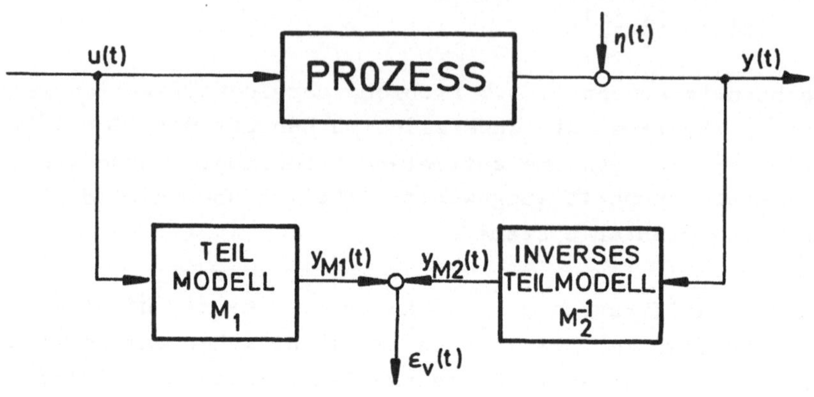

Bild 3.8

Dem zu untersuchenden Prozeß wird ein Modell parallelgeschal-
tet. Besteht das Modell aus einem Teilmodell M_1 mit dem Ausgangssignal $y_{M1}(t)$ und aus einem inversen Teilmodell M_2^{-1} mit
dem Ausgangssignal $y_{M2}(t)$ ist der verallgemeinerte Fehler $\varepsilon_v(t)$
definiert als die Differenz

$$\varepsilon_v(t) = y_{M2}(t) - y_{M1}(t) \tag{3.14}$$

Hat das inverse Teilmodell die Übertragungsfunktion 1, wird
$y_{M2}(t) = y(t)$ und der Fehler

$$\varepsilon_A(t) = y(t) - y_{M1}(t) \tag{3.15}$$

$\varepsilon_A(t)$ wird als Ausgangsfehler und das Teilmodell M_1 als Vor-
wärtsmodell bezeichnet.

Der Rechenaufwand bei der Auswertung hängt nicht unwesent-
lich davon ab, ob die unbekannten Parameter mit dem Fehler
linear oder nichtlinear zusammenhängen. Man bezeichnet die zugehörigen Modelle als *linear in den Parametern* (kennwertlinear)
und *nichtlinear in den Parametern* (kennwertnichtlinear) [3.2],
[3.3].

Das einzige bekannte Parameterschätzverfahren, welches von
Haus aus für zeitvariante Parameter geeignet ist, ist die
Bayes-Methode. Ihre Anwendung scheitert aber meist an den vielen erforderlichen a-priori Informationen. Neben der Systemstruktur müßte auch die Verteilungsdichte p[$\underline{p}$] der stochastisch
variierenden Parameter bekannt sein. Es wird daher versucht, rekursive Versionen von Schätzalgorithmen für zeitvariante Parameter zu modifizieren. Weiter zurückliegende Meßwerte werden entweder exponentiell (exponentielles Vergessen), linear (gleich-
mäßiges Vergessen), stückweise linear (ungleichmäßiges Vergessen)
gewichtet oder es wird überhaupt nur eine bestimmte Anzahl von
Daten mit gleichem Gewicht berücksichtigt (blockweises Vergessen).
Die Verläufe der entsprechenden Gewichtsfaktoren g_w(t) über der
Zeit sind in Bild 3.9 dargestellt.

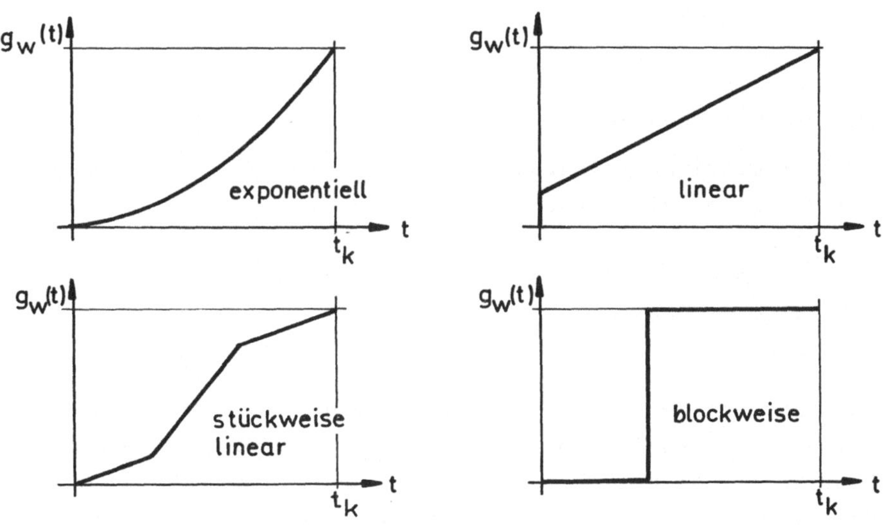

Bild 3.9

Durch diese Gewichtung können die *Maximum-Likelihood-Methode,*
die *rekursive Methode der gewichteteten* oder der *verallgemei-
nerten kleinsten Quadrate,* die *rekursive Methode der Hilfsvariablen* und die *Methode der stochastischen Approximation* zur
Schätzung zeitvarianter Systemparameter herangezogen werden.
Die Schätzwerte sind im allgemeinen umso genauer, je langsamer
die Parameter variieren.

Häufig werden Zustandsschätzverfahren (Schätzverfahren für
Zustandsgrößen) zur Parameterschätzung angewandt. Dazu sind die
Parameter,wie in Abschnitt 3.1.4.1 gezeigt,als Zustandsgrößen
aufzufassen oder der Zustandsvektor um den Parametervektor zu
erweitern. Meistens beruhen diese Verfahren auf den Rekursionsformeln von Kalman oder Kalman-Bucy [3.21], [3.22] (*Kalman -
Filter* oder *Kalman Bucy - Filter*) und einer Vielzahl nachfolgender Arbeiten.

Bei allen bisher erwähnten Methoden zur Identifikation und
Parameterschätzung zeitvarianter Systeme ist der erforderliche
Auswerteaufwand vom Stör-/Nutzsignalverhältnis abhängig. Je
kleiner dieses ist, desto größer darf beispielsweise die Ände-
rungsgeschwindigkeit der Parameter für gleiche Genauigkeit der
Ergebnisse sein.

Somit bietet sich eine Gliederung dieses Abschnittes an Hand
der Basismethoden in

- Korrelationsverfahren
- Modellabgleichverfahren
- Optimierungsverfahren
- Parameterschätzverfahren
- Filterverfahren
- Sonstige Identifikations- und Schätzverfahren.

Die Grundgedanken dieser Identifikations- und Parameterschätzverfahren werden im Hinblick auf zeitvariante Systeme kurz
skizziert. Ausführlichere Beschreibungen sind der zitierten
Literatur zu entnehmen. Sodann wird versucht, dem Autor bekannte, ausgewählte Arbeiten diesen Basismethoden zuzuordnen

und kurz zu besprechen. Diese besprochenen Arbeiten sind meist
verbindungslos untereinander dargestellt, wodurch ein Vergleich hinsichtlich Anwendungsgrenzen, Rechenaufwand und
Leistungsfähigkeit schwierig ist. Daher werden diese Arbeiten
übersichtlich zusammengestellt und so ein erster Schritt in
dieser Richtung unternommen.

Die Literaturübersicht enthält ausgewählte Arbeiten, die
sich mit dem gegenständlichen Problemkreis, wenn auch nur am
Rande, beschäftigen. In ihr scheinen zum Teil auch Veröffentlichungen über nichtlineare Systeme auf. Die einzelnen Arbeiten
wurden, selbst wenn sie bereits sehr stark modifiziert sind,
den angegebenen Basismethoden zugeordnet. Grenzfälle, wie zwei-
stufige Identifikationsverfahren oder Arbeiten, die Kombinationen verschiedener Methoden darstellen, werden bei der hauptsächlich verwendeten Methode behandelt.

Innerhalb jeder Gruppe wurde versucht,die wichtigsten Merk-
male der einzelnen Verfahren herauszuarbeiten und um Vergleiche
zu ermöglichen, sie in Tabellenform einander gegenüberzustellen.
Es wurde ein möglichst einheitlicher Aufbau der Tabellen ange-
strebt. In den ersten beiden Spalten ist die Orientierung (theo-
retisch-anwendungsorientiert) angegeben, wobei Arbeiten, die
Meßergebnisse einfacher simulierter Übertragungsglieder enthalten, bereits als anwendungsorientiert eingestuft wurden. Der
nächste Block beinhaltet Angaben über Systeme (linear - nichtlinear, kontinuierlich - zeitdiskret, einer oder mehrere Ein-
und Ausgänge), auf welche das Verfahren anwendbar ist. Weiters
werden a priori Informationen bezüglich der Parameter der Störsignale und sonstige,besondere erforderliche Testsignale, das
Ergebnis (Systemmodell, Parametermodell) und Anwendungsbeispiele aufgenommen. Bei besonders umfangreichen Formeln wird
auf die Originalarbeit verwiesen bzw. nur die entsprechende
Gleichungsnummer dieser Arbeit angegeben. Für Formeln finden
vorzugsweise die Bezeichnungen der vorangehenden Abschnitte Verwendung. Im Textteil erfolgt eine kurze Zusammenfassung der
verwendeten Grundgedanken, der Algorithmen und Ergebnisse der
einzelnen Arbeiten, wobei großer Wert auf Versuchsergebnisse

von realen Prozessen gelegt wurde. Es sei noch einmal betont,
daß die Literaturübersicht bei weitem nicht vollständig sein
kann und die Aussagen die Meinung des Autors widerspiegeln.

3.3.1 Korrelationsverfahren

Die Korrelationsverfahren führen auf nichtparametrische Modelle in Form von Punkten der Gewichtsfunktion, der Ortskurve
oder der Frequenzkennlinien und sind zur Identifikation zeitinvarianter Ein- und unter Umständen auch Mehrgrößensysteme
weit verbreitet. Sie verwenden besondere zufällige Testsignale
(analoge Breitbandsignale, pseudozufällige Signale usw.), deren
Amplituden im Verhältnis zu den unkorrelierten Betriebssignalen
klein sein können. Die Momente erster und zweiter Ordnung der
Testsignale sollen die weißen Gaußprozesse möglichst gut approximieren, um eine einfache Berechnung der Gewichtsfunktionen
$g(t)$ aus der Wiener Hopf'schen Integralgleichung (siehe z.B.
[3.1])

$$R_{yu}(\tau) = \int_0^\infty g(t)R_u(t-\tau)dt \qquad (3.16)$$

oder des Frequenzganges $F(i\omega)$ aus der korrespondierenden Beziehung zwischen den Leistungsspektren im Frequenzbereich

$$S_{yu}(\omega) = F(i\omega)S_u(\omega) \qquad (3.17)$$

zu gewährleisten. Die Gleichungen (3.16) und (3.17) gelten für
zeitinvariante Systeme. Sie verknüpfen die Kreuzkorrelationsfunktion $R_{yu}(\tau)$ oder das Kreuzleistungsspektrum $S_{yu}(\omega)$ von Ein-
und Ausgangssignal mit der Autokorrelationsfunktion $R_u(\tau)$ oder
dem Leistungsspektrum $S_u(\omega)$ des Eingangssignals und der Gewichtsfunktion $g(t)$ oder dem Frequenzgang $F(i\omega)$ eines linearen
zeitinvarianten Eingrößensystems. Die beiden Gleichungen basieren auf der Zeitmittelung und gelten nur für stationäre
stochastische Ein- und Ausgangssignale $\{u(t)\}$ und $\{y(t)\}$. Die
(3.16) entsprechende Gleichung für zeitdiskrete Systeme lautet

$$R_{yu}(k) = \sum_{l=o}^{k-1} g(l)\, R_u\,(l-k) \qquad\qquad (3.16a)$$

Aus ihr können bei bekannten Werten der Korrelationsfunktionen
zu diskreten Zeitpunkten die Werte der Gewichtsfunktion zu diesen Zeitpunkten berechnet werden. Die Gleichungen (3.16) und
(3.17) gelten, da das Ausgangssignal eines zeitvarianten stochastischen Systems nach Abschnitt 2.3.2.1 ein instationärer
stochastischer Prozeß ist, für diese Systeme nicht.

Eine Identifikation zeitvarianter stochastischer Eingrößensysteme im Zeitbereich ist daher nur mit Hilfe der entsprechenden Gleichungen (2.52), (2.53) oder (2.69), (2.70) für instationäre stochastische Prozesse möglich. Im zeitkontinuierlichen
Fall wäre dazu die Lösung der Integralgleichungen (2.52) oder
(2.53) erforderlich. Mit vertretbarem Rechenaufwand ist dies
nur auszuführen, wenn die Gewichtsfunktion aus den Gleichungen (2.52b) und (2.53b) berechnet werden kann. Da die Gleichungen (2.52b) und (2.53b) nur für weiße Gaußprozesse als Eingangssignale gelten, müssen auch bei zeitvarianten Systemen
spezielle stochastische Testsignale verwendet werden. Gleiches
gilt für die Identifikation im Frequenzbereich. Der Beziehung
zwischen den Leistungsspektren (3.17) entspricht für zeitvariante Systeme die Gleichung (2.55). Aus ihr kann bei bekannten parametrischen Leistungsspektren der parametrische Frequenzgang
ermittelt werden. Die Gleichung (2.56) als Fouriertransformierte
von (2.53) bietet nur die Möglichkeit,den Absolutbetrag des
Frequenzganges zu bestimmen. Über die Verwendung der bifrequenten Leistungsspektren zur Identifikation zeitvarianter Systeme
mittels der Gleichungen (2.55a) und (2.56a) liegen noch keine
Erfahrungen vor. Die genügend genaue Ermittlung der Korrelationsfunktion instationärer Prozesse aus einer Ensemblemittelung ist mit der Verarbeitung einer großen Anzahl von Meßwerten verbunden und daher meist zu rechenzeitaufwendig.

Meist werden die gegebenenfalls leicht modifizierten Gleichungen (3.16) und (3.17) auch zur Identifikation zeitvarianter
Systeme verwendet. Wie bereits ausgeführt, ergeben sich nur bei

kleiner Änderungsgeschwindigkeit und Amplitude der Parametervariation befriedigende Ergebnisse. Um die Auswertung zu vereinfachen, finden meist pseudozufällige diskrete - meist bi-
näre, seltener ternäre - Testsignale Verwendung.

Pseudozufällige Binär- oder Ternärsignale (PZBS oder PZTS)
können zwei oder drei Amplitudenwerte annehmen, zwischen denen
ein Wechsel nur zu bestimmten, äquidistanten Zeitpunkten $k\Delta t$
($k = 1,2,\ldots,N$) möglich ist. Die Signale sind periodisch mit
$N\Delta t$. Pseudozufällige diskrete Signale, insbesondere pseudozufällige Binärsignale sind als künstliche Testsignale zur Identifikation zeitinvarianter Systeme weit verbreitet, da sie gegenüber "echten" analogen Zufallssignalen einige bedeutende
Vorteile aufweisen [1.17], [3.13]. Korrelationsverfahren liefern meist Punkte der Kreuzkorrelationsfunktion, die für einen
weißen Gaußprozeß als Testsignal mit denen der Gewichtsfunktion übereinstimmen. Aus diesem nichtparametrischen Modell
können Aussagen über Eigenschaften der zeitvarianten Systemparameter gemacht werden. Parameterschätzwerte erhält man bei
determinierten und hier insbesondere periodischen Parameteränderungen. Bei zufällig variierenden Parametern führen Korrelationsverfahren meist auf deren Momente erster und zweiter
Ordnung (lineare und quadratische Mittelwerte, Varianzen, Autokorrelationsfunktionen).

Die Hauptvorteile der Korrelationsverfahren gegenüber anderen Verfahren zur Identifikation zeitvarianter Systeme sind
der verhältnismäßig geringe Rechenaufwand, welcher allerdings
meist aus ihrer ausschließlichen Anwendung für Eingrößensysteme
resultiert - ihre kostenmäßig günstige Instrumentierung - sie
sind nicht an die Verwendung eines Digitalrechners gebunden -
und ihre relativ leichte Durchschaubarkeit. Über das zu identifizierende System sind im allgemeinen nur wenige a-priori
Informationen erforderlich. Ihre Anwendung ist auf zeitvariante
ungestörte Systeme mit einem Ein- und Ausgang sowie mit meist
langsamen Parameteränderungen beschränkt. Sie sind an spezielle
Testsignale (weiße Gaußprozesse, PZBS, PZTS) gebunden und sind
die ältesten Identifikationsverfahren für zeitvariante Systeme.

Ausgewählte Arbeiten über die Identifikation zeitvarianter Systeme mit Korrelationsverfahren sind in Tabelle 3.6 zusammengestellt. Die darin enthaltenen Veröffentlichungen können in drei Gruppen eingeteilt werden.

Die erste Gruppe umfaßt die Arbeiten [3.23], [3.24], [3.25], die Ensemblemittelungen verwenden und deren gemeinsame Grundlagen bei KAILATH [3.38] und HAGFORS [3.39] zu finden sind. Die zeitlich späteren Arbeiten [3.24] und [3.25] basieren auf den Veröffentlichungen [3.23] und [3.40]. In allen drei Arbeiten werden lineare, zeitvariante Eingrößensysteme mit zufälligen stationären Parameteränderungen identifiziert. Die angegebenen Methoden verwenden als Testsignale weiße Gaußprozesse und führen nur zu zufriedenstellenden Ergebnissen, wenn auf das System keine Störsignale (Eingangs- oder Meßrauschen) wirken. Charakteristisch für sie ist die Verwendung eines fiktiven zeitinvarianten Hilfsmodells.

KAILATH [3.23] behandelt einen zeitvarianten Nachrichtenübertragungskanal. Er ersetzt ihn durch ein zeitinvariantes Hilfsmodell (tapped delay line) und multipliziert dessen Ausgangssignale mit den zufälligen Parametern. Die Gewichtsfunktion des Systems $g(t,\tau)$ wird als zweidimensionaler, in der t-Richtung stationärer und vom Eingangssignal $u(t)$ unabhängiger, stochastischer Prozeß aufgefaßt. Durch Ensemblemittelung folgt der lineare Mittelwert der Gewichtsfunktion $m_g(t)$ sowie die Kreuzkorrelationsfunktion vierter Ordnung zwischen Eingangssignal $u(t)$ und instationärem Ausgangssignal $y(t)$

$$R_{uy}(t,\tau,\tau',\lambda) = E\{y(t).u(t-\tau).y(t+\lambda).u(t-\tau'+\lambda)\}$$

Aus ihr ergeben sich unter Verwendung des Faltungsintegrals (1.5) die Autokorrelationsfunktionen zwischen Schnittkurven der Gewichtsfunktionsfläche Bild 1.2, ähnlich der Filterkorrelationsfunktion bei zeitinvarianten Systemen. Das Verfahren führt auf Momente erster und zweiter Ordnung der als zweidimensionaler stochastischer Prozeß betrachteten Gewichtsfunktion oder in speziellen Fällen auf Schnittkurven $g(t,\tau_k)$ der

Tabelle 3.6

<table>
<thead>
<tr>
<th rowspan="3">KORRELATIONS-VERFAHREN</th>
<th colspan="2">orientiert</th>
<th colspan="8">unbekanntes System</th>
<th colspan="2">A Priori Informationen</th>
</tr>
<tr>
<th rowspan="2">theoretisch</th>
<th rowspan="2">anwendungs-</th>
<th rowspan="2">linear</th>
<th rowspan="2">nichtlinear</th>
<th rowspan="2">kontinuierl.</th>
<th rowspan="2">diskret</th>
<th colspan="2">Ein-gänge</th>
<th colspan="2">Aus-gänge</th>
<th rowspan="2">Parameter</th>
<th rowspan="2">Störsignale</th>
</tr>
<tr>
<th>einer</th>
<th>mehrere</th>
<th>einer</th>
<th>mehrere</th>
</tr>
</thead>
<tbody>
<tr>
<td>KAILATH (1962) [3.23]</td>
<td>X</td><td></td><td>X</td><td></td><td>X</td><td></td><td>X</td><td></td><td>X</td><td></td>
<td>zufällig stationär</td><td>keine Störsignale</td>
</tr>
<tr>
<td>FELLEN (1966) [3.24]</td>
<td>X</td><td></td><td>X</td><td></td><td>X</td><td></td><td>X</td><td></td><td>X</td><td></td>
<td>zufällig stationär</td><td>keine Störsignale</td>
</tr>
<tr>
<td>POLLON (1967) [3.25]</td>
<td></td><td>X</td><td>X</td><td></td><td>X</td><td></td><td>X</td><td></td><td>X</td><td></td>
<td>zufällig stationär</td><td>keine Störsignale</td>
</tr>
<tr>
<td>BECK et al. (1970) [3.26]</td>
<td></td><td>X</td><td>X</td><td></td><td>X</td><td></td><td>X</td><td></td><td>X</td><td></td>
<td>weiße Gaußproz. (langsam)</td><td>$m_\xi = 0$ unkorreliert mit Param.</td>
</tr>
<tr>
<td>HOFFMANN et al. (1972) [3.27]</td>
<td>X</td><td>X</td><td>X</td><td></td><td></td><td>X</td><td>X</td><td></td><td>X</td><td></td>
<td>kleine Ampl. langsam, sinusförmig</td><td>keine Störsignale</td>
</tr>
<tr>
<td>LAWRENCE DAWSON (1977) [3.28]</td>
<td></td><td>X</td><td>X</td><td></td><td>X</td><td></td><td>X</td><td></td><td>X</td><td></td>
<td>sinusförmig</td><td>keine Angaben</td>
</tr>
<tr>
<td>BROWN (1970) [3.29]</td>
<td></td><td>X</td><td>X</td><td></td><td>X</td><td></td><td>X</td><td></td><td>X</td><td></td>
<td>Totzeitdrift polynominal</td><td>keine Störsignale</td>
</tr>
<tr>
<td>NIKIFOURUK et al. (1970) [3.30]</td>
<td></td><td>X</td><td>X</td><td></td><td></td><td>X</td><td>X</td><td></td><td>X</td><td></td>
<td>langsam, polynominal (Drift)</td><td>keine Angaben</td>
</tr>
<tr>
<td>RUBIN (1971) [3.35]</td>
<td>X</td><td></td><td>X</td><td></td><td></td><td>X</td><td></td><td>X</td><td></td><td>X</td>
<td>Gauß-Markov proz. nach (3.11)</td><td>unabhängig von u(k)</td>
</tr>
<tr>
<td>VELTMANN (1966) [3.36]</td>
<td></td><td>X</td><td>X</td><td></td><td>X</td><td></td><td>X</td><td></td><td>X</td><td></td>
<td>langsam</td><td>keine Störsignale</td>
</tr>
<tr>
<td>FAURE EVANS (1969) [3.37]</td>
<td></td><td>X</td><td>X</td><td></td><td>X</td><td></td><td>X</td><td></td><td>X</td><td></td>
<td>langsam</td><td>keine Angaben</td>
</tr>
</tbody>
</table>

Sonstige	Testsignale	Ergebnis		Anwendungsbeispiele	Bemerkungen
		System	Parameter		
$\int_0^\infty g^2(t,\tau)\,d\tau < \infty$	weißer Gauß-proz.	$E\{g(t,\tau)\}$ $[g(t,\tau_k)]$			Verwendung eines Hilfsmodells
$\int_0^\infty g^2(t,\tau)\,d\tau < \infty$	weißer Gauß-proz.	Punkte von $g(t,\tau)$	$E\{\underline{p}(t)\}$ $E\{\underline{p}(t)\,\underline{p}^T(t)\}$	Einfaches Rechenbeispiel eines zeitinvarianten Systems	Hilfsmodell: Serienschaltung von n zeitzeitinvarianten Systemen mit orthonormalen Übertragungsfkt.
$\int_0^\infty g^2(t,\tau)\,d\tau < \infty$	beliebig (weißer Gaußproz.)	$E\{g(t,\tau)\}$ Autokorrelationsfktion. von $g(t,\tau)$		Ergebnisse eines zeitinvarianten Netzwerkes	Erweiterung von (3.23) auf Momente 4. Ordnung
Systemstruktur	PZBS	Momentanwerte der Kreuzkorrelationsfktion $\rightarrow g(t_l,\tau_k)$		Wärmetauschermodell	Adaptives Korrelationsverfahren. On line Auswertung mit Digitalrechner
	Referenzphasen von PZBS	Kreuzkorrelationsfktion $\rightarrow g(t_l,\tau_k)$	Momentanwerte aus KKF. berechn.	Digitalrechnersimulation eines Verzögerungsgliedes 2. Ordnung mit 3 sinusförmig variierenden Parametern	Entwicklung der Gewichtsfunktion in Taylorreihe. Empfindlich gegen Störsignale
	PZBS	„eingefrorene" Gewichtsfunktionen $g(t,\tau_k)$		Radarantenne eines Hochseeschiffes	Bestimmt momentane eingefrorene Gewichtsfunktionen
System mit instationäre Totzeit	PZBS	Variable Totzeit führt auf zusätzliche Spitzen in der Kreuzkorrfktion.		Lamontkessel	Zeitinvariantes System Einfluß der Drift diskutiert
	PZBS PZTS	$\hat{g}(t)$	Drifteliminination	Simulationsergebnisse	Vergleich dreier Drifteliminationsverfahren, die auf den Eigenschaften von PZBS basieren
$\underline{A}(k),\ \underline{B}(k)$ $\underline{C}(k),\ \underline{x}(k)$	Spezielle Zufallssignale	Zustandsgl. (3.6b) mit $\xi(k) = \underline{0}$, $\underline{F}(k) = \underline{I}$	Schätzwerte		Abschätzung von Parameterwerten aus Korrelationsprodukten mit Filteralgorithmus.
PT-2 Glied mit variabler Dämpfung	Spezielle Zufallssignale	Kreuzkorrelationsfläche		Simulationsergebnisse: Verzögerungsglied 2. Ordng.	Anwendung eines Polaritätskorrelators.
Strecke mit variabler Totzeit	zufällig	Abschätzung der Totzeit aus KKF.		Simulationsergebnisse	Kombination von Korrelations- und Modellreferenzverfahren

Gewichtsfunktionsfläche.

Eine Erweiterung der Arbeit [3.23] nimmt POLLON [3.25] vor.
Gesucht ist die Übertragungsfunktion W(s) eines linearen, zeitinvarianten Hilfsmodells, das dem zu untersuchenden,zeitvarian-
ten,in Serie geschaltet den Erwartungswert des Quadrates des
Differenzsignals zwischen Ein- und Ausgangssignal minimiert.

$$E\{[y(t) - u^*(t)]^2\} \to \text{Min}$$

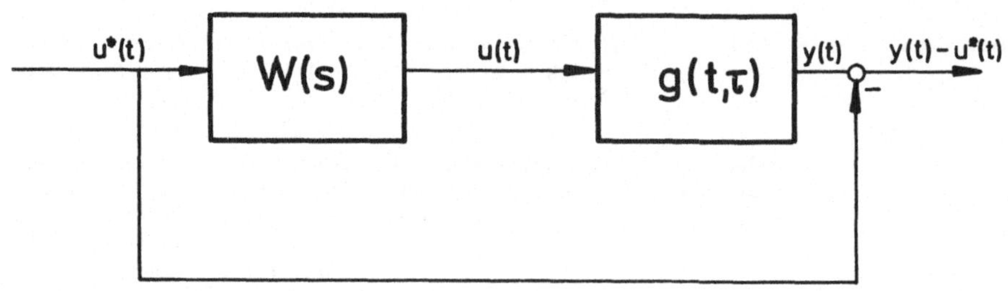

Bild 3.10

Für das zu testende zeitvariante System wird demnach die Er-
satzübertragungsfunktion 1/W(s) angenommen. Diese Ersatzüber-
tragungsfunktion wird durch Parallelschaltung zweier zeitinvarianter Übertragungsglieder mit den Gewichtsfunktionen $g_1(\tau)$
und $g_2(\tau)$ und den Ausgangssignalen $y_1(t)$ und $y_2(t)$ nachgebildet. Unter bestimmten Voraussetzungen ergibt sich für das zu
minimierende Differenzsignal

$$E\{[y_2(t) - u(t)]^2\} + E\{y_1^2(t)\} \to \text{Min}$$

Aus dieser Bedingung errechnet sich die Gewichtsfunktion $g_2(\tau)$
als linearer Zeitmittelwert der Gewichtsfunktion $g(t,\tau)$.Die
Gewichtsfunktion $g_1(\tau)$ berücksichtigt die Parametervariation

und ist durch die "Autotranslationsfunktion" $I(\sigma)$

$$I_{g_1 g_1}(\sigma) = \int_0^\infty E\{g(t,\tau)\}E\{g_1(t,\tau-\sigma)\}d\sigma -$$

$$\int_0^\infty E\{g_1(t,\tau)g(t,\tau-\sigma)\}d\sigma$$

bestimmt. An dem zu untersuchenden zeitvarianten System wird
durch Zeitmittelung (symbolisiert durch waagrechte Striche) die
Funktion

$$Z(\sigma) = \overline{x^2(t)} - \overline{x^2(t) \int_0^\infty y(t-\alpha)y(t-\alpha-\sigma)d\alpha}$$

gemessen und gezeigt, daß gleich wie in [3.23]

$$Z(\sigma) = I_{g_1 g_1}(\sigma) + I_{g_2 g_2}(\sigma)$$

gilt. Aus der berechneten Funktion $Z(\sigma)$ können, wie in der Arbeit ausführlich beschrieben, Mittelwert und Autokorrelationsfunktion von $g(t,\tau)$ ermittelt werden. Die Arbeit enthält Versuchsergebnisse eines einfachen zeitinvarianten Netzwerks.

Ein Hilfsmodell nach Bild 1.12 verwendet FELLEN [3.24]. Das
zu identifizierende zeitvariante System wird als separierbares
System betrachtet und durch eine Parallelschaltung von n zeitinvarianten Teilsystemen mit orthonormalen Übertragungsfunktionen
der Form

$$\Psi_k(s) = \frac{2pk}{s+pk} \prod_{j=1}^{k-1} \frac{s-ip}{s+ip}$$

ersetzt. Darin ist p ein Zeitskalierungsfaktor. Die zeitvarianten Verstärkungen sind stationäre stochastische Prozesse. Messungen statistischer Kenngrößen von Ein- und Ausgangssignalen
gestatten ähnlich [3.25] Mittelwerte, Auto- und Kreuzkorrelationsfunktionen der Parameter zu bestimmen. Die Arbeit enthält

satzsystem, dessen Aktualität bei den erforderlichen Meßzeiten
fraglich erscheint.

In der Arbeit [3.27] versuchen HOFFMANN et al. Unregelmäßig-
keiten in gemessenen Kreuzkorrelationsfunktionen, Rückschlüsse
auf Parametervariationen zu ziehen. Wesentlich ist, daß sich
die Parameter langsam und mit kleiner Amplitude ändern. Es werden zwei Methoden (mehrfach gemittelte, extrapolierte Kreuzkorrelationsfunktion, Matrixkreuzkorrelationsfunktion) entwickelt
und an, auf Digitalrechnern simulierten Verzögerungsgliedern
zweiter Ordnung erprobt. Die drei Systemparameter (Verstärkung,
Zeitkonstante, Dämpfung) variieren sinusförmig. Für große Pe-
riodendauer der Sinusschwingungen (dreizehnfache PZS-Periode)
liefern beide Verfahren, ohne Meßrauschen, zufriedenstellende
Ergebnisse, die sich aber bei vorhandenem Meßrauschen oder
schnelleren Parameterändrungen sehr rasch verschlechtern.
LAWRENCE und DAWSON [3.28] identifizieren den Stabilisierungs-
regelkreis einer rotierenden Schiffsantenne. Das System wird
durch die Rotation zeitvariant, da beispielsweise Trägheitsbe-
anspruchungen und Steifigkeiten sich periodisch ändern. Gemessen werden momentane, gemittelte und stationäre Werte der Kreuzkorrelationsfunktionen, die infolge des verwendeten Eingangs-
PZBS den Werten der Gewichtsfunktion proportional sind.

Die Arbeiten [3.29] bis [3.34] beschäftigen sich nicht direkt mit der Identifikation zeitvarianter Systeme, sondern mit
unerwünschten Einflüssen extrem langsam variierender Parameter
(Drift) auf Kreuzkorrelationsfunktionen. BROWN [3.29] verwendet pseudozufällige diskrete Testsignale mit umgekehrter Wiederholung (inverse repeat-signals) und untersucht den Einfluß einer linearen Drift auf die Kreuzkorrelationsfunktion
eines reinen Totzeitgliedes sowie einer zufälligen Drift auf
den Dampfdruck eines Lamontkessels. In der Arbeit [3.30] werden
3 Verfahren zur Driftelimination angegeben, die mit Summen- oder
Differenzsignalen verschwindenden Mittelwertes arbeiten. Ein-
schränkend ist festzustellen, daß in allen Veröffentlichungen
die Driftkomponenten durch Polynome darstellbar sein müssen.
Die in [3.31], [3.32] und [3.33] angegebenen Drifteliminations-

zwar Beispiele über die Erstellung von Hilfsmodellen, aber keine Versuchsergebnisse.

Die zweite Gruppe beinhaltet die Arbeiten [3.26] bis [3.34]. In ihr sind Identifikationsverfahren zusammengefaßt, die pseudozufällige, diskrete Testsignale verwenden. Gegenüber den Verfahren der ersten Gruppe, welche weiße Gaußprozesse als Eingangsignale voraussetzen, sind sie wesentlich anwendungsbezogener. Mit diesen Verfahren werden lineare, kontinuierliche oder diskrete Eingrößensysteme mit langsam variierenden Parametern identifiziert. Sie betrachten die Systeme als zeitinvariant und liefern teilweise bei vorhandenem Meßrauschen noch zufriedenstellende Ergebnisse in Form der momentanen Kreuzkorrelationsfunktion (Gewichtsfunktion Gleichung (3.16)). Ihre theoretischen Grundlagen finden sich in zahlreichen Arbeiten über die Identifikation zeitinvarianter Systeme mit pseudo-zufälligen diskreten Testsignalen.

BECK et al. verallgemeinern durch Verwendung eines "Lernverfahrens" in der Arbeit [3.26] Identifikationsalgorithmen von zeitinvarianten auf zeitvariante Systeme. Eine a-priori zu bestimmende Gewichtsfunktion (Startmodell) wird durch Messungen laufend verbessert. Nach einer bestimmten Anzahl von Testsignalperioden folgt eine der momentanen Gewichtsfunktion proportionale Kreuzkorrelationsfunktion. Kernstück des *adaptiven Korrelationsverfahrens* ist der Quotient aus den Varianzen der Parameter und des Meßrauschens. Er dient zur Gewichtung früherer Meßwerte. Das Verfahren wurde an einer thermischen Modellregelstrecke, bestehend aus einem elektrisch beheizten Boiler (Eingangsgröße: Heizleistung, Ausgangsgröße: Wassertemperatur) erprobt und die erhaltenen Ergebnisse mit denen herkömmlicher Korrelationsverfahren verglichen. Die Ergebnisse sind bei nur geringfügiger Erhöhung der Meßzeit und des Speicherplatzbedarfes des zur Auswertung verwendeten Digitalrechners wesentlich genauer. Nachteile des Verfahrens dürften die Vielzahl von a-priori Kenntnissen zur Festlegung eines "Startmodells" und die Einschränkungen bezüglich der Parametervariationen und des Meßrauschens sein. Als Ergebnis erhält man ein faktisch zeitinvariantes Er-

verfahren basieren auf der Wahl eines geeigneten Startzeit-
punktes des pseudozufälligen Testsignals. In der Arbeit [3.34]
vergleichen EVANS und WALKER die gegebenen Drifteliminations-
verfahren anhand von Simulationsergebnissen. Da bei den Arbeiten [3.31] bis [3.34] die Driftelimination im Vordergrund steht,
wurden sie nicht in Tabelle 3.6 aufgenommen.

Die Arbeiten der dritten Gruppe [3.35] bis [3.37] weisen keine Gemeinsamkeiten auf. RUBIN [3.35] beschreibt eine Kombination
von Korrelationsverfahren und Filteralgorithmus. Durch Definition
von Korrelationsprodukten zwischen Meßwerten von Ein- und Ausgangssignalen wird die zur Berechnung der Kreuzkorrelationsfunktion notwendige Ensemblemittelung umgangen. Die Matrix der Korre-
lationsprodukte besteht aus den Integranden der Korrelationsma-
trix und ist definiert als

$$\underline{Q}_{yu}(s,r): = \underline{y}(s).u(r-s)^T \qquad \forall\ r,s = 0,1,\ldots,N-1$$

Aus den Elementen von $\underline{Q}_{yu}(s,r)$ wird der Parametervektor $\underline{p}(k)$
eines durch die Zustandsgleichungen (3.6b) mit $\underline{\xi}(k) = \underline{0}$ und
$\underline{F}(k)=\underline{I}$ beschriebenen, diskreten Mehrgrößensystems unter Verwendung eines nichtlinearen Filteralgorithmus abgeschätzt. Das Ver-
fahren gestattet die Abschätzung rasch variierender Systemparameter. Seine Anwendung ist an relativ strenge Voraussetzungen gebunden, die in Tab. 3.6 angeführt sind. FAURE und EVANS [3.37]
bestimmen eine langsam variierende Totzeit an einfachen Strecken
mit Ausgleich und VELTMANN [3.36] mittels eines Polaritätskorre-
lators die Kreuzkorrelationsfläche eines Verzögerungsgliedes
zweiter Ordnung mit variabler Dämpfung.

*Während die auf der Ensemblemittelung beruhenden Verfahren
[3.23] bis [3.25], infolge des relativ großen Rechenaufwandes
und der Voraussetzung ungestörter Systeme wenig praktische Bedeutung erlangt haben, erweisen sich die Näherungsverfahren
[3.26] und [3.27] in vielen Fällen als durchaus praktikabel,
was in einigen Anwendungsbeispielen zum Ausdruck kommt.*

3.3.2 Modellabgleichverfahren

Bei Modellabgleichverfahren werden die Parallelmodelle des
Bildes 3.8 mit analogen Bauelementen realisiert. Sie finden
hauptsächlich dann Verwendung, wenn entweder bereits eine analoge Instrumentierung vorliegt oder die Parameteränderungen so
rasch erfolgen, daß die Rechenzeiten des Digitalrechners zu
groß wären.

Zur Anpassung des Modells an den Prozeß wird der verallgemeinerte Fehler oder der Ausgangsfehler der Gleichungen (3.14)
oder (3.15) nach einem vorgegebenen Gütekriterium $J[\varepsilon(t)]$ minimiert. Häufig Verwendung findet der mittlere quadratische
Fehler $\varepsilon^2(t)$. Das Modell bildet den Prozeß bestmöglich nach,
wenn

$$J[\varepsilon(t)] \to \text{Min}$$

Die Parameterverstellung des Modells kann dabei entweder kontinuierlich (adaptiv) oder diskontinuierlich (nichtadaptiv) erfolgen. Für Modelle zeitvarianter Systeme ist die *nichtadaptive
Parameterverstellung* im allgemeinen zu langsam und wird daher
selten angewandt. Für einfache Problemstellungen werden Modellabgleichverfahren mit mehreren Modellen mit festen Parametern
(Bild 3.11) verwendet. Bild 3.11 zeigt N-Vorwärtsmodelle mit
festen Parameterwerten. $\varepsilon_{A1}(t),\ldots,\varepsilon_{AN}(t)$ sind die entsprechenden Ausgangsfehler nach Gleichung (3.15).

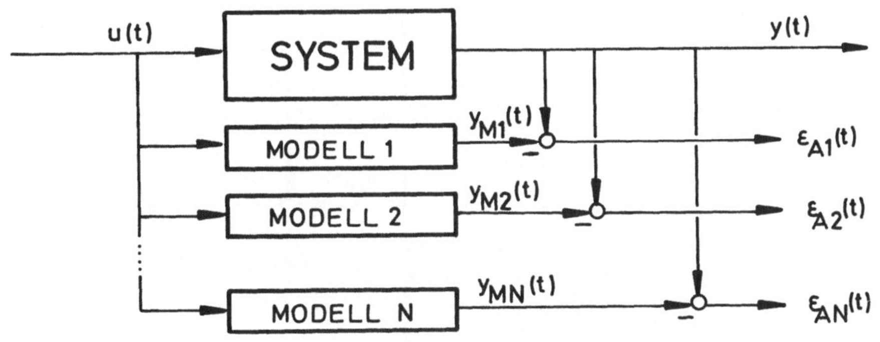

Bild 3.11

Beispielsweise können die Parameterwerte $\underline{p}_i(t_k)$ jenes Modells
mit dem zum betrachteten Zeitpunkt t_k kleinsten quadratischen
Mittelwert des Ausgangsfehlers

$$\varepsilon_{Ai}^2(t_k) \;<\; \varepsilon_{Aj}^2(t_k) \qquad \forall\; j = 1,2,\ldots,i-1,\; i+1,\ldots,N$$

als Parameterschätzwerte $\underline{p}(t_k)$ zum Zeitpunkt t_k dienen. Eine
Minimalauswahlschaltung ermöglicht, laufend Informationen über
die momentanen Parameterwerte zu erhalten. Statt des Ausgangsfehlers findet auch manchmal der verallgemeinerte Fehler Verwendung. Zur Festlegung der Parallelmodelle müssen nicht nur
a-priori Informationen über die Systemstruktur, sondern zum
Unterschied von zeitinvarianten Systemen auch über die Amplitude der Parametervariation vorliegen. Ein weiterer Nachteil
ist, daß mit zunehmender Anzahl und steigender Amplitude der
Parameter sowie mit der erforderlichen Genauigkeit die Anzahl
der Modelle stark ansteigt. Anwendung findet diese Methode bei
Flugregelsystemen.

Modellabgleichverfahren mit *adaptiver Parameterverstellung*
(lernende Verfahren) verwenden ein parametereinstellbares Paral-
lelmodell, welches von einem Anpassungsrechner im Sinne der
Minimierung eines Güteindexes oder Gütefunktionals $J[\varepsilon(t)]$ be-
einflußt wird (Bild 3.12).

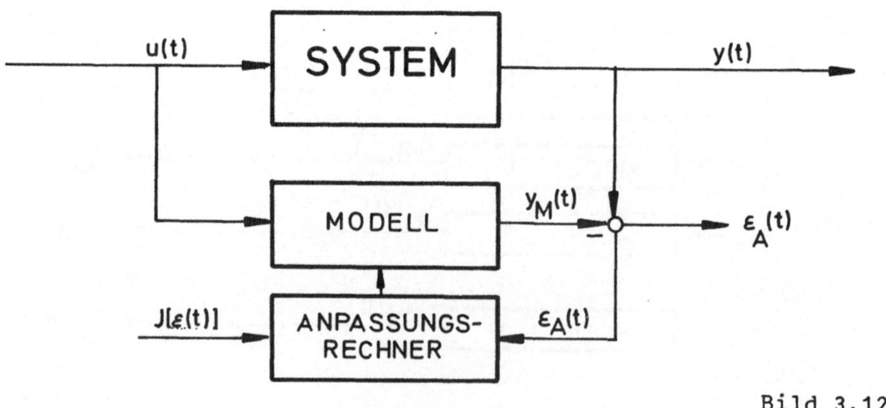

Bild 3.12

Die Parameteradaption kann je nach dem, ob dazu ein Analog-
oder Digitalrechner Verwendung findet, "sequentiell" (zeitabhängig) oder "nichtsequentiell" (zeitunabhängig) erfolgen. Häufig
angewandte Anpassungsalgorithmen basieren auf der Minimierung
geeigneter Güteindizes oder Gütefunktionale von Prozeß- und
Modellausgang sowie unter Umständen ihrer Ableitungen. Die Minimierung erfolgt mittels Gradientenverfahren oder stochastischer Approximation. Manchmal findet auch die zweite Methode
von Ljapunov zur Stabilisierung und Anpassung Verwendung. Dem
Modell wird meist eine Struktur mit separierbarer Gewichts-
und/oder parametrischer Übertragungsfunktion nach Bild 1.11
oder 1.12 zugrundegelegt. Im Falle einer separierbaren parametrischen Übertragungsfunktion sind dann nur noch die zeitvarianten Proportionalbeiwerte im Bild 1.12 zu verändern.

Bei der Anwendung adaptiver Modelle ergeben sich eine Reihe
von Schwierigkeiten. Da die Parameteradaptionsregelkreise nicht
verzögerungsfrei arbeiten, können die Modellparameter nicht beliebig rasch den Systemparametern nachgeführt werden. Die
Systemparameter dürfen sich nicht zu schnell ändern. Eine Verbesserung der Reaktionsschnelligkeit der Nachführregelkreise
z.B. durch Erhöhung der Verstärkungen führt dabei unter Umständen auf Stabilitätsprobleme. Da diese Nachführregelkreise
im höchsten Maße nichtlinear sind, ist eine Stabilitätsunter-
suchung mit Hilfe der Ljapunov'schenMethode oder des Popov'schen
Stabilitätssatzes notwendig,aber nichtsdestoweniger problema-
tisch. Ein großes Anwendungsgebiet adaptiver Modellreferenzver-
fahren ist die Synthese adaptiver Regelungen. Der Anpassungsalgorithmus für den Adaptivregler dient gleichzeitig zur Identifikation (Dualität von Regelung und Identifikation).

Bei den Veröffentlichungen über analoge Modellabgleichverfahren liegt naturgemäß das Schwergewicht auf der Synthese
adaptiver Regler für Regelstrecken mit rasch und mit großer
Amplitude schwankenden Parametern. Die Identifikation tritt
dabei etwas in den Hintergrund, weshalb Tabelle 3.7 nur Arbeiten enthält, die sie ausführlicher behandeln. Die gemeinsamen
Grundlagen der angegebenen Verfahren sind in zahlreichen Büchern

MODELLABGLEICH-VERFAHREN	orientiert: theoretisch	orientiert: anwendungs	unbekanntes System: linear	nichtlinear	kontinuierlich	diskret	Eingänge: einer	Eingänge: mehrere	Ausgänge: einer	Ausgänge: mehrere	A Priori: Parameter	A Priori: Störsignale
PARRY HOUPIS (1970) [3.43]		X	X		X		X		X		3 Parameter indirekt zeitvariant	beliebig
DYMOCK et al. (1967) [3.44]	X	X	X		X		X		X		2 Param. rasch variierend	verschiedene, unbeeinflußbar
NARENDRA TRIPATHI (1972) [3.45]		X	X		X		X		X		zufällig	beliebig
WIESLANDER WITTENMARK (1970) [3.46]		X	X			X	X		X		beliebig	weiße Gaußproz.
KUSHNER (1963) [3.47]	X		X			X	X		X		keine Angaben	beliebig am Ein- und Ausgang
TSE BAR-SHALOM (1973) [3.48]	X	X	X			X	X			X	Gauß-Markov-Prozesse	siehe Kalman (3.29)
VAN AARLE (1973) [3.49]		X	X		X		X		X		stochast. stationär langsam	beliebig

Sonstige	Testsignale	Referenzmodell	Gütekriterium Anpassungsalgorithmus	Anwendungsbeispiele	Bemerkungen
Modellstruktur	beliebig	Digitalrechner Übertragungsfunktion	mittlerer quadratischer Fehler	Adaptive Regelung des Überschallflugzeuges X-15	
Modellstruktur	beliebig	Analogrechner Übertragungsfunktion	mittl. quadrat. Fehler. Verschiedene Anpassungsalg.	Simulationsergebnisse	Diskussion verschiedener Anpassungsalgorithmen
	beliebig			Hubschrauber	
Modellstruktur	beliebig (PZBS)	Digitalrechner Zustands- und Differenzengleichungen	mittl. quadrat. Fehler. Dynamische Programmierung	Simulationsergebnisse von Systemen niederer Ordnung mit meist zeitinvarianten Parametern	Parameterschätzung mit Kalmanfilter. Kombination Modellreferenzverfahren Optimale Regelung
	beliebig weiße Gaußprozesse	Ein- oder zwei Parallelmodelle. Gewichtsfkt.	mittl. quadrat. Fehler. Stoch. Version des "steepest descent"		Abschätzung der Param. der Gewichtsfunktion mit Iterationsverfahren erster Ordnung
	beliebig	Digitalrechner Zustandsgleichungen	Spez. Gütefunktional Suchverfahren + Interpolation	Simulationsergebnisse System 3. Ordnung mit 6 zeitvarianten Param.	Adaptives Lernverfahren
verschied.	PZBS	Prozeßrechner Übertragungsfunktion	Mittl. quadrat. Fehler der Kreuzkorrfkt. Gradientenverf.	DDC geregelte Crackanalge. Linearer und quadrat. Mittelwert der Parameter	Adaptive Regelung von Destillationskolonnen

über adaptive Regelungen, wie z.B. [3.41] und [3.42] ausführlich dargestellt. Bei Flugregelungen traten erstmalig Regelstrecken mit stark variierenden dynamischen Eigenschaften auf,
die nur mittels adaptiver Regler beherrschbar waren. Die ersten
Arbeiten über adaptive Regelungen behandelten daher diesen Problemkreis.

Mit Nickwinkelregelkreisen von Hochleistungsflugzeugen beschäftigen sich die Arbeiten [3.43] und [3.44]. Die Übertragungsfunktion zwischen Ruderwinkel und Nickwinkel ist näherungsweise
als Serienschaltung eines PD1- und eines PT2-Gliedes darstellbar. Die Verstärkung sowie die Dämpfung und die Zeitkonstante
des PT2-Gliedes sind sehr stark (bis 1:10) von der Machzahl und
der Flughöhe abhängig - also indirekt zeitvariant. PARRY und
HOUPIS [3.43] simulieren das Referenzmodell auf einem Digitalrechner, der auch die Parameteranpassung übernimmt - während
DYMOCK [3.44] ein analoges Modell verwendet. Eine Diskussion
geeigneter Anpassungsalgorithmen ("hill climbing" und verschiedene Gradientenverfahren) findet sich in der Übersichts-
arbeit [3.44], während sich die Arbeit [3.43] hauptsächlich mit
der adaptiven Regelung des Überschallflugzeuges X-15 beschäftigt. Da die Parameter in beiden Fällen sehr rasch schwanken,
müssen Ein- und Ausgangssignal in kurzen Zeitintervallen
(0,01s) abgetastet werden. NARENDRA und TRIPATHI [3.45] stu-
dieren die adaptive Regelung eines Helikopters.

Unter bestimmten Voraussetzungen kann, wie WIESLANDER und
WITTENMARK [3.46] zeigen, der adaptive Regler in einen Identi-
fikations- und Regelteil aufgespalten werden. Die Regelstrecke
wird durch eine Differenzengleichung (1.43) beschrieben. Der
verwendete Echtzeitidentifikationsalgorithmus ist ein Kalmanfilter. Diskutiert werden Versuchsergebnisse von einfachen simulierten Übertragungsgliedern mit pseudozufälligen Binärsig-
nalen als Eingänge und teilweise zeitinvarianten Parametern.
Die sehr stark theoretisch orientierte Arbeit [3.47] behandelt
die Abschätzung von Parametern der Gewichtsfunktion mit einem
Iterationsverfahren. Je nach vorliegenden a-priori Informationen
sind ein oder zwei Parallelmodelle erforderlich. Das Fehler-

signal wird nach einem quadratischen Gütekriterium minimiert.
Als Anpassungsalgorithmus findet eine stochastische Version
des "steepest descent" Verwendung. Ein adaptives Lernverfahren
zur Regelung eines Systems mit stochastischen Parametern beschreiben TSE und BAR-SHALOM [3.48]. Die Regelung plant den
zukünftigen Lernalgorithmus im Sinne eines quadratischen Kriteriums.

Die Notwendigkeit adaptiver Regelungen für Destillations-
kolonnen untersucht VAN AARLE [3.49]. In diesem Zusammenhang
werden aus Korrelationsmessungen mit pseudozufälligen Binär-
signalen zeitinvariante Grundmodelle sowie lineare und quadratische Mittelwerte von Parametern einer DDC geregelten Hoch-
vakuumdestillationskolonne bestimmt. Die Parameter ändern sich
um einen Faktor 2-3. Der Prozeßrechner dient sowohl zur Erzeugung der Testsignale als auch zur Berechnung und Aufzeichnung
der Kreuzkorrelationsfunktionen. Zur Minimierung des Fehlersignals findet ein quadratisches Kriterium, als Anpassungsalgorithmus ein Gradientenverfahren Verwendung. Eine Formel für
den mittleren quadratischen Ausgangsfehler in Abhängigkeit von
den Spektraleigenschaften der als bekannt vorausgesetzten Parameter und dem Meßrauschen leitet PERLIS [3.50] ab. Es zeigt
sich, daß für große Rauschamplituden der Einsatz kvon Schmal-
bandfiltern den Fehler verkleinert. Die Parameter werden allerdings dadurch unter Umständen wesentlich verfälscht.

*Die angeführten Modellabgleichverfahren weisen teilweise
starke Querverbindungen zu Filterverfahren und Methoden der
optimalen Regelung auf. Sie sind relativ stark anwendungsorientiert.*

3.3.3 Optimierungsverfahren

Optimierungsverfahren können leicht zur Parameterschätzung
mittels Modellabgleichverfahren (Abschnitt 3.3.2) angewandt
werden. Eine regelungstechnische Optimierungsaufgabe ist der
Entwurf eines Reglers, welcher ein vorgegebenes System von
einem Anfangszustand $\underline{x}(t_o)$ in einen Endzustand $\underline{x}(t_1)$ unter Ein-

haltung vorgegebener Bedingungen (minimale Zeit, minimale Ener-
giekosten usw.) überführt. Gesucht ist jener Eingangs-(Steuer-)
vektor $\underline{u}(t)$, der das Funktional

$$J = \int_{t_o}^{t_1} L[\underline{x}(t),\underline{y}(t),t]dt \rightarrow \text{Min}$$

minimiert. Das Optimierungsproblem kann auf die Parameterschätzung mittels Modellabgleichverfahren (Abschnitt 3.3.2) angewandt werden. Gesucht ist ein Parametervektor, der ein vorgegebenes Fehlerfunktional, beispielsweise den mittleren quadratischen Ausgangsfehler minimiert. Der Modellausgang $\underline{y}(t)$ als
Funktion des Modellzustandes $\underline{x}_M(t)$ und des Vektors der Modellparameter $\underline{p}_M(t)$ übernimmt die Rolle des Eingangsvektors $\underline{u}(t)$.
Er ist mittels $\underline{p}_m(t)$ so lange zu variieren, bis das Funktional J
bei gegebenem Eingangsvektor zu einem Minimum $\hat{J}$ wird. Die zu
diesem Zeitpunkt eingestellten (optimalen) Modellparameter sind
Schätzwerte $\hat{\underline{p}}_M(t)$ für die aktuellen Systemparameter $\underline{p}(t)$. Für
die Zustands- und Parameterschätzung ist $\underline{p}_M(t)$ sinngemäß durch
den erweiterten Zustandsvektor $\underline{x}^*(t)$ nach Gleichung (3.12) zu
ersetzen.

Die Lösung der Optimierungsaufgabe kann entweder *direkt* oder
indirekt erfolgen. Direkte Lösungsverfahren bestimmen die Parameterwerte unmittelbar aus dem Funktional J. Indirekte Lösungsverfahren leiten aus dem Funktional notwendige Bedingungen für
den optimalen Parametervektor $\underline{p}_M(t)$ ab und ermitteln ihn aus
diesen. Diese Bedingungen werden mit Hilfe der Variationsrech-
nung, der dynamischen Programmierung und des Maximumprinzips auf-
gestellt. Sie werden durch iterative Rechenverfahren sukzessive
erfüllt und führen bei sichergestellter Konvergenz auf die optimalen Parameterschätzwerte $\hat{\underline{p}}_M(t)$. Häufig angewandte Iterationsverfahren sind:

Gradientenverfahren:
  Sie sind am weitesten verbreitet, konvergieren aber meist in
  der Nähe des Optimums $\hat{\underline{p}}_M(t)$ langsam. Deshalb finden manchmal

162

Methoden der zweiten Variation Verwendung, die aber einen
wesentlich größeren rechnerischen Aufwand bedingen [2.4].

Quasilinearisierung:

Sie führen das nichtlineare Zweipunkt-Randwertproblem in ein
System von linearen instationären Randwertproblemen über. Es
ergeben sich, meist infolge der starken Abhängigkeit von den
Anfangswerten $\hat{p}_M(t_o)$ Konvergenzschwierigkeiten. Deshalb werden zur Festlegung von $\hat{p}_M(t_o)$ meist Gradientenverfahren be-
nutzt. Die Methode der Quasilinearisierung wurde erstmals von
LEE [3.51] auf zeitvariante Systeme angewandt.

"Invariant imbedding":

Das nichtlineare Zweipunkt-Randwertproblem wird in ein System
von stationären Randwertproblemen "eingebettet" [3.51]. Der
Vorteil gegenüber der Quasilinearisierung ist der größere Kon-
vergenzbereich. Es ist ein direktes rechnerorientiertes Verfahren.

Shooting Verfahren:

Shooting Verfahren [3.52] berechnen die unbekannten Anfangsbedingungen des nichtlinearen Zweipunkt-Randwertproblems iterativ. Die Anfangsbedingungen werden solange variiert, bis
die Randbedingungen mit genügender Genauigkeit erfüllt sind.
Über ihre spezielle Anwendung für den gegenständlichen Problemkreis liegen noch sehr wenige Erfahrungen vor.

Indirekte Verfahren sind für zeitvariante Systeme besser geeignet als direkte, da die Parameterschätzwerte analytisch bestimmt
werden können. Allerdings ist dazu die Lösung eines nichtlinearen Zweipunkt-Randwertproblems erforderlich.

In den Arbeiten dieser Gruppe tritt naturgemäß die Identifikation und Parameterschätzung sehr stark in den Hintergrund.
Die Parameter sind meist implizit in dem gewählten Gütekriterium
enthalten und werden häufig mit Filteralgorithmen abgeschätzt
(Dualität zwischen Filterung und optimaler Regelung). Eine Übersicht ausgewählter Verfahren, welche die Identifikation ausführ-

licher behandeln, gibt Tabelle 3.8.

Ein zweistufiges Schätzverfahren, bei dem das lineare System
in einen zeitvarianten und in einen zeitinvarianten Teil zerlegt wird, geben HANAFY und BOHN [3.53] an. Die Parameter des
zeitvarianten Teiles werden als Reglereingänge betrachtet und
der Regler nach einem quadratischen Kriterium optimiert. Die
damit verbundene Lösung des Zweipunkt-Randwertproblems ergibt
Schätzwerte für die instationären Parameter. Stationäre Parameter werden automatisch mitgeschätzt. Das Verfahren ist, wie
zahlreiche Simulationsergebnisse an Systemen bis maximal dritter Ordnung mit meist sinusförmig variierenden Parametern zeigen, relativ einfach anzuwenden. Die optimale Regelung eines
Flugzeugabwehrgeschützes durch den Menschen untersuchen
KLEINMANN und PERKINS [3.54]. Die schnell veränderlichen stochastischen Parameter des Systems werden mit einem Kalmannfil-
ter abgeschätzt.

Zur Synthese einer optimalen Stellgröße in Form einer Linear-
kombination orthonormaler Polynome in t leiten MEDITCH und
GIBSON [3.55] ein quadratisches Gütekriterium ab. Dessen Minimierung ergibt einen Satz abschnittweise optimaler Regelalgo-
rithmen. Als Anwendungsbeispiel wird eine am Analogrechner simulierte PT2-Strecke betrachtet. Ihre Dämpfung variiert säge-
zahnförmig und mit so großer Amplitude, daß die Regelung bei
deren Extremwerten entweder zu langsam reagiert oder instabil
wird.

In der Arbeit [3.56] werden einfache *lernende Identifikationsregelkreise* zur adaptiven oder optimalen Regelung verglichen.
Die Identifikationsregelkreise verwenden ausschließlich Multiplikation und Integration als Lernalgorithmen sowie sinusförmige
oder stationäre stochastische Eingangssignale. Es werden hauptsächlich lineare zeitinvariante Eingrößensysteme behandelt -
aber Ausblicke auf die Identifikation nichtlinearer zeitvarianter Mehrgrößensysteme gegeben. Die Arbeit von DRENICK und SHAW
[3.57] zeigt, daß eine kontinuierliche oder diskrete zeitvariante Regelstrecke nur dann im Sinne eines quadratischen Kriteriums

Tabelle 3.8

OPTIMALE REGELUNG	orientiert: theoretisch-	orientiert: anwendungs-	Unbekanntes System: linear	nichtlinear	kontinuierlich	diskret	Eingänge: einer	Eingänge: mehrere	Ausgänge: einer	Ausgänge: mehrere	A Priori Informationen	Gütekriterium	Anwendungsbeispiele	Bemerkungen
HANAFY BOHN (1973) [3.53]	X	X	X		X		X	(X)	X	(X)	$\underline{A}(t) = \underline{A}_p + \underline{A}_v(t)$	Quadratisches Gütekriterium oder Ljapunovfunktion; "steepest descent"	Simulationsergebnisse: Systeme 1., 2. und 3. Ordnung mit sinusförmig variierenden Parametern	Zweistufiges kombiniertes Schätz- und Filterverfahren
KLEINMAN PERKINS (1962) [3.54]		X	X		X		X	(X)	X	(X)	Parameter: schnell zufällig	Quadratisches Gütekriterium	Optimale Regelung eines Flugzeugabwehrgeschützes durch einen Menschen	Ausführliche Versuchsergebnisse
MEDITCH GIBSON (1962) [3.55]		X	X		X		X		X		keine näheren Angaben	Quadratisches Gütekriterium	Simulationsergebnisse: Verzögerungsglied 2. Ordnung mit Sägezahnförmig variierender Dämpfung	Prozeß durch Gewichtsfunktion gekennzeichnet
EYKHOFF SMITH (1962) [3.56]		X	X		X		X		X		maximal ein instationärer Parameter	Quadratisches Gütekriterium	Simulationsergebnisse: zeitinvariante Systeme niederer Ordnung	Vergleich von Adaption und Optimierung, Verwendung eines „Identifikationsregelkreises".
DRENICK SHAW (1964) [3.57]	X		X		X	X	X		X		Parameter zufällig	mittlerer quadratischer Fehler	Rechenbeispiel: Verzögerungsglied 1. Ordnung	
MC. BRIDE NARENDRA (1965) [3.58]	X		X	(X)	X		X	(X)	X	(X)	Parameter langsam (schnell schwierig)	mittlerer quadrat. Fehler		Verwendung eines Gradientenrechners
SOOD (1973) [3.59]		X		X	X		X	(X)	X	(X)	keine näheren Angaben	Quadratisches Gütekriterium	Simulationsergebnisse: Verzögerungsglied 1. Ordnung mit sprungförmigen Parameteränderungen	Rekursives Verfahren
KU ATHANS (1973) [3.60]	X	X	X			X		X		X	Parameter: Gauß-Markovprozesse und weitere	Spezielles Gütekriterium	Simulationsergebnisse: Verzögerungsglied 1. Ordnung	Suboptimale Regelung. Parameter- und Zustandsschätzung mit erweitertem Kalmanfilter nach [2.2]

optimal regelbar ist, wenn ihre Parameter bestimmten notwendigen und hinreichenden Bedingungen genügen. Die Parameter werden als stochastische Prozesse vorausgesetzt und die Fälle - alle Parameter weiße Gaußprozesse, ein Parameter gaußisch, alle Parameter beobachtbar, langsame Parameteränderungen - ausführlich behandelt.

Ein Identifikationsverfahren unter Verwendung eines Gradientenrechners und eines selbstoptimierenden Modells für langsame Parameteränderungen geben Mc BRIDE und NARENDRA [3.58] an. Der Gradientenrechner arbeitet analog in Echtzeit und berechnet im wesentlichen für jeden Parameter die Empfindlichkeitsfunktionen erster Ordnung. Bei schnellen Parameteränderungen steigt der gerätetechnische Aufwand sehr rasch an. Die Arbeit enthält keine Versuchs- oder Rechenergebnisse. SOOD behandelt in seiner Arbeit [3.59] nichtlineare zeitvariante Systeme. Er gibt jedoch Versuchsergebnisse eines Verzögerungsgliedes erster Ordnung mit einem stückweise konstanten, sich sprungförmig ändernden Parameter an.

KU und ATHANS [3.60] verwenden zur suboptimalen Abschätzung der stochastischen Parameter eines Systems mit einem Eingang und mehreren Ausgängen ein erweitertes Kalmanfilter nach [2.2]. Das Verfahren kann für Systemparameter,die der Gleichung (3.11) genügen, erweitert werden. Für $G(k) = \underline{I}$ ist es direkt anwendbar. Die Arbeit enthält Identifikationsergebnisse eines simulierten, optimal geregelten PT1-Gliedes mit konstanter Verstärkung und Zeitkonstante.

Die besprochenen Methoden können meist als anwendungsorientiert eingestuft werden. Sie benötigen relativ wenige apriori Informationen und verwenden durchwegs quadratische Gütefunktionale.

3.3.4 Parameterschätzverfahren

Die in Abschnitt 3.3.2 besprochenen analogen Modellabgleichverfahren werden,bedingt durch den Einsatz von Digitalrechnern

166

in zunehmendem Maße durch digitale Parameterschätzverfahren verdrängt. Von den bekannten Parameterschätzverfahren ist nur die Bayes-Methode von Haus aus zur Ermittlung zeitvarianter Parameter geeignet. Da sie jedoch eine Vielzahl von a-priori Informationen benötigt, wurde versucht, rekursive Parameterschätzverfahren für zeitinvariante Systeme auf zeitvariante Systeme anzuwenden. Der Abschnitt besteht daher aus zwei Teilen: Zuerst werden Verfahren, die auf bedingten Verteilungsdichtefunktionen (Bayesschätzung) beruhen, und sodann andere für zeitvariante Systeme modifizierte Parameterschätzverfahren besprochen.

3.3.4.1 Bayesschätzung

Die Bayesschätzung soll hier für den allgemeinsten Fall der Zustands- und Parameterschätzung skizziert werden. Die angegebenen Gleichungen gelten natürlich auch für die Parameterschätzung. Sinngemäß ist dann für den erweiterten Zustandsvektor $\underline{x}^*$ der Parametervektor $\underline{p}$ einzuführen.

Die Bayesschätzung ermöglicht es, aus der Verteilungsdichtefunktion $p[\underline{x}^*(k+1)/\underline{Y}(k+1)]$ des erweiterten Zustandsvektors $\underline{x}^*(k+1)$, bedingt durch Meßwerte bis zum Zeitpunkt t_{k+1} $\underline{Y}(k+1)$, Schätzwerte $\underline{\hat{x}}^*(k+1)$ für Parameter und Zustandsvariable zu bestimmen. Die Verteilungsdichtefunktion $p[\underline{x}^*(k+1)/\underline{Y}(k+1)]$ wird nach den Messungen, also *a posteriori* ermittelt. Die Meßwerte der Ausgangsgrößen zu verschiedenen Zeitpunkten und die bedingten Verteilungsdichtefunktionen $p[\underline{x}^*(k)/\underline{Y}(k)]$ und $p[\underline{u}(k),\underline{v}(k)/\underline{x}^*(k)]$ müssen hingegen a priori bekannt sein. Gesucht ist ein Schätzwert $\underline{\hat{x}}^*(k+1)$ zum Zeitpunkt t_{k+1} aus den Messungen $\underline{Y}(k+1)$. Als Ergebnis erhält man die bedingte Verteilungsdichtefunktion

$$p[\underline{x}^*(k+1)/\underline{Y}(k+1)] = \frac{p[\underline{x}^*(k+1),\underline{y}(k+1)/\underline{Y}(k)]}{p[\underline{y}(k+1)/\underline{Y}(k)]}$$

(3.19)

Die Schätzwerte für den erweiterten Zustandsvektor $\underline{\hat{x}}^*(k+1)$ können nur aus Gleichung (3.19) nach verschiedenen Kriterien (de-

ren Auswahl vom speziellen Problem abhängt) bestimmt werden.
Häufig angewandte sind beispielsweise:

Der *Schätzwert größter Wahrscheinlichkeit* ist der zum Maximum
von $p[\underline{x}^*(k+1)/\underline{Y}(k+1)]$ gehörende Wert $\hat{\underline{x}}^*(k+1)$.
Der *Schätzwert kleinster Varianz* minimiert

$$\int_{-\infty}^{+\infty} |\underline{x}^*(k+1)-\underline{x}^*(k+1)|^2 p[\underline{x}^*(k+1)/\underline{Y}(k+1)]d\underline{x}^*(k+1)$$

Der *Schätzwert des kleinsten Fehlers* (Minimaxschätzung) minimiert das Maximum des Fehlers

$$\text{Max } |\underline{x}^*(k+1) - \hat{\underline{x}}^*(k+1)| \rightarrow \text{Min}$$

Die Grundgedanken der Bayesschätzung sind ausführlich in [1.24]
und [3.9] dargelegt. Die Anwendung der Bayesschätzung zur Ermittlung von zeitvarianten Systemparametern scheitert meist an
den zahlreichen a-priori Informationen. Es müßten nicht nur die
Verteilungsdichtefunktionen der Parameter, sondern auch jene
des Meßrauschens bekannt sein. Für ein lineares zeitvariantes
System mit den Zustandsgleichungen (1.50) und $\underline{D}(k) = \underline{0}$ ergibt
die Bayesschätzung unter Berücksichtigung der Voraussetzungen
die diskreten Filtergleichungen nach Kalman (vgl. Abschnitt
3.3.8).

Über die Anwendung der Bayes-Methode zur Parameterschätzung
von linearen zeitvarianten Systemen sind wahrscheinlich wegen
der vielen erforderlichen a-priori Informationen verhältnismäßig wenige Veröffentlichungen bekannt geworden. Deshalb werden in Tab. 3.9 auch Arbeiten eingereiht, die zwar bedingte Verteilungsdichtefunktionen verwenden, sonst aber nicht unbedingt
den üblichen Lösungsweg beschreiten.

LARMINAT und TALLEC [3.61] schätzen mittels eines suboptimalen Filteralgorithmus Zustandsvariable und Parameter eines
nichtlinearen zeitvarianten Mehrgrößensystems. Der erweiterte
Zustandsvektor nach Gleichung (3.12) wird in eine Taylorreihe
entwickelt und diese nach dem zweiten Glied abgebrochen. Mit

einigen zusätzlichen Annahmen folgen Rekursionsgleichungen
die bedingten Erwartungswerte. Das Verfahren nimmt eine Zwischenstellung zwischen Filteralgorithmen und Bayesschätzung ein. Seine Leistungsfähigkeit wird an einem simulierten System mit vier
konstanten Parametern demonstriert.

Zeitvariante Systeme, deren bedingte Verteilungsdichten für
Parameter und Zustandsvariable gaußisch sind, betrachten FURUTA
und PAQUET [3.62]. Die Methode beruht auf der Minimierung einer
"Verlustfunktion"

$$E\{(\underline{p}(k)-[\underline{p}(k)/\underline{y}(k),\underline{u}(k)])^2/\underline{y}(k),\underline{u}(k)\}$$

mit dem Vektor der Meßwerte des Ausgangssignals $\underline{y}(k)$ und dem
Vektor der Meßwerte des Eingangssignals $\underline{u}(k)$. Als Anwendungsbeispiel dient ein Verzögerungsglied erster Ordnung mit einem
stochastisch variierenden Parameter und einem pseudozufälligen
Binärsignal als Eingang. Für drei verschiedene Störsignale
stimmen die Parameterschätzwerte zufriedenstellend mit den tatsächlichen Parameterwerten überein. Das Verfahren kann auf
Systeme höherer Ordnung verallgemeinert werden. Diese Methode
wendet RODEL [3.63] auf einen adaptiven Regelkreis an. Es werden zahlreiche Versuchsergebnisse angegeben. Schließlich beschäftigt sich die Arbeit [3.64] mit der Bayesschätzung bei
intermittierenden Beobachtungen. Die Beobachtungen erfolgen
nach einer zweistufigen Markovkette mit unbekannten Übergangs-
wahrscheinlichkeiten.

3.3.4.2 Modifizierte Parameterschätzverfahren zeitinvarianter Systeme

Die Bayes-Methode diente zur Schätzung stochastisch variierender Systemparameter. Beschränkt man sich auf die Schätzung konstanter Parameter, kann man für die Bayesschätzung im
interessierenden Parameterbereich eine Gleichverteilung annehm-
men. Die Verteilungsdichtefunktion der Systemparameter ist
konstant. Schreibt man Gleichung (3.19) für die Parameter
alleine an

$$p[\underline{p}(k+1)/\underline{Y}(k+1)]] = \frac{p[\underline{p}(k+1),\underline{y}(k+1)/\underline{Y}(k)]}{p[\underline{y}(k+1)/\underline{Y}(k)]} \qquad (3.19a)$$

und formt diese mit der Bayesregel um, ergibt sich die Beziehung

$$p[\underline{p}(k+1)/\underline{Y}(k+1)] = \frac{p[\underline{y}(k+1)/\underline{p}(k+1)] \; p[\underline{p}(k+1)]}{p[\underline{y}(k+1)/\underline{Y}(k)]} \qquad (3.19b)$$

Beim Schätzwert größter Wahrscheinlichkeit der Bayesschätzung
sind jene Parameterwerte $\hat{\underline{p}}(k+1)$ zu suchen, welche den Nenner
von (3.19b) $p[\underline{y}(k+1)/\underline{p}(k+1)]$ .p $[\underline{p}(k+1)]$ zu einem Maximum machen.
Für konstante Systemparameter gilt nach den obigen Ausführungen
$p[\underline{p}(k+1)]$ = const, womit sich die zu maximierende Funktion der
Bayesschätzung auf $p[\underline{y}(k+1)/\underline{p}(k+1)]$ reduziert. Dies ist aber
gerade die bei der *Maximum-Likelihood-Schätzung* zu maximierende
bedingte Verteilungdichtefunktion (die Likelihood Funktion). Da
die Meßwerte $\underline{y}(k)$ nicht statistisch unabhängig voneinander sind,
verwendet man an ihrer Stelle die Werte des Fehlersignals $\underline{\varepsilon}(k)$
und bildet die Funktion ln p $[\underline{\varepsilon}(k+1)/\underline{p}(k+1)]$, die durch $\underline{p}(k)$ zu
einem Maximum gemacht werden soll. Dies geschieht durch Lösen
der Maximum-Likelihood-Gleichung.

Ist der Fehler $\underline{\varepsilon}(k)$ normal verteilt mit dem linearen Mittelwert 0 und der Kovarianzmatrix $\underline{V}_\varepsilon$, folgt für den Logarithmus der
Likelihood-Funktion

$$\ln p[\underline{e}/\underline{p}] = -\frac{1}{2}\,\underline{\varepsilon}^T\,\underline{V}_\varepsilon^{-1}\,\underline{\varepsilon} + \text{const} \qquad (3.20)$$

Zu minimieren ist eine quadratische Verlustfunktion des mit der
Inversen ihrer Kovarianzmatrix gewichteten Fehlers $\underline{\varepsilon}$.Dies entspricht der Problemstellung der *Methode der gewichteten klein-
sten Quadrate* (Markov-Schätzung). Als Schätzwert $\hat{\underline{p}}$ für den Parametervektor $\underline{p}$ folgt mit der Matrix der abgetasteten Modell-
eingangsgrößen $\underline{U}$ und dem Vektor der Meßwerte der Systemaus-
gangsgröße $\underline{y}$

$$\underline{\hat{p}} = [\underline{U}^T \underline{V}_\epsilon^{-1} \underline{U}]^{-1} \underline{U}^T \underline{V}_\epsilon^{-1} \underline{y} \qquad (3.21)$$

Ist $\underline{\epsilon}(k)$ statistisch unabhängig, dann ist auch die Kovarianzmatrix $\underline{V}_\epsilon$ eine Diagonalmatrix und (3.21) geht über in

$$\underline{\hat{p}} = [\underline{U}^T \underline{U}]^{-1} \underline{U}^T \cdot \underline{y} \qquad (3.22)$$

die Schätzgleichung der *Methode der kleinsten Quadrate*.

Einen Algorithmus zur rekursiven Parameterschätzung erhält
man durch Umwandeln von Gleichung (3.22) in eine rekursive
Gleichung. Mit der Abkürzung $\underline{P}(k) = [\underline{U}^T(k) \underline{U}(k)]^{-1}$ ergibt sich
die Schätzgleichung der *rekursiven Methode der kleinsten Qua-
drate*.

$$\underline{\hat{p}}(k+1) = \underline{\hat{p}}(k) + \underline{P}(k+1)\underline{U}(k+1)[y(k+1) - \underline{U}^T(k+1)\underline{\hat{p}}(k)]$$

$$(3.23)$$

Der neue Schätzwert zum Zeitpunkt (k+1) $\underline{\hat{p}}(k+1)$ ist der alte
Schätzwert zum Zeitpunkt k $\underline{\hat{p}}(k)$ plus der Differenz aus neuem
Meßwert y(k+1) und dem vorhergesagten neuen Meßwert aufgrund
der Parameter des vorhergehenden Schrittes $\underline{U}^T(k+1)\underline{\hat{p}}(k)$multipli-
ziert mit einem Korrekturfaktor $\underline{P}(k+1)$ $\underline{U}(k+1)$. Zur Berechnung
von $\underline{P}(k+1)$ ist eine Matrizeninversion notwendig. Diese kann jedoch nach [3.1] umgangen werden. Mit dem Korrekturfaktor $\underline{g}(k)$
ergeben sich dann die zumeist verwendeten Schätzgleichungen

$$\underline{\hat{p}}(k+1) = \underline{\hat{p}}(k) + \underline{g}(k)[y(k+1) - \underline{U}^T(k+1)\underline{\hat{p}}(k)]$$

$$\underline{g}(k) = [\underline{U}^T(k+1) \underline{P}(k) \underline{U}(k+1) +1]^{-1} \underline{P}(k) \underline{U}(k+1)$$

$$\underline{P}(k+1) = [\underline{I} - \underline{g}(k) \underline{U}^T(k+1)]\underline{P}(k) \qquad (3.23a)$$

Durch Definition einer Hilfsvariablenmatrix $\underline{W}$ folgt aus der
Schätzgleichung der Methode der kleinsten Quadrate (3.22) die
Schätzgleichung für die Parameter nach der *Methode der Hilfs-
variablen* (instrumental variables)

Tabelle 3.9

PARAMETER-SCHÄTZ-VERFAHREN	orientiert theoretisch-	orientiert anwendungs-	linear	nichtlinear	kontinuierl.	diskret	Eingänge einer	Eingänge mehrere	Ausgänge einer	Ausgänge mehrere	Methode
LARMINAT TALLEC (1970) [3.61]				X		X		X		X	Bayes-Methode
FURUTA PAQUET (1969) [3.62]						X	X		X		Bayes-Methode
RODEL (1971) [3.63]						X	X		X		Bayes-Methode
SAWARAGI et al. (1973) [3.64]						X		X		X	Bayes-Methode
SAGE WAKEFIELD (1972) [3.65]	X			X	X	X		X		X	Maximum Likelihood Methode
BANKA (1976) [3.66]	X	X	X			X	X		X		Maximum Likelihood Methode
BOHLIN (1976) [3.67]		X	X			X	X		X		Maximum Likelihood Methode
KREUZER (1977) [3.68]	X	X	X		X			X		X	Rekursive Methode der gewichteten kleinsten Quadrate
SCHEURER (1975) [3.69]	X		X			X	X		X		Methode der kleinsten Quadrate (nicht rekursiv)
YOUNG (1970) [3.70]	X		X			X	X		X		Methode der Hilfsvariablen
BAUER UNBEHAUEN (1977) [3.71]		X	X			X		X		X	Methode der Hilfsvariablen

A Priori Informationen	System	Anwendungsbeispiele	Bemerkung
Siehe Veröffentlichung	Siehe Veröffentlichung	Simuliertes System	Rekursionsgleichungen für bedingte Erwartungswerte
$\underline{x}(k)$ und $\underline{p}(k)$ gaußverteilt	Gleichungen (3.13)	Simuliertes Verzögerungsglied erster Ordnung	Minimierung einer Verfunktion
			Anwendung von [3.62]
			Bayesschätzung bei intermittierenden Beobachtungen
Störsignale weiße Gaußprozesse	$\underline{x}(k+1) = \underline{f}[\underline{x}(k), k]$ $+ \underline{E}(k)\,\underline{\xi}(k)$ $\underline{y}(k) = \underline{C}(k)\,\underline{x}(k)$ $+ \underline{\eta}(k)$	Simulationsergebnisse einfacher Übertragungsglieder	Maximum Likelihoodmethode kombiniert mit Kalman-Filter
Anfangswerte $\underline{x}(t_o)$, $\underline{p}(t_o)$ Störsignale unkorrelierte weiße Gaußprozesse	Gleichungen (3.7b) mit $\underline{E}(k) = \underline{F}(k) = \underline{I}$	Simulationsergebnisse einfacher Übertragungsglieder	Maximum Likelihoodmethode kombiniert mit Kalman-Filter
Anfangswerte von Parametern und Eingangssignalen	Gleichungen (3.11)	4 Anwendungsbeispiele in Veröffentlichung	Maximum Likelihoodmethode kombiniert mit Kalman-Filter
Parameter durch Mc. Laurinreihe darstellbar; und andere	Siehe Veröffentlichung	Simuliertes Zweifachsystem 4. Ordnung	Verfahren beruht auf besonderem Systemmodell
wie bei Methode der kleinsten Quadrate	wie für Methode der kleinsten Quadrate	Simuliertes System mit 3 sprungförmig variierenden Parametern	Methode der kleinsten Fehlerquadratsumme
langsame Parameteränderungen und verschiedene Informationen	Differenzengleichung (1.43)	Einfache simulierte Systeme	
siehe Veröffentlichung	Gleichungen (3.11)	Modell eines Wärmetauschers und simuliertes System 2. Ordnung	Modifikation des Verfahrens durch Gewichtung der Meßwerte oder Parametermodell

$$\hat{\underline{p}} = [\underline{w}^T \underline{U}]^{-1} \underline{w}^T \underline{y} \qquad\qquad (3.24)$$

Die Elemente der Hilfsvariablenmatrix - die Hilfsvariablen -
können beispielsweise als Ausgang eines Hilfsmodells mit dem
Eingangssignal $\underline{u}(k)$ ermittelt werden. Die Parameter des Hilfsmodells ergeben sich über ein Tiefpaßfilter mit Totzeit aus
den geschätzten Modellparametern $\underline{p}(k)$. Auf diese Weise erhält
man die Zeilen der Hilfsvariablenmatrix

$$\underline{w}^T(k) = [-y_H(k-1),\ldots,-y_H(k-n),u(k),\ldots,u(k-n)]$$

$$k = (1,2,.,N)$$

Analog zur rekursiven Methode der kleinsten Quadrate lauten die
Gleichungen der *rekursiven Methode der Hilfsvariablen*

$$\hat{\underline{p}}(k+1) = \hat{\underline{p}}(k) + \underline{g}(k)[y(k+1) - \underline{U}^T(k+1)\hat{\underline{p}}(k)]$$

$$\underline{g}(k) = [\underline{U}^T(k+1) \underline{P}(k) \underline{w}(k+1) + 1]^{-1} \underline{P}(k) \underline{w}(k+1)$$

$$\underline{P}(k+1) = [\underline{I} - \underline{g}(k) \underline{w}^T(k+1)] \underline{P}(k) \qquad\qquad (3.25)$$

Für $\underline{W} = \underline{U}$ gehen die Gleichungen (3.25) in die Gleichungen (3.23a)
über.

Die Arbeiten über die Parameterschätzung zeitvarianter Systeme
werden den erläuterten Schätzalgorithmen zugeordnet und auch in
dieser Reihenfolge behandelt (siehe auch Tabelle 3.9).

Die Gruppe der Veröffentlichungen, welche die *Maximum
Likelihood-Methode* zur Schätzung zeitveränderlicher Systemparameter verwenden, beinhaltet 3 Arbeiten. SAGE und WAKEFIELD
[3.65] erweitern die Maximum-Likelihood-Methode zur Abschätzung
der Verstärkungen eines suboptimalen Kalmanfilters sowie des
unbekannten Systemzustandes. Die Maximierung der Likelihood-
Funktion wird näherungsweise auf die Minimierung (Optimierung)
eines quadratischen Kostenfunktionals zurückgeführt. Nach eini-

gen Vereinfachungen kann mit dem diskreten Maximierungsprinzip
das so entstandene Optimierungsproblem in ein Zweipunkt-Randwertproblem umgeformt werden, dessen Lösung mit der Methode
des "invariant imbedding" (vgl. Abschnitt 3.3.3) erfolgt. BANKA
[3.66]modifiziert die Maximum-Likelihood-Methode zur Schätzung
determiniert variierender Parameter in linearen diskreten Systemen mit mehreren Ein- und Ausgängen. An a-priori Informationen
sind die Systemstruktur und Anfangswerte über den Systemzustand
und die Parameter erforderlich. Das Verfahren arbeitet mit Rekursionsgleichungen, ähnlich den Kalman'schen Filtergleichungen
(vgl. Abschnitt 3.3.5) mit dem Unterschied, daß in den Schätzgleichungen für den Zustandsvektor und der Fehlerkovarianz-
matrix die abzuschätzenden Werte des Parametervektors auftreten. Die Maximierung der Likelihood-Funktion wird wie in der
Arbeit [3.65] auf die Minimierung einer Kostenfunktion zurückgeführt. Die angegebenen Versuchsergebnisse stammen von einem
simulierten Verzögerungsglied erster Ordnung mit exponentiell
oder linear veränderlicher Zeitkonstante. Das Testsignal ist
ein pseudozufälliges Binärsignal. Insbesondere wird der Einfluß des Eingangssignaltyps, der Störsignale und ungenauer Anfangswerte auf die Parameterschätzwerte untersucht. Das Verfahren dürfte bei gleichzeitiger Abschätzung mehrerer zeitvarianter Parameter sehr rechenzeitaufwendig werden. Ebenfalls eine
Kombination von Kalmanfilter und Maximum-Likelihood-Methode
stellt das Verfahren von BOHLIN [3.67] dar. Das Parameter- und
Systemmodell wird durch die Gleichungen (3.11) beschrieben.
$\underline{w}(t)$ und $\underline{u}(t)$ sind weiße Gaußprozesse. Das Verfahren beruht auf
Rekursionsgleichungen ähnlich denen des Kalmanfilters. Die Maximum-Likelihood-Methode dient zur Bestimmung der Werte $Q_w(t)$ und
$Q_u(t)$ (siehe Gleichung (2.35)) in den Kovarianzmatrizen der Eingangssignale $\underline{w}(t)$ und $\underline{u}(t)$. Das Schwergewicht der Arbeit liegt
auf den Anwendungen. Bei einem Trockner einer Papiermaschine
arbeitete die Regelung über lange Zeitabschnitte zufriedenstellend. Sie fiel jedoch unter anscheinend gleichen Arbeits-
bedingungen völlig unvermutet aus. Die Hypothese, daß sich die
Dynamik des Trockners plötzlich ändert, konnte durch eine Identifikation mit dem Verfahren nachgewiesen und durch einen
selbsteinstellenden Regler Abhilfe geschaffen werden. Weitere

in der Arbeit besprochene Anwendungsbeispiele sind: Analyse
von elektroenzephalographischen Signalen mit variablen Spektren,
Vorhersage von Maschinenschäden und Vorhersage der Last in
elektrischen Netzen.

Die Methode der kleinsten Quadrate verwenden zwei Arbeiten. Unter der Annahme, daß die Parameterfunktionen eines
linearen Mehrfachsystems durch eine Mac-Laurinsche Reihe darstellbar sind, gibt KREUZER [3.68] zunächst eine zur Parameterschätzung geeignete Modellbeschreibung an. Aus ihr können die
unbekannten Parameterfunktionen durch die rekursive Methode der
gewichteten kleinsten Quadrate ermittelt werden. Die Gewichtung
der alten Meßwerte erfolgt exponentiell. Das Verfahren wird
durch Rechnersimulation am Beispiel eines Zweifachsystems 4.
Ordnung mit sinusförmigen Parameteränderungen erprobt. Weitere
Versuchsergebnisse sowie die Anwendung der Hilfsvariablenmethode
auf das Modell enthält die Dissertation [3.72] des Autors. Eine
Modifikation der nichtrekursiven Methode der kleinsten Quadrate
- die Methode der kleinsten Fehlerquadratsumme - benützt
SCHEURER [3.69] zur Schätzung sprungförmiger Systemparameter.
Das Verfahren gilt für konstante Systemparameter, wird aber
für zeitvariante Parameter modifiziert. Das Schwergewicht der
Arbeit liegt auf dem Vergleich mit der normalen rekursiven
Methode der kleinsten Quadrate. Versuchsergebnisse werden für
ein simuliertes System zweiter Ordnung mit 3 sich sprungförmig
ändernden Parametern angegeben.

Die Methode der Hilfsvariablen findet in zwei Arbeiten Verwendung. Die Arbeit von YOUNG [3.70] beschreibt erstmalig die
Hilfsvariablenmethode. Ausgehend von den Systemdifferentialgleichungen wird ein digitaler Parameterschätzalgorithmus abgeleitet. Experimentelle Ergebnisse der Schätzung von zeitinvarianten und langsam veränderlichen Parametern zeigen gute
Übereinstimmung mit den tatsächlichen Werten. Für schneller
variierende Systemparameter modifizieren BAUER und UNBEHAUEN
[3.71] die Hilfsvariablenmethode . Dies erfolgt entweder durch
eine Gewichtung vergangener Meßdaten oder durch ein Modell für
die Parametervariationen ähnlich Gleichung (3.11). Die Gewich-

176

tung vergangener Meßwerte äußert sich in einem Gewichts-
faktor ρ in der dritten Gleichung (3.25). Für das Parametermodell bleiben die Gleichungen (3.25) im wesentlichen unverändert. Schwierigkeiten dürfte die Festlegung der Systemmatrizen des Parametermodells oder die Bestimmung des Gewichts-
faktors ρ bereiten. Beide Modifikationen der Hilfsvariablenmethode wurden an einem simulierten Übertragungsglied zweiter
Ordnung mit in Form einer Rechteckwelle variierender Verstärkung sowie an dem Modell eines Wärmetauschers erprobt.

*Die angeführten Parameterschätzverfahren für zeitinvariante
Systeme werden durch Gewichtung vergangener Meßdaten nach Bild
3.9, durch Einführung eines Parametermodells nach Gleichung
(3.11) oder durch Kombination mit Zustandsschätzverfahren zur
Abschätzung zeitvarianter Systemparameter modifiziert. Die Verfahren sind anwendungsorientiert.*

3.3.5 Parameterschätzung mittels Zustandsschätzverfahren
(Filterverfahren)

   In der "klassischen" Regelungstechnik sind Filter physikalisch realisierbare Übertragungsglieder, in der "modernen" Regelungstechnik hingegen sind es Rechenalgorithmen. Unter dem
Begriff *Filterung* werden heute solche Verfahren zusammengefaßt,
die eine Schätzung von Signalen, Parametern oder Zustandsgrößen
ermöglichen. Die Problemstellung soll zunächst anhand des zeitinvarianten kontinuierlichen *Wiener'schen Optimalfilters* [3.73]
erläutert werden. Gegeben ist nach Bild 3.13 ein unbekanntes
zeitinvariantes System g(t) mit meßbaren Signalen u(t) und y(t).
Gesucht ist ein Systemmodell $g_F(t)$, ein Filter, dessen Ausgang
$\hat{y}(t)$ den Ausgang y(t) des Systems im Sinne einer Minimierung
des quadratischen Mittelwerts des Ausgangsfehlers
$\varepsilon_A(t) = E\{\varepsilon^2(t)\}$ annähert.

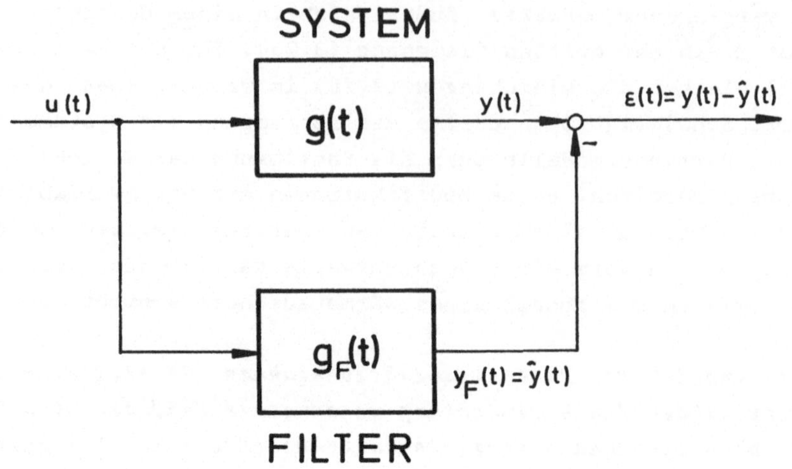

Bild 3.13

$$J[\varepsilon(t)] = E\{\varepsilon^2(t)\} = q_\varepsilon(t) = E\{[y(t)-y_F(t)]^2\} \to \text{Min}$$

(3.26)

Da es sich um ein Optimierungsproblem handelt, heißt ein Filter, welches (3.26) erfüllt, *Optimalfilter*. Die Bestimmung eines Optimalfilters für ein gegebenes System führt auf die Lösung der Wiener-Hopf'schen Integralgleichung (3.16) in der Form

$$R_{uy}(\tau+T) - \int\limits_{-\infty}^{+\infty} g_F(\lambda)\, R_u(\tau-\lambda)d\lambda = 0 \qquad (3.27)$$

Aus Gleichung (3.27) könnte die Gewichtsfunktion $g_F(t)$ des Optimalfilters berechnet werden. Die Zeit T im Argument der Kreuzkorrelationsfunktion von Ein- und Ausgangssignal gestattet, das Signal y(t) mit einem verschobenen Modellsignal $y_F(t+T)$ zu vergleichen. Je nachdem, ob T positiv, null oder negativ ist, ergeben sich folgende Filtertypen:

    T > 0 ... Vorhersagefilter (Prädiktionsfilter)
    T = 0 ... reines Verformungsfilter
    T < 0 ... Verzögerungsfilter (Interpolationsfilter)

Mittels eines Prädiktionsfilters kann beispielsweise der zukünftige Signalverlauf am Ausgang des Originalsystems durch $y_F(t+T)$ abgeschätzt werden.

Für zeitvariante Systeme ist das stationäre Wiener'sche Optimalfilter nicht anwendbar. Weitere Nachteile sind:
  -Die Lösung der Wiener Hopf'schen Integralgleichung (3.27) führt auf die Gewichtsfunktion des Optimalfilters. Eine Realisierung des Filters bei gegebener Gewichtsfunktion kann relativ umständlich werden.
  -Die Meßzeit für Aus- und Eingangssignal ist theoretisch unendlich groß.
  -Das Filter ist nur für das Funktional nach Gleichung (3.26), nicht für andere quadratische Fehlerfunktionale optimal.
  -Es ist mit vertretbarem Aufwand nur für Eingrößensysteme anwendbar.

Diese Nachteile beseitigt das diskrete *Kalmanfilter* [3.21] bzw. das kontinuierliche *Kalman - Bucy - Filter* [3.22]. Eine ausführliche Darstellung gibt [3.74]. Zur Ableitung des kontinuierlichen Kalman-Bucy-Filters wird ebenfalls von der Problemstellung des Wiener'schen Optimalfilters, allerdings für den Fall mehrerer Ein- und Ausgangssignale ausgegangen:
Aus einem meßbaren, durch $\underline{v}(t)$ verrauschten Signalvektor $\underline{y}(t)$ sollen optimale Schätzwerte $\underline{\hat{y}}(t)$ für die Nutzsignale $\underline{x}(t)$ gefunden werden. $\underline{x}(t)$ ist ein vektorieller Gauß-Markov-Prozeß, der aus einem weißen Gaußprozeß $\underline{u}(t)$ durch das kontinuierliche, lineare, zeitvariante Zustandsmodell

$$\underline{\dot{x}}(t) = \underline{A}(t)\underline{x}(t) + \underline{B}(t)\underline{u}(t) + \underline{w}(t) \qquad (3.28a)$$

erzeugt wird. $\underline{y}(t)$ ist durch die Meßgleichung

$$\underline{y}(t) = \underline{C}(t)\underline{x}(t) + \underline{v}(t) \qquad (3.28b)$$

mit $\underline{v}(t)$ als weißem Gaußprozeß gegeben (Bild 3.14).

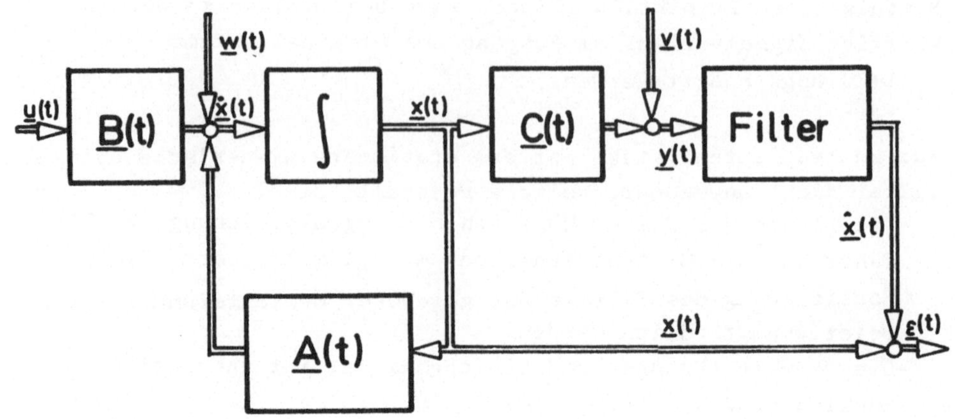

Bild 3.14

Die weißen Gaußprozesse $\underline{w}(t)$ und $\underline{v}(t)$ haben den linearen Mittelwert $\underline{0}$ und sind unkorreliert. Es gilt daher

$$\underline{m}_w = \underline{m}_v = \underline{0}$$

$$\underline{V}_w(t_1,t_2) = \text{cov}\{\underline{w}(t_1),\underline{w}(t_2)\} = \underline{Q}(t)\delta(t-\tau)$$

$$\underline{V}_v(t_1,t_2) = \text{cov}\{\underline{v}(t_1), \underline{v}(t_2)\} = \underline{R}(t)\delta(t-\tau)$$

$$\underline{V}_{vw}(t_1,t_2) = \text{cov}\{\underline{v}(t_1), \underline{w}(t_2)\} = 0 \qquad (3.29)$$

$\underline{Q}(t)$ wird als positiv semidefinit (das Systemrauschen $\underline{w}(t)$ kann Null sein), $\underline{R}(t)$ als positiv definit (das Meßrauschen muß ungleich Null sein) vorausgesetzt.

Das zu ermittelnde lineare Optimalfilter soll aus den Messungen $\underline{y}(\tau)$ im Zeitintervall $t_o \leq \tau \leq t$ einen Schätzwert $\hat{\underline{x}}(t_1/t)$ für $\underline{x}(t_1)$ berechnen, sodaß das Gütekriterium

$$E\{L[\underline{x}(t_1) - \hat{\underline{x}}(t_1/t)]^2\} \rightarrow \text{Min} \qquad (3.30)$$

für alle quadratischen Fehlerfunktionen L[.] erfüllt ist.

Für $t_1 > t$ ergibt sich ein *Prädiktionsfilter*; für $t_1 = t$ ein *Verformungsfilter* und für $t_1 < t$ ein *Interpolationsfilter*. Die ausführliche Lösung des Filterproblems findet sich beispielsweise in [3.22] oder [3.74]. Hier sollen nur die kanonischen Filtergleichungen - zunächst für das Verformungsfilter und $\underline{w}(t)$ gegeben werden. Der lineare erwartungstreue Schätzwert minimaler Varianz für den Zustand $\underline{x}(t)$ des durch Gleichung (3.28) gegebenen, kontinuierlichen stochastischen Systems bei gegebenen a-priori Kenntnissen-Gleichungen (3.29)-und Meßwerten $\underline{y}(\tau)$ $t_o \leq \tau \leq t$ ist bestimmt durch die Differentialgleichung

$$\dot{\underline{\hat{x}}}(t|t) = \underline{A}(t)\underline{\hat{x}}(t|t) + \underline{K}(t)[\underline{y}(t) - \underline{C}(t)\underline{\hat{y}}(t|t)] \qquad (3.31a)$$

Die zeitvariable Verstärkungsmatrix $\underline{K}(t)$ ist gegeben durch

$$\underline{K}(t) = \underline{P}(t|t)\underline{C}^T(t)\underline{R}^{-1}(t) \qquad (3.31.b)$$

während die Kovarianzmatrix $\underline{P}(t)$ des Schätzfehlers $\underline{\varepsilon}(t)$ der Matrix-Riccati-Differentialgleichung genügt

$$\dot{\underline{P}}(t|t) = \underline{A}(t)\underline{P}(t|t) + \underline{P}(t|t)\underline{A}^T(t) + \\ \underline{P}(t|t)\underline{C}^T(t)\underline{R}^{-1}(t)\underline{C}(t)\underline{P}(t|t) + \underline{B}(t)\underline{Q}(t)\underline{B}^T(t)$$

$$(3.31c)$$

Die drei Gleichungen (3.31) sind die kanonischen Filtergleichungen von Kalman - Bucy. Für eine Vorhersage $t_1 > t$ sind die Gleichungen (3.31) noch durch die Prädiktionsgleichung

$$\underline{\hat{x}}(t_1|t) = \underline{\Phi}(t_1,t)\underline{\hat{x}}(t|t) \qquad (3.31d)$$

mit $\underline{\Phi}(t_1,t)$ als Übergangsmatrix des Systems zu ergänzen. Das System ist zusammen mit dem Filter als Matrixblockschaltbild in Bild 3.15 dargestellt. Aus ihm ist seine rekursive Form ersichtlich. Sobald ein neuer Meßwert bekannt ist, wird durch Verbesserung des alten Schätzwertes eine neue Abschätzung der Zustandsvariablen vorgenommen. Da diese Abschätzung sehr rasch

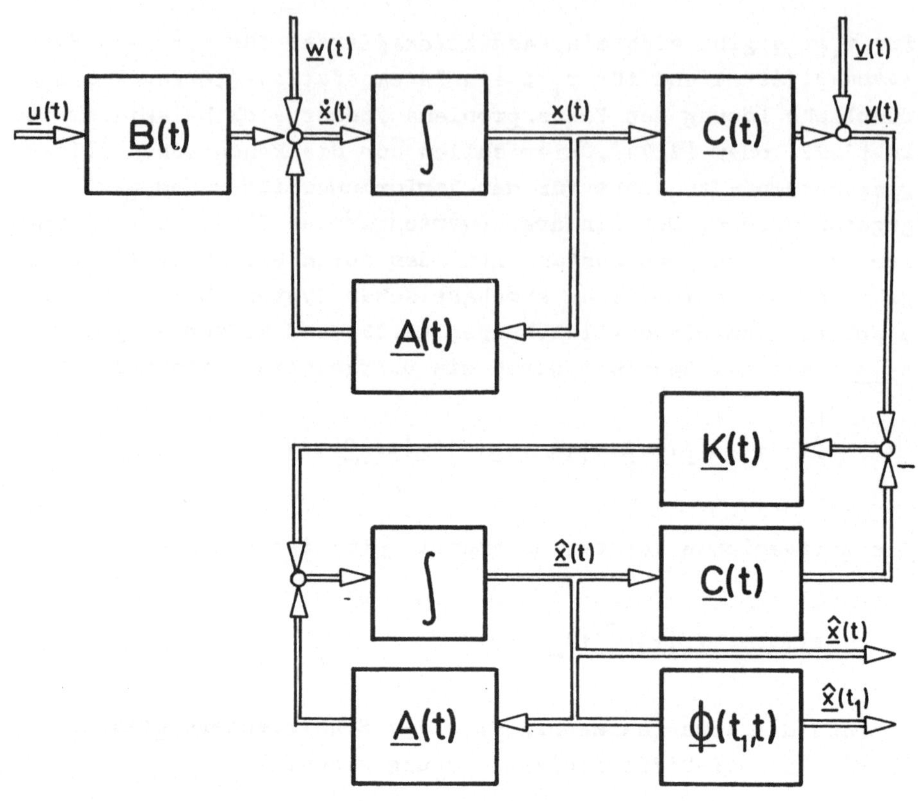

Bild 3.15

erfolgen muß und große Datenmengen zu verarbeiten sind, ist
der Einsatz eines Digitalrechners unumgänglich. Für eine neue
Abschätzung muß $\hat{\underline{x}}(t/t)$ und $\underline{P}(t)$ gespeichert werden. Die Matri-
zen $\underline{\Phi}(t_1/t)$, $\underline{A}(t)$, $\underline{B}(t)$, $\underline{C}(t)$, $\underline{Q}(t)$ und $\underline{R}(t)$ müssen a-priori
bekannt sein. Zur Berechnung eines neuen Schätzwertes $\underline{x}(t_1/t_1)$
sind folgende Rechenoperationen erforderlich:

1) Der alte Schätzwert des Zustandsvektors $\hat{\underline{x}}(t/t)$ ist mit
   der Transitionsmatrix $\underline{\Phi}(t_1,t)$ zu multiplizieren, woraus
   sich mit Gleichung (3.31d) der Schätzwert $\hat{\underline{x}}(t_1/t)$ für
   den Zeitpunkt t_1 ergibt.

2) Dieser Schätzwert $\hat{\underline{x}}(t_1/t)$ mit $\underline{C}(t_1)$ multipliziert führt
   nach (3.28b) auf Schätzwerte der Meßgrößen $\hat{\underline{y}}(t_1/t)$.

3) $\hat{\underline{y}}(t_1/t)$ wird mit $\underline{y}(t_1)$ verglichen und der Korrekturwert

182

in der eckigen Klammer von Gleichung (3.31a) berechnet.
4) Multipliziert man den Inhalt der eckigen Klammer mit
$\underline{K}(t_1)$ und addiert das Ergebnis zu $\underline{\hat{x}}(t_1/t)$, erhält man aus
Gleichung (3.31a) den gewünschten Schätzwert $\underline{\hat{x}}(t_1/t_1)$.
5) Dieser Schätzwert $\underline{\hat{x}}(t_1/t_1)$ wird solange gespeichert, bis
eine neue Messung vorliegt, worauf der Vorgang mit
$\underline{\hat{x}}(t_1/t_1)$ als $\underline{\hat{x}}(t/t)$ von vorne beginnt.

Parallel dazu ist die Berechnung der Filterverstärkung $\underline{K}(t_1)$
aus den Rekursionsgleichungen (3.31b) und (3.31c) durchzuführ-
ren. Anfangs liegen noch keine Schätzwerte für $\underline{\hat{x}}(t_1/t_o)$ vor. Es
wird daher mit $\underline{\hat{x}}(t_1/t_o) = \underline{0}$ begonnen, woraus mit den ersten Meßwerten $\underline{y}(t_1/t_o)$ der erste Schätzwert $\underline{\hat{x}}(t_1/t_1)$ folgt.
Die Gleichungen des zeitdiskreten Kalmanfilters (vgl. [3.21]
und [3.74]) ergeben sich aus den Gleichungen (3.28) entsprechenden zeitdiskreten Systemgleichungen unter denselben Voraussetzungen (3.29) für die reine Filterung

$$\underline{\hat{x}}(k/k) = \underline{A}(k)\underline{\hat{x}}(k/k-1)+\underline{K}(k)[\underline{y}(k)-\underline{C}(k)\underline{\hat{x}}(k/k-1)] \qquad (3.32a)$$

$$\underline{K}(k) = \underline{P}(k/k-1)\underline{C}^T(k)\underline{R}^{-1}(k) \qquad (3.32b)$$

$$\underline{P}(k/k) = \underline{A}(k)\underline{P}(k/k-1) + \underline{P}(k/k-1)\underline{A}^T(k) -$$
$$- \underline{P}(k/k-1)\underline{C}^T(k)\underline{R}^{-1}(k)\underline{C}(k)\underline{P}(k) + \underline{B}(k)\underline{Q}(k)\underline{B}^T(k)$$
$$(3.32c)$$

Die Gleichungen des zeitdiskreten Kalmanfilters (3.32) gelten
zum Unterschied von den Gleichungen des zeitkontinuierlichen
Kalman - Bucy - Filters (3.31) auch für ungestörte Messungen
($\underline{v}(k) = \underline{0}$). Die Matrix $\underline{R}(t)$ kann daher auch positiv semidefi-
niert sein. Allerdings treten dann anstelle der Gleichungen
(3.32b) und (3.32c) die Gleichungen

$$\underline{K}(k) = \underline{A}(k)\underline{P}(k/k-1)\underline{C}^T(k)[\underline{C}(k)\underline{P}(k/k-1)\underline{C}^T(k)]^{-1} \qquad (3.32b^*)$$

$$\underline{\tilde{P}}(k/k) = \underline{A}(k)\underline{\tilde{P}}(k/k-1)\{\underline{I}-\underline{c}^T(k)[\underline{c}(k)\underline{\tilde{P}}(k/k-1)\underline{c}^T(k)]^{-1}\}.$$

$$. \ \underline{\tilde{P}}(k/k-1)\underline{A}^T(k) + \underline{Q}(k) \tag{3.32c*}$$

Die Prädiktionsgleichungen für gestörte Messungen ergeben sich
zu

$$\underline{\hat{x}}(k+1/k) = \underline{\Phi}(k+1/k)\underline{\hat{x}}(k/k)$$

$$\underline{P}(k+1/k) = \underline{\Phi}(k+1/k)P(k/k)\underline{\Phi}^T(k+1/k) + \underline{B}(k)\underline{Q}(k)\underline{B}^T(k)$$

$$\tag{3.32d}$$

Sind die Zustandsgrößen von Systemen mit einem Ein- und Ausgang
abzuschätzen, müssen entsprechend den Systemgleichungen in den
Filtergleichungen Ein- und Ausgangsvektoren, sowie der Meß-
rauschvektor durch Skalare, die Matrix $\underline{C}$ durch den entsprechenden Spaltenvektor ersetzt werden.

Die Filtergleichungen wurden ursprünglich für die Zustandsschätzung abgeleitet. Sie können jedoch auch zur *Parameterschätzung* verwendet werden. Sollen Systemparameter abgeschätzt
werden, ist das den Filtergleichungen zugrundeliegende Systemmodell (3.28) durch das Parametermodell nach Gleichung (3.11)
zu ersetzen. Die entsprechend modifizierten Filtergleichungen
(3.31) und (3.32) liefern dann Schätzwerte für den Parameter-
vektor zum Zeitpunkt t $\underline{\hat{p}}(t/t)$ aus Meßwerten $\underline{y}(\tau)$. Zur *Zustands-
und Parameter*schätzung kann nach Gleichung (3.12) der Zustands-
vektor um den Parametervektor erweitert werden. Den Filtergleichungen ist in diesem Fall das Systemmodell Gleichung (3.13)
zugrundezulegen. Die Gleichungen (1.29) und (3.13) zeigen, daß
für diesen Fall einige Elemente der neuen Systemmatrizen $\underline{A}$, $\underline{B}$,
$\underline{C}$ nicht nur zeit-, sondern auch parameterabhängig sind. Obwohl
die vereinigten Zustandsgleichungen linear sind, wird, da die
unbekannten Parameter mit den unbekannten Zustandsgrößen Produkte bilden, das Schätzproblem im Sinne der Filtertheorie
nichtlinear. Das nichtlineare Filterproblem ist nur geschlossen
lösbar, wenn die Verteilungsdichte $p[\underline{x}^*(t)/\underline{y}(\tau)]$ von $\underline{x}^*(t)$ bedingt durch die Messungen $\underline{y}(\tau)$ $(t_o \leq \tau \leq t)$ berechnet werden
kann. Die bedingte Verteilungsdichtefunktion $p[\underline{x}^*(t)/\underline{y}(\tau)]$ ge-

nügt einer der Fokker-Planck-Gleichung ähnlichen Differentialgleichung. Diese ist als Kushner-Stratonovich Gleichung bekannt [3.74] und in den meisten Fällen nicht lösbar. Es finden
daher verschiedene Näherungsgleichungen Verwendung. Diese führen auf suboptimale Filter mit ähnlichem Aufbau, deren Stabilität im allgemeinen nicht sichergestellt ist.
Erweiterungen der Filtergleichungen gelten, wenn die in den
Gleichungen (3.29) zusammengefaßten Voraussetzungen teilweise
nicht zutreffen:

- -Mittelwerte von Eingangs- und Störsignalen sind von Null
  verschieden $\underline{m}_u \neq \underline{m}_v \neq \underline{0}$ [3.75]
- -Eingangs- und Störsignale sind keine weißen Gaußprozesse,
  sondern farbiges Rauschen [3.76]
- -Unbekannte Rauschkovarianzen $\underline{Q}$, $\underline{R}$ können mitgeschätzt
  werden [3.77]
- -Eingangs- und Störgrößen korreliert $\underline{V}_{uy}(t_1,t_2) \neq \underline{0}$ [3.78]

Unter diesen Bedingungen erfordert die Lösung des Schätzproblems
einen erheblich größeren Rechenaufwand.

Den grundlegenden Arbeiten [3.21] und [3.22] folgten zahlreiche theoretische Veröffentlichungen, die sich im wesentlichen
mit anderen Herleitungen der kanonischen Filtergleichungen beschäftigen. Zusammenfassende Darstellungen sind beispielsweise
[3.47] und [3.81]. Die ersten anwendungsorientierten Arbeiten
behandelten Filter- und Prädiktionsprobleme bei Raumfahrzeugen.
Nichtlineare Filterprobleme wurden linearisiert, bis verschiedene Autoren JAZWINSKI [2.2] , KUSHNER [3.79] sowie BASS, NORUM
und SCHWARTZ [3.80] nichtlineare Filteralgorithmen angaben.

Erste Ansätze zur Kennwertermittlung zeitvarianter Systeme
mittels Filter finden sich bei STEWART und SMITH [3.82]. Mit
dem zeitinvarianten Wiener-Filter wird eine Näherungslösung
für die Momente stochastischer Parameter (weiße Gaußprozesse)
von Flugregelsystemen mit zufälligen Eingangssignalen abgeleitet. Bedingt durch das laufende Operieren mit Faltungsintegralen
sind die angegebenen Gleichungen sehr kompliziert und nur näherungsweise unter großen Schwierigkeiten lösbar. Bei ersten Ver-

FILTERVERFAHREN	theoretisch (orientiert)	anwendungs- (orientiert)	linear	nichtlinear	kontinuierlich	diskret	Eingänge einer	Eingänge mehrere	Ausgänge einer	Ausgänge mehrere	System Modell	Meß- Modell	A Priori Informatio...
FARISON (1967) [3.83]	X		X			X		X		X			Parameter Gauß... Markovproz. nach (3.11)
FARISON et al. (1967) [3.84]		X	X			X		X		X	(1.53) mit $\underline{\xi}(k) \neq 0$	(3.7b) mit $\underline{F}(k) = \underline{I}$	$\underline{\xi}(k)$ und $\underline{\eta}(k)$ gaußverteilt mit $\underline{m}_\xi = \underline{m}_\eta =$
BRAMMER (1970) [3.85]	X	X	X		X			X		X	(3.7a) mit $\underline{E}(t) = \underline{I}$	(3.7a) mit $\underline{F}(t) = \underline{I}$	Param.: GM-Pro... nach (3.11) Vorauss. (3.29)... für $\underline{p}(t)$ und $\underline{x}$...
KAUFMANN BEAULIER (1972) [3.86]		X	X			X		X		X	(3.6b) mit $\underline{B}(p, k) = \underline{I}$ $\underline{E}(k) = \underline{0}$	(3.7b) mit $\underline{C}(k) = \underline{C}$ $\underline{F}(k) = \underline{I}$	$\underline{\eta}(k)$ ... weißer Gaußproz.
SIOURIS (1973) [3.87]		X	X		X			X		X	(3.7a) mit $\underline{E}(t) = \underline{I}$	(3.7a) mit $\underline{C}(k) = \underline{C}$ $\underline{F}(k) = \underline{I}$	(3.29)
COGGAN NOTON (1970) [3.88]		X		X		X		X		X	$\underline{x}(k+1) =$ $\underline{f}(\underline{x}(k), \underline{p}(k), k)$ $+ \underline{B}\,\underline{u}(k)$	(3.7b) mit $\underline{C}(k) = \underline{C}$ $\underline{F}(k) = \underline{I}$	Parameter: Gau... Markovproz. (3... Vorauss. (3.29)...
KLEIN EYMAN (1971) [3.89]	X	X	X		X			X		X	(3.7a) mit $\underline{E}(t) = 0$		(3.29) und weitere
MENDES POLIGNAC (1973) [3.90]	X			X		X		X		X	$\underline{g}(t, t', \underline{p})$	(3.6a) $\underline{F}(k) = \underline{I}$	zahlreiche siehe Veröffent...
SINHA MAHALANABIS (1973) [3.91]	X			X	(X)	X		X		X	$\underline{x}(k+1 = \underline{f}(\underline{x}, p)$ $+ \underline{B}(k)\,\underline{u}(k)$	(3.7b) mit $\underline{F}(k) = \underline{I}$	(3.29) und weitere
OLSSON (1973) [3.92]		X	X		X	(X)		X		X	(1.53)	(3.7a) $\underline{D}(t) \neq 0$	zahlreiche siehe Veröffent...
NORTON (1975) [3.93]	X		X			X	X		X		(1.53)	(3.11)	siehe Veröffent...

Filtergleichungen	Anwendungsbeispiele	Bemerkungen
$1/k) = \underline{m}_\phi(k/k)\,\underline{x}(k) + \underline{m}_\Gamma(k/k)\,\underline{u}(k)$ $1/k) = \underline{D}(k)\,\underline{V}_p(k/k)\,\underline{D}^T(k) + \underline{V}_\xi(k)$ $1/k) = \underline{G}(k)\,\underline{m}_p(k/k);\ \underline{V}_p(k+1/k) = \underline{G}(k)\,\underline{V}_p(k/k)\,\underline{G}^T(k) + \underline{V}_\eta(k)$ $+1/k) = \underline{G}(k)\,\underline{V}_p(k/k)\,\underline{D}^T(k)$ $1/k+1) = \underline{m}_p(k+1/k) + \underline{V}_{xp}(k+1/k)\,\underline{V}_{\underline{x}}^+(k+1/k)\,[\underline{x}(k+1) - \underline{m}_{\underline{x}}(k+1/k)]$ $1/k+1) = \underline{V}_p(k+1/k) - \underline{V}_{xp}(k+1/k)\,\underline{V}_{xp}^+(k+1/k)\,\underline{V}_{xp}^\Gamma(k+1/k)$		$\underline{x}(k+1) - \underline{m}_x(k+1) =$ $= \underline{D}(k)\,[\underline{p}(k) - \underline{m}_p(k)] + \underline{\xi}(k)$
	Digitalrechnersimulation eines Verzögerungsgl. 3. Ordnung mit station. Parametern	$+\ldots$ Pseudoinverse
...eare Gleichungen getrennt für Parameter- und Zustandsvektor – siehe veröffentlichung.	Rechenbeispiel: System n. Ordnung mit stationären Parametern	Nichtlinearer Filteralgorithmu...
...rtes Kalmanfilter nach [2.2] Seite 305–318	Längsschwingungen eines Senkrechtstarters	Erweiterter Zustandsvektor nach (3.12)
	Stabilisierung einer Inertialplattform	Zustandsschätzung für die optimale Regelung
$\underline{f}[\hat{\underline{x}}(k-1),\ k-1] + \underline{K}(k)\,\{\underline{u}(k) - \underline{C}\,\underline{f}\,[\hat{\underline{x}}(k-1), k-1]$ $[\underline{I} + \underline{P}(k)\,\underline{H}^T\underline{R}^{-1}\,\underline{I}^{-1}]\,\underline{P}(k)$ $\underline{A}(k)\,\underline{K}(k-1)\,\underline{A}^T(k) + \underline{C}(k)\,\underline{Q}(k)\,\underline{C}^T(k)$	Modelle eines Mischsystems und eines Wärmetauschers	Anwendung von Filteralgorithmen in Chemie und Verfahrenstechnik
$(3.31b)$ keine Matrixriccatigleichung mehr – siehe veröffentlichung	Simulationsergebnisse: Einfaches System 2. Ordnung	Suboptimales Filter, Diskussion der Filterempfindlichkeit...
$) = \hat{\underline{p}}(k+1/k) + \underline{K}(k+1)\,[\underline{x}(k+1) - \underline{g}\,[\hat{\underline{p}}(k+1/k), k+1]]$ $) = \underline{P}(k+1/k)\,\underline{g}^T(k+1)\,[\underline{g}(k+1)\,\underline{P}(\overline{k+1}) + \underline{V}(k+1)]^{-1}$ $) = [\underline{I} - \underline{K}(k+1)\,\underline{g}^T(k+1)]\,[\Phi(k)\,\underline{P}(k)\,\Phi^T(k) + \underline{\xi}(k)]$	Simulationsergebnisse: Verzögerungsglied 1. Ordnung m. instat. Par.	Parameterschätzung mit erw. Kalmanfilter ausgeh... von Gewichtsfunktion
	Simulationsergebnisse	Erweitertes Kalmanfilter mit $\underline{x}^*$ nach (3.12)
tion: $\hat{\underline{x}}^*(k/k-1) = \underline{f}[\hat{\underline{x}}^*(k-1/k-1)]$ ...rtes Kalmanfilter (siehe Veröffentlichung)	Reaktoridentifikation (6 unbekannte Parameter)	Kombination mit Maximum-Likelihood Verfahren
		Smoothing Algorithmus für rekursive Schätzverfahren

187

suchen,das Kalmanfilter zur Parameter- und/oder Zustandsschätzung zeitvarianter Mehrgrößensysteme einzusetzen, wurden
in den späten sechziger Jahren noch lineare Filteralgorithmen
verwendet. Eine Auswahl von vorzugsweise anwendungsorientierten Arbeiten findet sich in Tabelle 3.10.

Alle Arbeiten behandeln Mehrgrößensysteme. Versuchsergebnisse werden im allgemeinen nur für Eingrößensysteme oder Systeme mit wenigen Ein- und Ausgängen angegeben. Die Parameteränderungen werden als weiße Gauß- oder Gauß-Markovprozesse
vorausgesetzt. Zufällige Störgrößen treten in der System- und
inder Meßgleichung (Eingangs- und Ausgangsrauschen) auf, wobei
bezüglich ihrer statistischen Eigenschaften Einschränkungen
notwendig sind. Meist werden, bedingt durch die Nichtlineari-
tät des Parameterschätzproblems, erweiterte oder modifizierte
Filteralgorithmen verwendet. Mit den linearen Filtergleichungen (3.31) und (3.32) können nur zwei eingeschränkte Fälle behandelt werden. Ist der Zustandsvektor und der Eingangsvektor
exakt meßbar, können unbekannte Elemente der Zustandsmatrix
$\underline{A}(t)$ und der Eingangsmatrix $\underline{B}(t)$ aus verrauschten Messungen
des Ausgangssignalvektors $\underline{y}(t)$ geschätzt werden. Ist hingegen
die Zustandsmatrix $\underline{A}(t)$ und die Ausgangsmatrix $\underline{C}(t)$ genau bekannt, dann können Elemente der Eingangsmatrix $\underline{B}(t)$ aus $\underline{y}(t)$
geschätzt werden. Dieses Problem tritt besonders in den Ar-
beiten von FARISON [3.83] und [3.84] stark in den Vordergrund.
Farison zeigt, daß das Schätzproblem nur lösbar ist, wenn

$$[\underline{A}(k) - \underline{m}_A(k/k)] \cdot [\underline{u}(k) - \underline{m}_u(k/k)] = \underline{0}$$

gilt. Unbekannte, nach Gauß-Markovprozessen variierende Para-
meter können in den Matrizen $\underline{A}(k)$ und $\underline{B}(k)$ auftreten. Sie werden in einem Parametervektor $\underline{p}(k)$ zusammengefaßt. Mittels einer
n x r Matrix $\underline{D}(k)$ erfolgt die Verknüpfung von Systemmatrizen
und Parametervektor.

$$\underline{u}(k+1) - \underline{m}_u(k+1) = \underline{D}(k)[\underline{p}(k) - \underline{m}_p(k)] + \underline{w}(k)$$

Für jeden Parametervektor minimaler Dimension existiert eine
solche Matrix $\underline{D}(k)$. Die Filtergleichungen sind in Tab. 3.10 angegeben. Sie liefern Schätzwerte für Mittelwerte und Kovarianzen der Parameter und Zustandsvariablen. Die Anwendung dieses
Verfahrens zur optimalen Regelung wird in der Arbeit [3.84] besprochen und Versuchsergebnisse eines digital simulierten Eingrößensystems (Verzögerungsglied dritter Ordnung mit konstanten
Parametern) angegeben.

Für die Zustands- und Parameterschätzung einer linearen
zeitvarianten Mehrfachregelstrecke geht BRAMMER [3.85] von den
Systemgleichungen (3.13) aus und betrachtet das Filterproblem
als nichtlinear. Unter Verwendung von Ergebnissen aus [3.80]
erfolgt die Ableitung von getrennten Rekursionsgleichungen
für Zustandsgrößen und Parameter. Voraussetzung ist allerdings,
daß die unbekannten Elemente in den Systemmatrizen $\underline{A}(t)$, $\underline{B}(t)$,
$\underline{C}(t)$ identisch mit den Komponenten des Parametervektors sind.
Weiters erweist sich das Auftreten von bedingten Zentralmomen-
ten dritter Ordnung in den Filtergleichungen als nachteilig.
Sie müssen meist vernachlässigt werden. Elemente der Eingangs-
matrix $\underline{B}(t)$ können exakt, Elemente der Zustandsmatrix $\underline{A}(t)$
schwer und Elemente der Ausgangsmatrix $\underline{C}(t)$ nur bei zusätzlichen a-priori Informationen abgeschätzt werden. Es ist daher
nach Möglichkeit von kanonischen Formen der Zustandsgleichungen
auszugehen, in denen die unbekannten Parameter in den Matrizen
$\underline{A}(t)$ und $\underline{B}(t)$ auftreten. Für gegebene Systemmatrizen gehen die
Filtergleichungen in die Gleichungen des Kalman -Bucy - Filters
(3.31) über. Als einfaches Rechenbeispiel dient ein zeitinvariantes System n-ter Ordnung.

Die Anwendung eines erweiterten Kalmanfilters zur Schätzung
zeitvarianter Parameter in den linearisierten Bewegungsgleichun-
gen eines Senkrechtstarters diskutieren KAUFMANN und BEAULIER
3.86 . Dazu werden die Systemgleichungen (3.13) um eine wähl-
bare Eingangsmatrix erweitert. Nach JAZWINSKI [2.2] vermindert
dies die Schätzfehler. Die Schätzung erfolgt mittels der Glei-
chungen (3.32), wobei in (3.32c) der Ausdruck $\underline{B}(k)\underline{Q}(k)\underline{B}^T(k)$
durch einen komplizierter aufgebauten zu ersetzen ist.

Die Arbeiten von OLSSON [3.92] und SIOURIS [3.87] sind auf
konkrete Anwendungen der Filtergleichungen (3.31) zugeschnitten. OLSSON behandelt die Reaktorregelung und SIOURIS die Stabilisierung der Inertialplattform von Raumflugkörpern. Eine
Übersicht über die Anwendung rekursiver Schätzverfahren in der
chemischen Industrie geben COGGAN und NOTON [3.88]. Viele in
der chemischen Industrie auftretenden Prozesse können durch
nichtlineare zeitvariante Modelle beschrieben werden. Ein nichtlinearer Filteralgorithmus wird auf das Modell eines einfachen
Mischsystems und eines Wärmetauschers angewandt. Der erweiterte Zustandsvektor enthält im ersten Fall 13, im zweiten 6 Komponenten. Sie ist eine der wenigen Arbeiten dieser Gruppe, in
der Versuchsergebnisse konkreter Prozesse ausführlich dargestellt und kommentiert sind.

KLEIN und EYMAN [3.89] gehen von der Annahme aus, daß die
Systemmatrix $\underline{A}(t)$, deren Elemente weiße Gaußprozesse sind, als
Summe zweier Matrizen $\underline{m}_A(t)$ und $\underline{\tilde{A}}(t)$ darstellbar ist. Die
Matrix $\underline{\tilde{A}}(t)$ kann in das Produkt einer Matrix mit determinierten Elementen und einem normierten weißen, gauß'schen Skalar-
prozeß aufgespalten werden. Unter diesen Voraussetzungen geht
die Systemgleichung in eine Itô'sche Differentialgleichung
über (vgl. Abschnitt 2.3.1). Aus ihr werden suboptimale Filtergleichungen abgeleitet, die für die Zustandsschätzung mit denen des Kalmanfilters übereinstimmen. Bei diesen suboptimalen
Filtergleichungen ist die Differentialgleichung für die Kovarianzmatrix des Schätzfehlers $\underline{P}(t)$ nicht mehr vom Riccatityp.
$\underline{P}(t)$ hängt allerdings von der Kovarianzmatrix der Systemparameter ab. Die Wirkungsweise des Filters wird an einem zeitinvarianten System zweiter Ordnung demonstriert.

In der Arbeit [3.90] diskutieren MENDES und POLIGNAC die
Parameterschätzung mit einem erweiterten Kalmanfilter. Das
System wird durch die Modellgleichung

$$\underline{y}(t_i) = \int_{-\infty}^{t_i} \underline{g}(t_i, t', \underline{p}_1)\underline{y}(t', \underline{p}_2)dt' + \underline{v}(t_i)$$

mit $\underline{g}(t_i, t', \underline{p}_1)$ als m x r Gewichtsfunktionsmatrix beschrieben.
Aus dem allgemeinsten Schätzproblem, Eingangssignale $\underline{p}_1$ und Gewichtsfunktionsmatrix $\underline{p}_2$ unbekannt, ergeben sich die Sonderfälle:

Eingangssignale gegeben - Parameter der Gewichtsfunktionen
abzuschätzen oder
Gewichtsfunktion gegeben - Eingangssignale für gegebene
Ausgangssignale gesucht.

Aus den nichtlinearen Zustandsgleichungen für den Parametervektor $\underline{p}(k): = [\underline{p}_1(k), \underline{p}_2(k)]^T$

$$\underline{p}(k+1) = \underline{f}_p[\underline{p}(k),k] + \underline{w}(k)$$

$$\underline{y}(k) = \int_{-\infty}^{t_k} \underline{g}[t', t_k, \underline{p}_1(k)] \cdot \underline{u}[\underline{p}_2(k), t']dt + \underline{v}(k)$$

ergeben sich die in Tab. 3.10 angegebenen Filtergleichungen.
Das Verfahren ist an eine Vielzahl von a-priori Informationen
(siehe Veröffentlichung) gebunden, weshalb nur Simulationsergebnisse eines zeitvarianten Verzögerungsgliedes erster Ordnung
angegeben werden. Eine theoretischere Arbeit über die Zustands-
und Parameterschätzung von Systemen mit den Zustandsgleichungen
nach Tabelle 3.10 ist [3.91] . NORTON [3.93] verwendet zur Gewinnung von Informationen aus kurzen Meßstreifen ein Kalmanfilter.

*Alle erwähnten Arbeiten behandeln meist diskrete Mehrgrößensysteme mit nach Gauß- oder nach Gauß-Markov-Prozessen variierenden Parametern; Störsignale treten meist additiv in der System-
und Meßgleichung auf, wobei hinsichtlich ihrer statistischen
Eigenschaften gewisse Einschränkungen notwendig sind. Konkrete
Versuchsergebnisse werden jedoch stets nur für Eingrößensysteme
angegeben.*

3.3.6 Verschiedene Identifikations- und Parameterschätzverfahren

Die hier besprochenen Arbeiten können keiner der vorerwähnten Gruppen zugeordnet werden. Entweder beruhen sie auf neuen

| SONSTIGE VERFAHREN | | orientiert | | Unbekanntes System | | | | Ein- gänge | | Aus- gänge | | A Priori Informationen | |
		theoretisch-	anwendungs-	linear	nichtlinear	kontinuierlich	diskret	einer	mehrere	einer	mehrere	Parameter	Störsignale
BROWN et al.	(1973) [3.94]		X	X	(X)		X	X	X	X	X	langsam	beliebige Störsignale
BRAININ	(1967) [3.95]	X	X	X		X		X		X		zufällig weiße Gaußproz.	
ELKIND et al.	(1963) [3.96]		X	X		X		X		X		langsam	Zufällig von Testsignal unabhängig
FAIRMAN SHEN	(1970) [3.97]	X	X	X		X		X		X		determiniert polynomial	keine Störsignale
CHADEEV	(1973) [3.98]	(X)	X	X			X		X		X	zufällig stationär	beliebige Störsignale
SAGE CHOATE	(1965) [3.99]	X		X		X		X		X			keine Störsignale
AUBE GIRAUD	(1970) [3.100]		X	X		X		X		X		determiniert (sinusförmig)	keine Störsignale
BOHLIN	(1970) [3.101]	X		X			X	X	X	X	X	Gaußproz. rat. Spektren schnell	Gaußproz. rationale Spektren
LOEB CAHEN	(1965) [3.102]		X	X			X	X		X		$a_i(t) = a_i \cdot f_{ai}(t)$ $f_{ai}(t)$ gegeben	ohne Störs. besser
OKITA TAKEDA	(1973) [3.103]	X		X			X	X		X		Gauß-Markov	von Eingangs- Signal unabhängig
BERGER	(1973) [3.104]		X	X		X		X		X		zufällig	weiße Gauproz.
RAMAKRISHNA	(1974) [3.105], [3.106]	X			X	X		X		X		polynomial wie [3.102]	keine Störsignale
BROUGHTON	(1973) [3.107]		X	X		X	X	X		X		langsam	keine näheren Angaben
STANKOVIC KOUWENBERG	(1973) [3.108]		X	X			X	X		X		polynomial	weißer Gaußproz.
KOPACEK	(1975) [3.109]					X	X	X		X		beliebig stochastisch	keine

Sonstige	Testsignale	Ergebnis		Anwendungsbeispiele	Bemerkungen
		System	Parameter		
	beliebig	Zustandsgleichungen	Schätzwerte	Naßmahleinrichtung	Rekursives Schätzverfahren unter Verwendung der mehrfachen Regression
Struktur der Differentialgl.	beliebig	Differentialgleichung	Statistische Kenngrößen	Simulationsergebnisse linearer und nichtlinearer Systeme	Partielle Fokker-Plank Gleichung, mehrfache Regression
Kenntnisse über Regressionskoeff.	zufällig	Gewichtsfunktion		Simulationsergebnisse einfacher Übertragungsglieder	Parallelmodell mit orthogonalen Übertragungsfunktionen
	beliebig	Differentialgleichung	Koeffizienten der Param. Polynome	Simulationsergebnisse System 2. Ordnung mit Polynomen 1. Grades	Parallelmodell bestehend aus Poissonfiltern
	zufällig von Parametern unabhängig	Übertragungsfunktion	Schätzwerte	Rohrwalzgerüst	Verwendung eines parametr. Filters (Identifizierer)
verschiedene	Sinus	Zustndsgleichungen	Schätzwerte		Erweiterte Frequenzgangmessung
	Sinus	Übertragungsfunktion	Schätzwerte	Simulationsergebnisse Verzögerungsglied 2. Ordn. mit sinusförm. Parametern	Benützt Signumfunktionen. Strukturveränderliche als zeitvariante Systeme betrachtet
	beliebig	Zustandsgl. Differenzengleichung	Schätzwerte		Verallgem. Maximum Likelihoodmeth.
	beliebig	Differentialgleichung	ZIV. Koeff. a_i	In anderer Arbeit	Modulierende Funktionen
	beliebig	Gewichtsfunktion	Schätzwerte	keine	
	beliebig	Zustandsgleichungen	Schätzwerte	Plattenüberhitzer	Optimale Regelung unter Verwendung von Parameterempfindlichkeitsfunktionen
verschiedene	beliebig	Zustandsgleichungen	siehe [3.102]	keine	Nichtlinearer Zusammenhang zwischen Ausgang und Systemparametern. Bed. f. Beobachtbark. der Parameter
	Impulsfolge	Zustandsgleichungen	Schätzwerte	Simulationsergebnisse: System 2. Ordnung mit dreieck- u. sinusförm. Parametervariation	Pulsfrequenzmod. Systeme. Differentielle Approximation (Bellmann)
verschiedene	beliebig	Differenzengleichung	Schätzwerte	Echtzeitidentifikation des Menschen im Regelkreis	Kompensationsnetzwerk
	PZB	Punkte von R_{yu}	Schätzwerte	Simulationsergebnisse Verzögerungsglied erster und zweiter Ordnung	Korrelationsverfahren kombiniert mit Parameterempfindlichkeitsfunktionen

Gedanken oder sie sind von den für zeitinvariante Systeme bekannten Verfahren abgeleitet. Ihre Orientierung ist entweder sehr stark theoretisch oder manchmal sehr praxisnah. Die meisten dieser Methoden führen zu Schätzungen momentaner Parameterwerte, wobei hinsichtlich deren zeitlichen Verlaufs gewisse Einschränkungen gemacht werden. Die Grundlagen der in Tabelle 3.11 zusammengestellten Verfahren sind bei ihnen kurz erläutert.

Zwei Arbeiten [3.94] und [3.95] verwenden die mehrfache Regression. BRAININ [3.95] schätzt regressiv Momente stochastischer Parameter aus der Fokker-Plank Gleichung (2.45), wobei die Minimierung einer Verlustfunktion nach der Methode des "steepest descent" mit einem diskreten Regressionsalgorithmus erfolgt. Die Brauchbarkeit des Verfahrens wird an Hand eines Systems erster Ordnung gezeigt. Den Abschluß bildet ein Ausblick auf Systeme höherer Ordnung, nichtlineare Systeme und Systeme mit Transportverzögerungen. Die Parameter einer Naßmahleinrichtung schätzen BROWN et al. [3.94] mit einem Regressionsalgorithmus.

Ersatzmodelle, bestehend aus Parallelschaltungen einfacher zeitinvarianter Übertragungsglieder nach Abschnitt 1.3.2 werden in den Arbeiten [3.96], [3.97] und [3.98] benützt. Die Gewichtsfunktionen dieser zeitinvarianten Übertragungsglieder sind bei ELKIND et al. [3.96] orthogonale Exponentialfunktionen, bei FAIRMAN und SHEN [3.97] Poissonsfilterketten und bei CHADEEV [3.98] "geeignet" zu wählen. Von ELKIND et al. [3.96] werden die Ausgänge der einzelnen zeitinvarianten Übertragungsglieder im Gegensatz zu Bild 1.12 mit konstanten Verstärkungen multipliziert. Diese Verstärkungen sind aus Meßwerten von Ein- und Ausgangssignalen so zu bestimmen, daß der mittlere quadratische Fehler zwischen System- und Modellausgang zu einem Minimum wird. Aus den so ermittelten Verstärkungen ergeben sich die Parameter der Gewichtsfunktion. An Hand gemessener Frequenzkennlinien wird das Verfahren an einer zeitinvarianten Strecke mit Korrelationsverfahren verglichen. Es zeigt sich, daß wesentlich kleinere Streuungen der Ergebnisse auftreten. Sind die Betriebssignale durch Distributionen darstellbar, entwickeln sie FAIRMAN und SHEN [3.97] in exponentiell gewichtete Reihen von zeitlichen Ableitungen der Deltafunktion. Diese Reihen dienen zum Aufbau zweier Poissonfilterketten, von denen die eine mit dem Eingangssignal und die andere mit dem Ausgangssignal des zu untersuchenden Systems beaufschlagt wird. Synchrone Abtastung der Ausgangssignale jeder Stufe der Filterketten führt auf ein System von algebraischen Gleichungen. Aus dem Gleichungssystem können Koeffizienten von Polynomen, welche die Parameteränderung beschreiben, bestimmt werden. Über die Stufenzahl der Filterketten finden sich keine Angaben. Mit der Parameterschätzung an einer Rohrwalzeinrichtung beschäftigt sich CHADEEV [3.98]. Das zeitvariante System wird als Parallelschaltung zweier zeitinvarianter Übertragungsglieder aufgefaßt, deren Übertragungsfunktionen bekannt sind. Zur Schätzung findet eine adaptive Identifikationsschaltung Verwendung. Während in [3.96] und [3.98] keine Angaben über Einschränkungen der Parameter gemacht werden, gilt das in [3.97] angegebene Verfahren nur für Parameteränderungen, die durch Polynome beschrieben werden.

Sinusförmige Testsignale werden in den Arbeiten [3.99] bzw. [3.5] und [3.100] benützt. Die in Abschnitt 1.2.1.2 besprochene Fouriertransformation verwenden SAGE und CHOATE [3.99] für die Frequenzgangmessung zeitvarianter Systeme. Unterwirft man die Übergangsmatrix $\underline{\Phi}(t,\tau)$ bei konstantem t der eindimensionalen Fouriertransformation

$$\underline{\Phi}(t,i\omega) = \int_0^\infty \underline{\Phi}(t,\tau) \cdot \exp[-i\omega(t-\tau)]\,d\tau \qquad \forall\ \tau > t$$

gilt für den Zustandsvektor mit $\underline{R}(i\omega) = \mathcal{F}\{\underline{B}(t) \cdot \underline{u}(t)\}$

$$\underline{x}(t) = \frac{1}{2\pi} \int_{-\infty}^{+\infty} \underline{\Phi}(t,i\omega)\underline{R}(i\omega) \cdot \exp(i\omega t)\,d\omega$$

Die so entstandene Übertragungsfunktionsmatrix $\underline{\Phi}(t,i\omega)$ muß der linearen, partiellen Differentialgleichung genügen.

$$\frac{\partial}{\partial t}\,\underline{\Phi}(t,i\omega) + [i\omega\underline{I}-\underline{A}(t)]\underline{\Phi}(t,i\omega) = \underline{I}$$

Die Transformation selbst erfüllt eine gewöhnliche lineare
Differentialgleichung, die über die Matrizen $\underline{A}(t)$ und $\underline{B}(t)$ mit
der Systemdifferentialgleichung zusammenhängt. Ist diese Trans-
formation meßbar, folgen aus ihr die Matrizenelemente (Parameter). Periodische Wiederholung des Verfahrens berücksichtigt
die Zeitvarianz. Für langsame Parameteränderungen ist das Verfahren mit vertretbarem Rechenaufwand durchzuführen. AUBE und
GIRAUD [3.100] behandeln adaptive Regelungen einfacher struk-
turveränderlicher Systeme. Aus einer phasenvariablen kanonischen Form der Zustandsgleichungen schätzt BOHLIN [3.101] Mo-
mentanwerte gauß'scher Parameter mit rationalen Leistungsspektren. Die Technik der modulierenden Funktionen $\varphi(t)$ wird an
einem Verzögerungsglied zweiter Ordnung mit der Differentialgleichung

$$af_0(t)y(t) + bf_1(t)\dot{y}(t) + cf_2(t)\ddot{y}(t) = u(t)$$

von LOEB und CAHEN [3.102] demonstriert. Durch Multiplikation
der Differentialgleichung mit den modulierenden Funktionen und
nachfolgender Integration ergibt sich

$$a\int_0^T f_0(t)\varphi(t)y(t)dt + b\int_0^T \frac{d}{dt}(f_1\varphi)y(t)dt +$$

$$c\int_0^T \frac{d^2}{dt^2}(f_2\varphi)y(t)dt = \int_0^T u\varphi dt$$

Genügen die a-priori bekannten Funktionen $f_i(t)$ bestimmten Bedingungen, können die Koeffizienten (a,b,c) ermittelt werden.
Ein Identifikationsverfahren für lineare zeitvariante Systeme
aus verrauschten Meßwerten von Ein- und Ausgangssignalen
ohne a-priori Informationen, insbesondere über die Systemparameter beschreiben OKITA und TAKEDA [3.103]. Zunächst erfolgt die Bestimmung dynamischer Gleichungen für die Parameter
und aufbauend auf diesen die Abschätzung der Gewichtsfunktion

196

auf rekursivem Wege. In der Arbeit [3.104] werden im Zuge des
Entwurfs eines parameterunempfindlichen Reglers die im Verhältnis 1:4 schwankenden Parameter eines Plattenüberhitzers abgeschätzt. Mehr allgemeineren Charakter haben die thematisch
gleichen Arbeiten [3.105] und [3.106]. Für eine bestimmte Klasse von Parametervariationen (bekannte, kontinuierliche Zeitfunktionen mit unbekannten, konstanten Koeffizienten)wird zunächst eine notwendige und hinreichende Bedingung für deren Beobachtbarkeit aus Meßstreifen von Ein- und Ausgangssignal abgeleitet und sodann die Systemgleichungen mit unmeßbarem, erweiterten Zustandsvektor auf äquivalente Systemgleichungen mit
meßbarem Zustandsvektor transformiert. Auf pulsfrequenzmodu-
lierte Regelsysteme ist das von BROUGHTON in [3.107] angegebene
Verfahren zugeschnitten. Die langsam variierenden Parameter
werden mit Hilfe einer Identifikationsschaltung durch einen
dualen Regler abgeschätzt. Es werden Versuchsergebnisse eines
Systems zweiter Ordnung mit periodischen Parametern angegeben.
STANKOVIC [3.108] gibt einen Echtzeitidentifikationsalgorithmus
für stochastische Parameter an.

Ein Verfahren zur näherungsweisen Identifikation linearer
zeitvarianter Eingrößensysteme mit stochastischen Parameteränderungen wird schließlich vom Verfasser in [1.17] und [3.109]
angegeben. Grundlage ist die Periodizität von pseudozufälligen
binären Testsignalen. Betrachtet man das instationäre Ausgangssignal des zu untersuchenden Systems auf eine Eingangssignalperiode als Realisierung des stochastischen Aus-
gangsprozesses, dann führen mehrere Eingangssignalperioden auf
ein Ensemble von Realisierungen. Durch Ensemblemittelung folgt
daraus das stationäre Ausgangssignal eines zeitinvarianten Ersatzsystems und eine zu dessen Gewichtsfunktion proportionale
Kreuzkorrelationsfunktion. Mit den Parametern des zeitinvarianten Ersatzsystems können die Parameterempfindlichkeitsfunktionen berechnet werden, wodurch jedem Ausgangssignalmeßwert ein Satz von Parameterschätzwerten zugeordnet ist. Es werden Versuchsergebnisse von simulierten Verzögerungsgliedern
erster und zweiter Ordnung mit stochastisch variierender Verstärkung , Zeitkonstante und Dämpfung angegeben. Eine ausführliche Darstellung des Verfahrens und von Versuchsergebnissen
enthält Kapitel 4.

3.3.7 Zusammenfassung

Die aufgeführten Verfahren ermöglichen sowohl die Identifikation kontinuierlicher als auch zeitdiskreter Systeme. Außer den Filterverfahren sind die meisten anderen mit vertretbarem Rechenaufwand nur für Eingrößensysteme anwendbar, wobei auch bei ersteren die Rechenzeit mit steigender Anzahl der Ein- und Ausgänge stark zunimmt. Vorinformationen sind - wie bereits in Abschnitt 3.2 angedeutet - fast durchwegs erforderlich. Bei den meisten Verfahren ist der zeitliche Verlauf der Eingangssignale belanglos - sie benötigen keine besonderen Testsignale. Einzig die Korrelationsverfahren sind natürlich an spezielle stochastische Testsignale gebunden. Die Störsignale müssen bestimmten Bedingungen genügen.

In Tabelle 3.12 sind die angegebenen Veröffentlichungen einander gegenübergestellt. Es zeigt sich, daß bezüglich der Parametervariation fast durchwegs Einschränkungen zumindestens hinsichtlich einer der in Tabelle 3.4 genannten Einteilungsmöglichkeiten notwendig sind. Zur Durchführung der Identifikation sind also unbedingt Vorinformationen über die Parametervariation und die Störsignale erforderlich. Als nichtparametrische Modelle ergeben sich überwiegend Punkte der Gewichtsfunktionsfläche und als parametrische Modelle hauptsächlich Zustandsgleichungen. Die bei zeitinvarianten Systemen üblichen Modelle im Frequenzbereich finden nur bei quasistationärer Betrachtungsweise instationärer Systeme Verwendung, da sich parametrische oder eingefrorene Übertragungsfunktionen oder Frequenzgänge als nur beschränkt brauchbar erwiesen haben.

Nur wenige der angegebenen Veröffentlichungen beinhalten praktische Anwendungen. Die meisten Arbeiten beschreiben Versuche an simulierten Übertragungsgliedern. Die meisten Methoden erscheinen für die praktische Anwendung an Anlagen geräte- und auswertemäßig zu aufwendig. Es wird daher in Zukunft erforderlich sein, Verfahren zu entwickeln, die mit geringen Vorinformationen und geringem Rechenaufwand auskommen.

Verfahren	Literatur		kontinuierl.	diskret	Eingrößen	Mehrgrößen	determin.	stochast.	beliebig	keine	mit Einschr.	beliebig	langsam	klein	determin.	stochast.	beliebig	nichtparam.	parametr.	Momentanw.	Kenngrößen	keine	Simulation	Anlage
KORRELATIONSVERFAHREN	KAILATH	[3.23]	X		X			w. R.		X						St		G			X		X	
	FELLEN	[3.24]	X		X			w. R.		X						St		G			X	X		
	POLLON	[3.25]	X		X			w. R.		X						St		G			X		X	
	BECK et al.	[3.26]	X		X			PZB			X		X			w. R.		G			X			X
	HOFFMANN et al.	[3.27]		X	X			PZB		X			X		SIN			G		X			X	
	LAWRENCE DAWSON	[3.28]	X		X			PZB							SIN			G			X			X
	BROWN	[3.29]	X		X			PZB		X			X	X	POL			G						X
	NIKIFOURUK et al.	[3.30]		X	X			PZT PZB				X	X	X	POL			G					X	
	RUBIN	[3.35]		X		X		X				X				GM			Z	X		X		
	VELTMANN	[3.36]	X		X			X		X		X						G		X			X	
	FAURE, EVANS	[3.37]	X		X			X				X						G					X	
MODELLABGLEICH-VERFAHREN	PARRY, HOUPIS	[3.43]	X		X				X			X			X			W		X			X
	DYMOCK et al.	[3.44]	X		X				X							X		W			X		X	
	NARENDRA TRIPATHI	[3.45]	X		X				X			X			X			W			X			X
	WIESLANDER, WITTENMARK	[3.46]		X	X			(PZB)	X		w. R.						X		Z	X				X	
	KUSHNER	[3.47]		X	X			(w. R.)	X		X								DG	X		X		
	TSE, BAR-SHALOM	[3.48]		X		X			X	X						GM			Z	X			X	
	VAN AARLE	[3.49]	X		X			PZB				X	X			St			W		X			X
OPTIMIERUNGSVERFAHREN	HANAFY, BOHN	[3.53]	X		X	(X)			X								X		Z	X			X	
	KLEINMAN, PERKINS	[3.54]	X		X	(X)			X	X					X			Z			X			X
	MEDITCH, GIBSON	[3.55]	X		X				X	X				X				G		X			X	
	EYKHOFF, SMITH	[3.56]	X		X		(SIN)	(X)	X		X								W		X			X	
	DRENICK, SHAW	[3.57]	(X)	(X)	X				X	X					X			Z		X		X		
	MC. BRIDE NARENDRA	[3.58]	X		X	(X)			X	X	X							(G)	(Z)	X		X		
	SOOD	[3.59]	X		X	(X)			X	X				X				Z		X			X	
	KU. ATHANS	[3.60]		X	X				X						GM			Z		X			X	

Column groups: **System** (kontinuierl. / diskret / Eingrößen / Mehrgrößen) · **Eingangssignal(e)** (determin. / stochast. / beliebig) · **Störsignale** (keine / mit Einschr. / beliebig) · **Parameter** (langsam / klein / determin. / stochast / beliebig) · **Modell** (nichtparam. / parametr. / Momentanw.) · **Versuche** (Kenngrößen / keine / Simulation / Anlage)

Literatur		Sys: kontinuierl.	Sys: diskret	Sys: Eingrößen	Sys: Mehrgrößen	Eing: determin.	Eing: stochast.	Eing: beliebig	Stör: keine	Stör: mit Einschr.	Stör: beliebig	Par: langsam	Par: klein	Par: determin.	Par: stochast	Par: beliebig	Mod: nichtparam.	Mod: parametr.	Mod: Momentanw.	Ver: Kenngrößen	Ver: keine	Ver: Simulation	Ver: Anlage
PARAMETERSCHÄTZVERFAHREN																							
LARMINAT, TALLEC	[3.61]		X		X			X							X			Z	X			X	
FURUTA, PAQUET	[3.62]		X	X			PZB								M			Z	X			X	
RODEL	[3.63]		X	X			PZB				X				M			Z	X			X	
SAWARAGI et al.	[3.64]		X		X			X										Z		X		X	
SAGE, WAKEFIELD	[3.65]	X	X		X			X		X								Z	X			X	
BANKA	[3.66]		X	X			(PZB)							X				Z	X			X	
BOHLIN	[3.67]		X	X						X					w. R.			Z	X				X
KREUZER	[3.68]	X			X					X		X		X				X	X			X	
SCHEURER	[3.69]		X	X				X		X		X	X					X	X			X	
YOUNG	[3.70]		X	X						X		X				X		Z	X			X	
BAUER, UNBEHAUEN	[3.71]		X		X					X						X		Z	X				X
FILTERVERFAHREN																							
FARISON	[3.83]		X		X			X		X					G. M			Z	X	X			
FARISON et al.	[3.84]		X		X			X		X					G. M			Z	X				X
BRAMMER	[3.85]	X			X			X		X					G. M			Z	X	X			
KAUFMANN, BEAULIER	[3.86]		X		X			X		X					X			Z	X			X	
SIOURIS	[3.87]	X			X			X		X								Z	X				X
COGGAN, NOTON	[3.88]		X		X			X		X					G. M			Z	X				X
KLEIN, EYMAN	[3.89]	X			X		w. R			X					(w. R)			Z	X			X	
MENDES, POLIGNAC	[3.90]		X		X			X		X							G	Z	X			X	
SINHA, MAHALANABIS	[3.91]	(X)	X		X			X		X							X	Z	X			X	
OLSSON	[3.92]		X		X			X		X						X		Z	X				X
NORTON	[3.93]		X	X	X			X		X						X		Z	X				X

		System				Eingangssignal(e)			Störsignale			Parameter					Modell			Versuche			
Literatur		kontinuierl.	diskret	Eingrößen	Mehrgrößen	determin.	stochast.	beliebig	keine	mit Einschr	beliebig	langsam	klein	determin.	stochast.	beliebig	nichtparam.	parametr.	Momentanw.	Kenngrößen	keine	Simulation	Anlage
BROWN et al.	[3.94]		X	X	X			X			X	X						Z	X				X
BRAININ	[3.95]	X		X				X							w. R			DG		X		X	
ELKIND et al.	[3.96]	X		X			X			X		X						G		X		X	
FAIRMAN, SHEN	[3.97]	X		X				X	X					POL				DG		X		X	
CHADEEV	[3.98]		X		X		X				X				St			W	X				X
SAGE, CHOATE	[3.99]	X		X		SIN			X									Z	X			X	
AUBE, GIRAUD	[3.100]	X		X		SIN			X					(SIN)				W	X				X
BOHLIN	[3.101]		X	X	X			X		Gß					Gß			Z	X			X	
LOEB, CAHEN	[3.102]		X	X				X	X	(X)				POL				DG		X		X	
OKITA, TAKEDA	[3.103]		X	X				X		X					GM			G	X			X	
BERGER	[3.104]	X			X			X		w. R					X			Z	X				X
RAMAKRISHNA	[3.105] [3.106]	X			X			X	X					POL				Z	X			X	
BROUGHTON	[3.107]	X	X	X		X						X				X		Z	X			X	
STANKOVIC, KOUWENBG.	[3.108]		X	X				X		w. R				POL				Z	X			X	
KOPACEK	[3.109]	X	X	X			PZB		X						X	X	G		X			X	

Row-group label (left margin): **SONSTIGE VERFAHREN**

St ..... stationär
Gß ..... Gaußprozeß
G. M. ..... Gauß-Markovprozeß
M ..... Markovprozeß
w. R ..... weißes Rauschen
SIN ..... sinusförmig
POL ..... polynomial

PZB ..... pseudozufällig binär
PZT ..... pseudozufällig ternär
DG ..... Differentialgleichung
G ..... Gewichtsfunktion
W ..... Übertragungsfunktion
F ..... Frequenzgang
Z ..... Zustandsraum

4 Ein Anwendungsbeispiel

Stellvertretend für die Arbeiten der vorigen Abschnitte soll
als Beispiel in diesem Kapitel die Anwendung eines Identifikationsverfahrens ausführlicher behandelt werden. Dies erfolgt
an Hand eines vom Verfasser entwickelten Näherungsverfahrens
zur Identifikation linearer zeitvarianter Systeme. Eine ausführliche Darstellung des Verfahrens und von Versuchsergebnissen
können den Arbeiten [1.17], [3.109], [4.1] und [4.2] entnommen
werden.

Wie bereits in Abschnitt 3.3.6 ausgeführt, beruht das Verfahren sowohl auf der Periodizität pseudozufälliger Binärsignale
als auch auf den Parameterempfindlichkeitsfunktionen und liefert
das Modell eines zeitinvarianten Ersatzsystems sowie Schätzwerte
der momentanen Parameterwerte. Hinsichtlich der Parameteränderungen werden keine Einschränkungen gemacht - sie können auch
Realisierungen stationärer oder instationärer stochastischer
Prozesse sein.

4.1 Grundlagen des Identifikationsverfahrens

Werden Ein- und Ausgangssignal $u(t)$ und $y(t)$ eines linearen
zeitvarianten Systems mit einem Ein- und einem Ausgang zu äquidistanten Zeitpunkten $k\Delta t$ abgetastet, ergeben sich zwei Folgen
von Meßwerten $u(k\Delta t) = u(k)$ und $y(k\Delta t) = y(k)$. Diese Meßwerte
können zu einer *Eingangsmatrix* $\underline{U}(k-1)$ und einer *Ausgangsmatrix*
$\underline{Y}(k,k-1)$ zusammengefaßt werden. Ist das Eingangssignal $u(k)$
ein pseudozufälliges Binärsignal mit dem Taktintervall Δt und
der Periode $N\Delta t$, gilt $u(k) = u(k+N)$ und die Eingangsmatrix ist
eine N x N Matrix. Mit der Ein- und der Ausgangsmatrix sowie
der *Gewichtsfunktionsmatrix* $\underline{G}(l,k-1)$ kann die Faltungssumme

Gleichung (1.43) als Matrizengleichung angeschrieben werden.

$$\underline{Y}(k,k-1) = \underline{U}(k-1)\ \underline{G}(1,k-1) \qquad (4.1)$$

Die Elemente der Gewichtsfunktionsmatrix sind Punkte der in
Bild 1.2 dargestellten Gewichtsfunktionsfläche für t = 1Δt und
τ= (k-1)Δt. Für μ Perioden des Eingangssignals haben die Ma-
trizen in Gleichung (4.1) die Dimensionen N x μN, N x N und
N x μN. Zur experimentellen Bestimmung eines nichtparametrischen
Systemmodells in Form der Gewichtsfunktionsfläche (Elemente der
Gewichtsfunktionsmatrix) aus Meßwerten von Ein- und Ausgangs-
signal wäre die Lösung der Gleichung

$$\underline{G}(1,k-1) = \underline{U}^{-1}(k-1)\ \underline{Y}(k,k-1) \qquad (4.2)$$

erforderlich. Von den N x μN Elementen der Ausgangsmatrix sind
aber nur μN entsprechend den momentanen Parameterwerten meßbar.

Für lineare zeitinvariante Systeme und ein Eingangs-PZBS
gilt die Faltungssumme für die Korrelationsfunktionen

$$\underline{R}_{uy}(s) = \underline{R}_u(s-1)\ .\ \underline{G}(1) \qquad (4.3)$$

mit s = k-1. Die Elemente der Autokorrelationsmatrix $\underline{R}_u$ können
aus

$$R_u(s) = \frac{1}{N}\ \sum_{k-1}^{N}\ u(k).u(k+s) \qquad (4.4)$$

und die der Kreuzkorrelationsmatrix $R_{uy}(s)$ aus

$$R_{uy}(s) = \frac{1}{N}\ \sum_{k-1}^{N}\ u(k+s)y(k) \qquad (4.5)$$

berechnet werden. Die der Gleichung (4.2) entsprechende Be-
stimmungsgleichung für die Gewichtsfunktionsmatrix G(1) vereinfacht sich für zeitinvariante Systeme auf

$$\underline{G}(1) = \underline{R}_u^{-1}(s-1) \cdot \underline{R}_{uy}(s) \qquad\qquad (4.6)$$

Ist die Eingangsmatrix orthogonal, d.h. eine quadratische Matrix, deren Spalten- und Zeilenvektoren vom Betrag 1 und paarweise zueinander orthogonal sind, vereinfacht sich die Auswertung von Gleichung (4.2) und (4.6) beträchtlich. Dies kann,
wie in [4.3] gezeigt ist, durch entsprechende Wahl der Kenngrößen des Eingangs-PZBS erreicht werden.

Zur Identifikation nach dem vorgeschlagenen Verfahren wird
das zu untersuchende,lineare zeitvariante System mit μ-Perioden
eines PZBS beaufschlagt und aus dem instationären Ausgangssignal $y(t)$, der Länge $\mu N \Delta t$ durch Mittelung das stationäre Ausgangssignal $y^o(t)$ eines *linearen zeitinvarianten Ersatzsystems*
mit der Gewichtsfunktion $g^o(\tau)$ folgendermaßen bestimmt. Betrachtet man die Antwort des unbekannten Systems auf eine PZBS-
Periode als Ausgangssignal $y_\kappa(t)(\kappa=1,.,\mu)$ eines zeitvarianten
"Teilsystems" $g_\kappa(\tau)$, ergeben μ-Eingangssignalperioden ein Ensemble von μ-Ausgangssignalen. Das zu untersuchende System wird
gedanklich als Parallelschaltung von zeitvarianten Teilsystemen
gleicher Struktur, aber unterschiedlicher Parameteränderung
aufgefaßt.

Synchrone Abtastung des Ausgangssignals mit der Taktfrequenz
Δt des Eingangs-PZBS ergibt μN Ausgangssignalmeßwerte $y(k)$ zu
äquidistanten Zeitpunkten. Sie sind Elemente der Ausgangsmatrix $\underline{Y}(k,k-1)$ der Faltungssumme (4.1) zeitvarianter Systeme und
werden in einer "meßbaren Ausgangsmatrix" $\underline{Y}*(\kappa,\lambda)$ $(\lambda=1,\ldots,N)$
zusammengefaßt. Die Zeilen der meßbaren Ausgangsmatrix sind
die Ausgangssignalmeßwerte $y_\kappa(\lambda)$ einer Eingangssignalperiode
oder die Ausgangssignalmeßwerte eines der μ-Teilsysteme. Ihre
Spalten stellen Meßwerte der Ausgangssignale für einen bestimmten Zeitpunkt eines "Ensembles" von μ-Teilsystemen dar. Aus
einer Spalte der meßbaren Ausgangsmatrix kann demnach durch
Mittelwertbildung näherungsweise ein Ausgangssignalmeßwert des
zeitinvarianten Ersatzsystems bestimmt werden.

$$y^o(\lambda) = \frac{1}{\mu} \sum_{\kappa=1}^{\mu} y_\kappa(\lambda) \qquad\qquad (4.7)$$

Aus den N-Spalten der meßbaren Ausgangsmatrix ergeben sich daher N-Ausgangssignalmeßwerte des zeitinvarianten Grundsystems für eine Eingangssignalperiode.

Die mit diesen Ausgangssignalmeßwerten und den bekannten Eingangssignalwerten aus Gleichung (4.5) berechnete Kreuzkorrelationsfunktion ist auf Grund der Eigenschaften der Autokorrelationsfunktion $R_u(s)$ des Eingangs-PZBS annähernd proportional der Gewichtsfunktion $g^o(s)$ des zeitinvarianten Ersatzsystems. Somit liegen dessen Struktur und die Parameter - der Parametervektor $\underline{p}^o$ - fest.

Nun besteht die Möglichkeit, mit *Parameterempfindlichkeitsfunktionen* Schätzwerte der zeitveränderlichen Systemparameter zu bestimmen. Die Parameter des zeitinvarianten Ersatzsystems dienen als Parameternennwerte $\underline{p}^o$ zur Berechnung der Empfindlichkeitsfunktionen des Ausgangssignals gegenüber Parameteränderungen (Parameterempfindlichkeitsfunktionen). Der Parametervektor $\underline{p}(k)$ des zu untersuchenden Systems wird als Summe eines zeitunabhängigen $\underline{p}^o$ und eines zeitabhängigen Anteiles $\underline{p}^*(k)$ betrachtet

$$\underline{p}(k) = \underline{p}^o + \underline{p}^*(k) \qquad\qquad (4.8)$$

Die Parameterwerte $\underline{p}^o$ des zeitinvarianten Ersatzsystems $g^o(s)$ können als Parameternennwerte zur Berechnung der Parameterempfindlichkeitsfunktionen [4.4] für dieses System und das Eingangs-PZBS herangezogen werden. Die Berechnung der Parameterempfindlichkeitsfunktionen ist für ein PZBS-Eingangssignal sehr einfach [1.17].

Eine Periode eines Einheits-PZBS (Amplitudenwerte +1 und -1) kann mit der Einheitssprungfunktion $\sigma(t)$ dargestellt werden

$$u(t) = \sigma(t) + 2\sum_w \sigma(t-w\Delta t) -$$

$$2\sum_v \sigma(t-v\Delta t) + \sigma(t-N\Delta t) \qquad (4.9)$$

$w\Delta t$ und $v\Delta t$ sind die Zeitpunkte, zu denen die Signalamplitude ihren Wert von -1 auf $+1$ (positive Sprünge) oder von $+1$ auf -1 (negative Sprünge) ändert. Unterwirft man Gleichung (4.9) der Laplacetransformation, folgt unmittelbar

$$U(s) = \frac{1}{s}\{1 + 2\sum_w \exp(-w\Delta t) - 2\sum_v \exp(-sv\Delta t) + \exp(-sN\Delta t)\}$$

$$(4.10)$$

Die Zeitabhängigkeit der Übertragungsfunktion $W(s,t)$ kann nach [4.5] durch die Abweichungen der Parameterwerte $\underline{p}^*(t)$ von ihren Nennwerten $\underline{p}^o$ ausgedrückt werden. Für das Ausgangssignal folgt daher durch Rücktransformation

$$y(t,\underline{p}^*) = \mathcal{L}^{-1}\{W(s,\underline{p}^*)\cdot U(s)\} \qquad (4.11)$$

und schließlich für die Empfindlichkeitsfunktionen q-ter Ord - nung (q = 1,2,...) bezüglich des Parameters (δ = 1,2,...,ρ)

$$\left[\overset{q}{e}_\delta(t)\right]_u = \left.\frac{\partial^q y(t,p_\delta^*)}{\partial p_\delta^{*q}}\right|_{p_\delta^*=0} = \mathcal{L}^{-1}\left\{\left.\frac{\partial^q W(s,p_\delta^*)}{\partial p_\delta^{*q}}\right|_{p_\delta^*=0}\cdot U(s)\right\}$$

$$(4.12)$$

Setzt man in Gleichung (4.12) $U(s)$ aus Gleichung (4.10) ein, er- gibt sich für die Empfindlichkeitsfunktion bei einem PZB-Ein- gangssignal

$$\left[e_\delta^q(t) \right]_{PZ} = \mathcal{L}^{-1} \left\{ \frac{\partial^q W(s,p_\delta^*)}{\partial p_\delta^{*q}} \Bigg|_{p_\delta^*=0} \cdot \frac{1}{s} \left[1 + 2\sum_w \exp(-sw\Delta t) - \right. \right.$$

$$\left. \left. 2\sum_v \exp(-sv\Delta t) + \exp(-sN\Delta t) \right] \right\}$$

(4.13)

Die Parameterempfindlichkeitsfunktionen für ein PZB-Eingangssignal können aus denen für ein sprungförmiges Eingangssignal
einfach durch Multiplikation mit einer Konstanten berechnet
werden.

Sind diese Empfindlichkeitsfunktionen für eine Eingangs-
PZBS Periode bekannt, kann zu jedem gemessenen Ausgangssignal-
wert $y(\lambda)$ mit dem bekannten Ausgangssignalmeßwert $y^o(\lambda)$ ein
Schätzwert $\hat{p}_\delta(\lambda)$ für den aktuellen Parameterwert $p_\delta(\lambda)$ aus

$$\hat{p}_\delta(\lambda) = p_\delta^o + [y(\lambda) - y^o(\lambda)]\, e_\delta^{-1}(\lambda) \qquad (4.14)$$

berechnet werden.

Das Identifikationsverfahren liefert das Modell eines zeitinvarianten Ersatzsystems maximaler Wahrscheinlichkeit und
Schätzwerte für die momentanen Parameterwerte.

4.2 Untersuchte Übertragungsglieder

Die Überprüfung des Identifikationsverfahrens erfolgte mit
Hilfe eines Hybridrechners. Untersucht wurden Verzögerungsglieder erster Ordnung mit stochastisch variierender Verstärkung
und/oder Zeitkonstante sowie Verzögerungsglieder zweiter Ordnung mit stochastisch variierender Dämpfung.

Hier sollen Versuchsergebnisse eines Verzögerungsgliedes

erster Ordnung

$$T_1 \, \dot{y}(t) + y(t) = K(t)u(t) \qquad (4.15)$$

mit der stochastisch variierenden Verstärkung K(t) und eines
Verzögerungsgliedes zweiter Ordnung

$$T^2 \ddot{y}(t) + 2D(t)T\dot{y}(t) + y(t) = K.u(t) \qquad (4.16)$$

mit zufälligen Dämpfungsänderungen D(t) angegeben werden. Diese Differentialgleichungen wurden am Analogteil des Hybridrechners nachgebildet. Die Verstärkungs- und die Dämpfungsänderungen erfolgten mit Hilfe eines handelsüblichen Rauschge-
nerators in Form stationärer stochastischer Prozesse. Nach
Gleichung (4.8) bestehen die zeitvariablen Parameter aus einem
konstanten Anteil K^O und D^O, zu dem der zeitabhängige Anteil
$K^*(t)$ und $D^*(t)$ addiert wird.

Zunächst werden für die beiden zu untersuchenden Übertragungsglieder aus den Gleichungen (4.15) und (4.16) die Empfindlichkeitsfunktionen bezüglich des entsprechenden Parameters und
des verwendeten Eingangs-PZBS abgeleitet. Nach den Ausführungen
des Abschnittes 4.1 ergibt sich mit Gleichung (4.13) die Empfindlichkeitsfunktion des Ausgangssignals eines Verzögerungsgliedes
erster Ordnung gegenüber Verstärkungsänderungen.

$$\left[e_{K^*}(\lambda\Delta t) \right]_{PZ} = A^* \Bigg\{ (-1)^{r_+ + r_- + 1} - \exp\left(-\frac{\lambda\Delta t}{T_1}\right)$$
$$\left[1 + 2\sum_w \exp\left(\frac{w\Delta t}{T_1}\right) - 2\sum_v \exp\left(\frac{v\Delta t}{T_1}\right) \right] \Bigg\}$$

$$(4.17)$$

A^* ist die Amplitude des Eingangs-PZBS und T_1 die stationäre
Zeitkonstante des Verzögerungsgliedes erster Ordnung. Die
Konstanten r_+ und r_- geben die Anzahl der bis zum betrachteten
Zeitpunkt $\lambda\Delta t$ aufgetretenen *runs* mit größerem und kleineren
Signalniveau des Eingangs-PZBS an. Unter run wird hier eine Auf-
einanderfolge gleicher Signalniveaus verstanden. $w\Delta t$ und $v\Delta t$

208

sind, wie bei Gleichung (4.9) erläutert, jene Zeitpunkte, zu
denen positive oder negative Sprünge im Eingangssignal auftreten.

Die Dämpfungsempfindlichkeitsfunktionen eines Verzögerungsgliedes zweiter Ordnung wurden in der Arbeit [4.2] abgeleitet.
Man erhält zunächst

$$\left[e_{D^*}(\lambda\Delta t)\right]_{PZ} = A^*\mathcal{L}^{-1}\left\{-\frac{2K^O T}{(1+2DTs+T^2 s^2)^2}\cdot\right.$$

$$\left.\left[1 + 2\sum_W \exp(-su\Delta t) - 2\sum_V \exp(-sv\Delta t)\right]\right\}$$

$$(4.18)$$

Die Rücktransformation von der Empfindlichkeitsfunktion des
PT2-Gliedes, Gleichung (4.18), ist wesentlich komplizierter als
die des PT1-Gliedes. Vor allem läßt sich das Ergebnis nicht
mehr zusammenfassen, sondern muß Zeile für Zeile angeschrieben
werden. Mit den Substitutionen

$$F = K^O(1-D^2)^{-\frac{3}{2}} \qquad \text{und} \qquad G = T^{-1}(1-D^2)^{\frac{1}{2}} \qquad (4.19)$$

sowie

$$f_1(v_j) = 2F\cdot\exp[-\tfrac{D}{T}(\lambda-v_j)\Delta t]\,[\sin G(\lambda-v_j)\Delta t -$$
$$G(\lambda-v_j)\Delta t\cdot\cos G(\lambda-v_j)\Delta t]$$

$$f_2(w_i) = 2F\cdot\exp[-\tfrac{D}{T}(\lambda-w_i)\Delta t]\,[\sin G(\lambda-w_i)\Delta t -$$
$$G(\lambda-w_i)\Delta t\cdot\cos G(\lambda-w_i)\Delta t]$$

$$(4.20)$$

ergibt sich für die Empfindlichkeitsfunktion des Ausgangssignals eines Verzögerungsgliedes zweiter Ordnung gegenüber
Dämpfungsänderungen

$$\frac{1}{A^*}\left[e_{D^*}(\lambda\Delta t)\right]_{PZ} = -F.\exp(-\frac{D}{T}\lambda\Delta t).(\sin G\lambda\Delta t -$$

$$G\lambda\Delta t.\cos G\lambda\Delta t) + f_1(v_j) - f_2(w_i)$$

$$\forall \quad i = 1,2,\ldots\ldots$$
$$\forall \quad j = 1,2,\ldots\ldots$$

$$(4.21)$$

$w_i\Delta t$ und $v_j\Delta t$ sind wieder die Zeitpunkte,zu denen das Eingangssignal positive oder negative Sprünge aufweist. Mit diesen
Empfindlichkeitsfunktionen können aus Gleichung (4.14) die Parameterschätzwerte $\hat{K}^*$ und $\hat{D}^*$ für die Zeitpunkte $\lambda\Delta t$ berechnet
werden.

Als Eingangssignal diente ein aus einer Folge maximaler Länge abgeleitetes PZBS. Es wurde mit einem fünfstufigen rückge-
koppelten Schieberegister am Digitalteil des Hybridrechners erzeugt und hatte daher die Länge N = 31. Positive Signalampli-
tuden $+A^*$ traten an den Stellen 1, 2, 3, 4, 5, 9, 10, 12, 13, 14,
16, 18, 23, 26, 28, 29 mal Δt auf. Die für dieses Eingangssignal aus den Gleichungen (4.17) und (4.21) berechneten Empfindlichkeitsfunktionen sind ebenfalls periodisch mit $N\Delta t$. Für das
Verzögerungsglied erster Ordnung stimmt die Empfindlichkeitsfunktion e_{K^*} mit dem Ausgangssignal des zeitinvarianten Ersatzsystems für K^O = 1 überein. Die Empfindlichkeitsfunktion des
Ausgangssignals eines Verzögerungsgliedes zweiter Ordnung gegenüber Dämpfungsänderungen ist in Bild 4.1 dreidimensional dargestellt. Auf der horizontalen Achse sind die Dämpfungswerte
beginnend mit 0,1 am linken Skalenende bis 1,0 aufgetragen. Die
senkrechte Achse ist nach den Werten der Empfindlichkeitsfunktion e_{D^*} von -15,44 bis +21,19 geteilt. Auf der dritten Achse
sind von vorne nach hinten die Bits einer Signalperiode von
1 bis 31 aufgetragen.

Aus Bild 4.1 folgt, daß die Empfindlichkeit des Ausgangssignals eines Verzögerungsgliedes zweiter Ordnung gegenüber
Dämpfungsänderungen mit sinkender Dämpfung steigt. Für eine
konstante Dämpfung von 0,1 variieren die Werte der Empfindlichkeitsfunktion erster Ordnung über eine Eingangs-PZBS-Periode

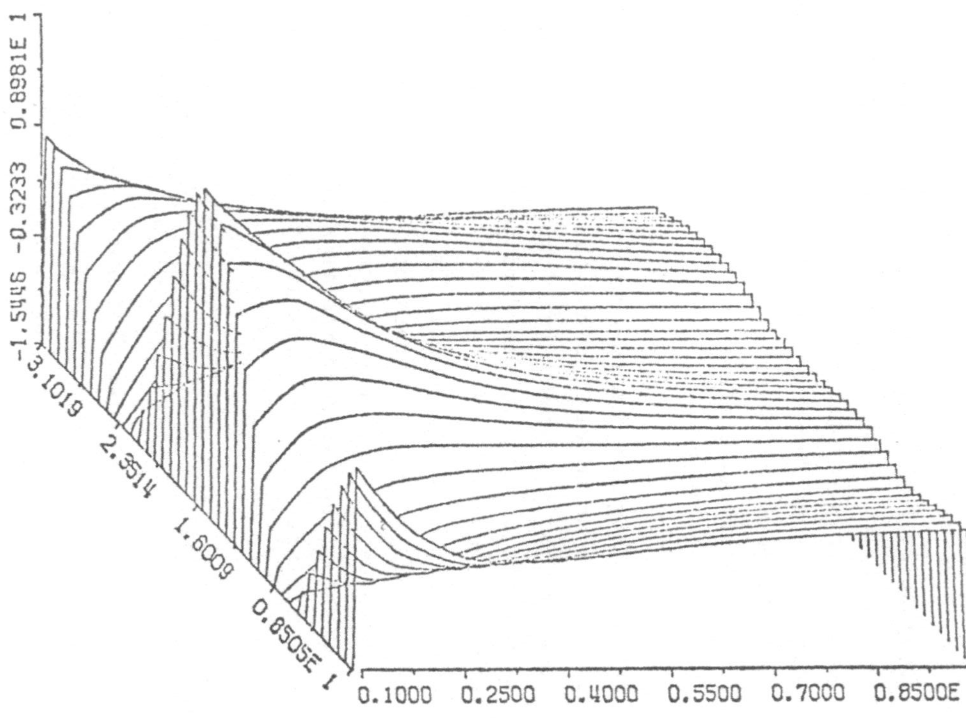

EMPFINDLICHKEITSFUNKTION

Bild 4.1

ungefähr zwischen -15,0 und +21,0, während für D = 0,4 die Werte in einem Bereich von -6,6 bis +5,2 und für D = 0,9 nur noch
zwischen -2,3 und +2,0 liegen.

Wie bereits erwähnt, wurden die zeitinvarianten Ersatzsysteme
am Analogteil des Hybridrechners simuliert und die Parameter
von einem Rauschgenerator geändert. Am Digitalteil wurden nach
Gleichung (4.7) die Mittelwerte des Ausgangssignals gebildet,
nach (4.5) die Kreuzkorrelationsfunktion berechnet, aus Gleichung
(4.13) die aktuellen Werte der Empfindlichkeitsfunktionen ermittelt und schließlich nach Gleichung (4.14) die aktuellen Parameterschätzwerte bestimmt. Die Ausgabe der Kurven und Tabellen
erfolgte auf einem Schnelldrucker.

Das untersuchte Verzögerungsglied erster Ordnung hatte die
Zeitkonstante T_1 = 3 s Seine Verstärkung betrug K^O = 5, während
$K^*(t)$ in den Grenzen von $\pm$ 4 schwankte. Somit variierte die
Verstärkung zwischen 1,0 und 9,0. Das Verzögerungsglied zweiter
Ordnung hatte die Parameter K = 5 und T = 3 s. Die Dämpfung
schwankte entweder zwischen D_{min} = 0,1 und D_{max} = 0,3 oder zwischen D_{min} = 0,4 und D_{max} = 1,0. Untersucht wurden nieder- ,
mittel- und hochfrequente Parameteränderungen mit einer Grenzfrequenz (3dB Grenze) der Leistungsspektren von 4,5 Hz, 45 Hz
und 4,5 kHz. Das Bitintervall Δt wurde von Versuch zu Versuch
geändert.

4.3 Versuchsergebnisse

Zunächst wurden an vorerwähnten Übertragungsgliedern Versuche zur Ermittlung der optimalen Anzahl der Eingangssignalperioden µ für die Festlegung der Ausgangssignalwerte des zeitinvarianten Ersatzsystems mit µ = 30, 100, 300 und 1000 durchgeführt. Die Anzahl der zu mittelnden Meßwerte betrug daher
µN = 930, 3100, 9300 und 31000. Die Versuchsergebnisse zeigten,
daß in den meisten Fällen eine Mittelung über 30 oder 100 Perioden genügt, um eine gute Übereinstimmung mit den gemessenen
Ausgangssignalwerten des zeitinvarianten Ersatzsystems $y^O(\lambda)$
zu gewährleisten.

Als Beispiele sind die normierten Werte der Kreuzkorrelationsfunktionen des zu untersuchenden Systems und des zeitinvarianten Ersatzsystems für das Verzögerungsglied erster und
zweiter Ordnung bei mittelfrequenten Parameteränderungen in
Bild 4.2a und 4.2b angegeben. Die Kreuzkorrelationsfunktionen
wurden sowohl aus den gemessenen Ausgangssignalwerten des zeitinvarianten Ersatzsystems (Kreise) als auch mit den über 100
Eingangssignalperioden gemittelten Ausgangssignalmeßwerten des
zu untersuchenden Systems (Sterne) berechnet. Beide Kreuzkorrelationsfunktionen zeigen eine gute Übereinstimmung (nur Kreise
in Bildern) d.h. eine Mittelung über 100 Perioden ist in diesen
Fällen ausreichend.

Bei der praktischen Anwendung des Identifikationsverfahrens
müßten nun die infolge der Eigenschaften des Eingangs-PZBS zur
Gewichtsfunktion proportionale Kreuzkorrelationsfunktion durch
eine Übertragungsfunktion (parametrisches Modell) approximiert
werden. Somit liegen Struktur und Parameter des zeitinvarianten Ersatzsystems maximaler Wahrscheinlichkeit fest. Es
können nun die Parameterempfindlichkeitsfunktionen für die zeitvarianten Parameter berechnet und nach jedem neuen Meßwert $y(\lambda)$
aus Gleichung (4.14) die Schätzwerte $\hat{\underline{p}}(\lambda)$ für die aktuellen
Parameterwerte $\underline{p}(\lambda)$ ermittelt werden. Der Wert des Ausgangssignals $y^{o}(\lambda)$ und der Empfindlichkeitsfunktion $e_{\delta}(\lambda)$ sind bereits aus Gleichung (4.7) und Gleichung (4.13) bekannt.

Ausgewählte Versuchsergebnisse für die Schätzung der
zeitvarianten Verstärkung des Verzögerungsgliedes erster Ordnung sind in den Bildern 4.3a und 4.3b angegeben. Auf der waag-
rechten Achse sind die Bits einer Eingangssignalperiode von
1 bis 31 aufgetragen; auf der senkrechten Achse die Verstärkungen. Die Nullinie entspricht der Verstärkung $K^{o} = 5$. Die tatsächlichen Werte der Verstärkung sind durch Kreise, die Schätzwerte durch Sterne gekennzeichnet. Stimmen beide überein, wurde
nur ein Kreis ausgedruckt. In Bild 4.3a ändert sich die Verstärkung sehr langsam (niederfrequent); in Bild 4.3b relativ
rasch (mittelfrequent). Die Schätzwerte stimmen außer zwischen
den Punkten 1 und $2\Delta t$, 7 und 9 Δt, 19 und 20 Δt und 28 bis 30 Δt

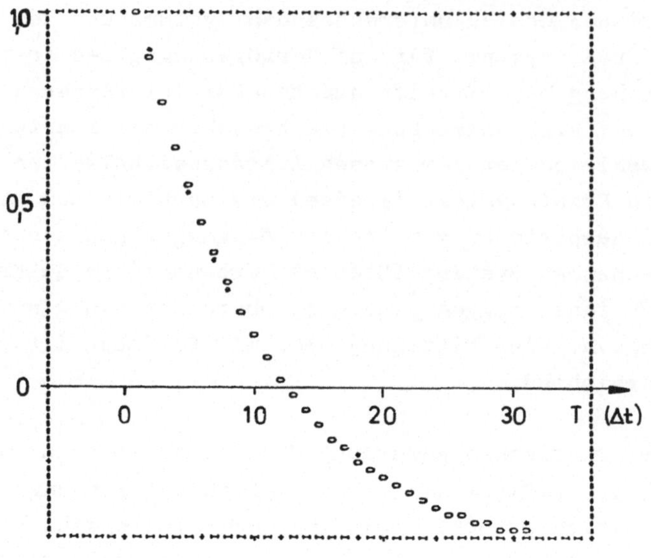

Bild 4.2a

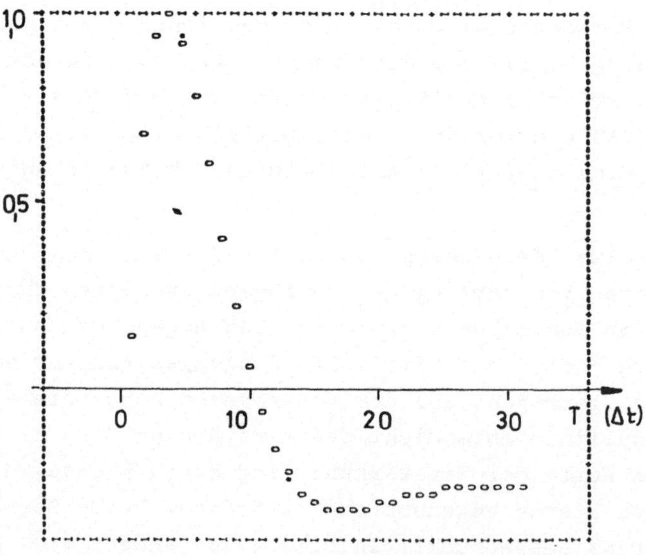

Bild 4.2b

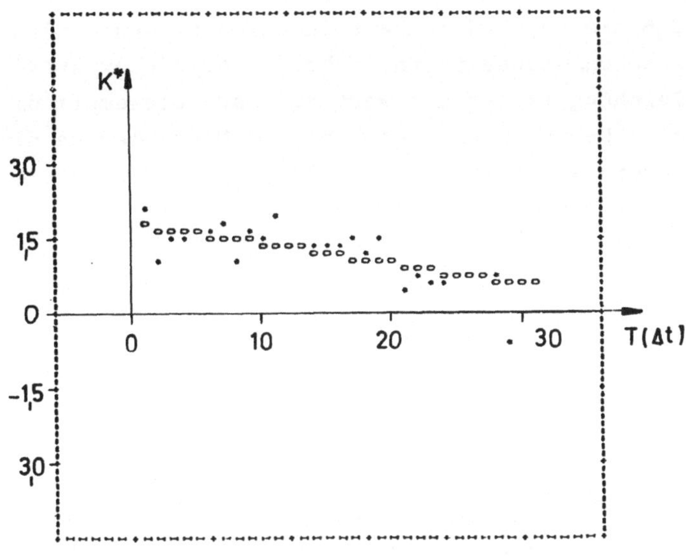

Bild 4.3a

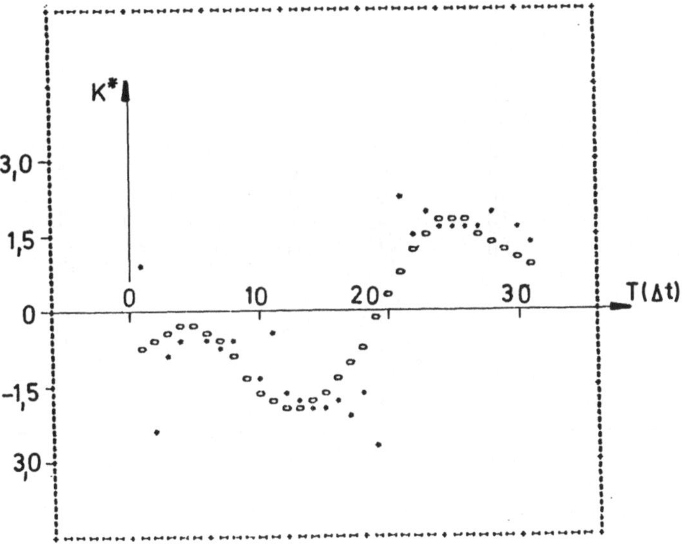

Bild 4.3b

relativ gut mit den tatsächlichen Werten überein. Dies rührt
daher, daß die Empfindlichkeitsfunktion zwischen diesen Werten
das Vorzeichen wechselt und daher sehr kleine Werte aufweist.
Da in Gleichung (4.14) der Wert der Parameterempfindlichkeits-
funktion im Nenner steht, wirken sich Meßfehler an diesen Stellen besonders stark aus. Diesen Sachverhalt illustriert
Bild 4.4.

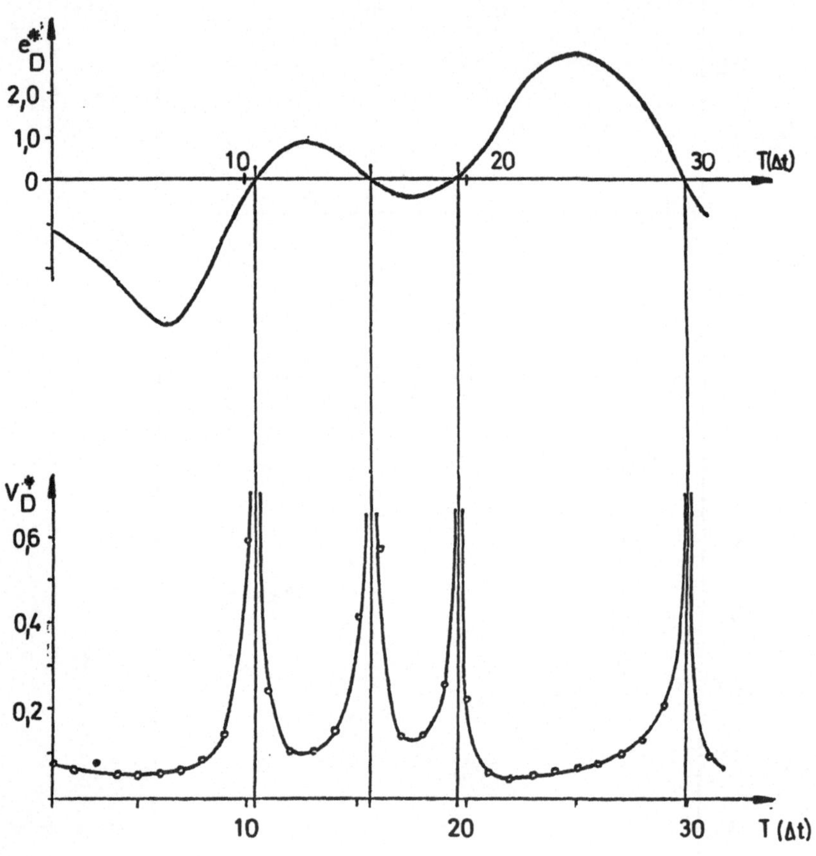

Bild 4.4

216

In ihm ist für das Verzögerungsglied zweiter Ordnung mit
$D^O = 0,7$ die Dämpfungsempfindlichkeitsfunktion und die Varianzen der Differenzen zwischen den tatsächlichen und den abgeschätzten Dämpfungswerten über eine PZBS-Periode aufgetragen.
Die Varianzen sind Mittelwerte über 26 Versuche. Die Varianz
geht gegen unendlich, wenn die Empfindlichkeitsfunktion gegen
null geht. Die entsprechenden Zeitpunkte liegen für dieses
System und dieses Eingangs-PZBS zwischen 10 und 11, 15 und 16,
19 und 20 und bei 30 Δt. Für diese Zeitpunkte und in der Umge-
bung dieser Zeitpunkte sind keine zuverlässigen Schätzwerte
für die Dämpfung zu erwarten.

Dies zeigen die Bilder 4.5a und 4.5b. In den 2 Teilbildern
sind wie für das Verzögerungsglied erster Ordnung die aktuellen und abgeschätzten Parameterwerte für eine Eingangs-PZB.-
Periode dargestellt. Die Nullinie entspricht einer Dämpfung
von $D^O = 0,7$. Während für niederfrequente Dämpfungsänderungen
die Schätzwerte sehr gut mit den tatsächlichen Werten übereinstimmen, ist dies für höherfrequente Dämpfungsänderungen (Bild
4.5b) nicht mehr der Fall. Eine Ausnahme bilden wieder die in
Bild 4.4 angegebenen Zeitpunkte, zu denen die Empfindlichkeitsfunktion Null wird.

4.4 Zusammenfassung

Als Beispiel eines Identifikationsverfahrens für lineare
zeitvariante Systeme wurde in diesem Kapitel eine vom Verfasser entwickelte Methode angegeben. Das Hauptaugenmerk lag
dabei nicht auf dem Verfahren, sondern auf den Versuchsergebnissen.

Das Verfahren erfordert folgende Meß- und Auswerteoperationen:
  a) Messung und Speicherung von μ.N Ausgangssignalwerten,
     entsprechend μ-Perioden des PZBS-Eingangssignals der
     Länge N.Δt zu äquidistanten Zeitpunkten. Diese ergeben
     die meßbare Ausgangsmatrix.

  b) Mittelwertbildung über die Spalten der meßbaren Ausgangs-
     matrix. Die Mittelwerte werden als Ausgangssignal eines

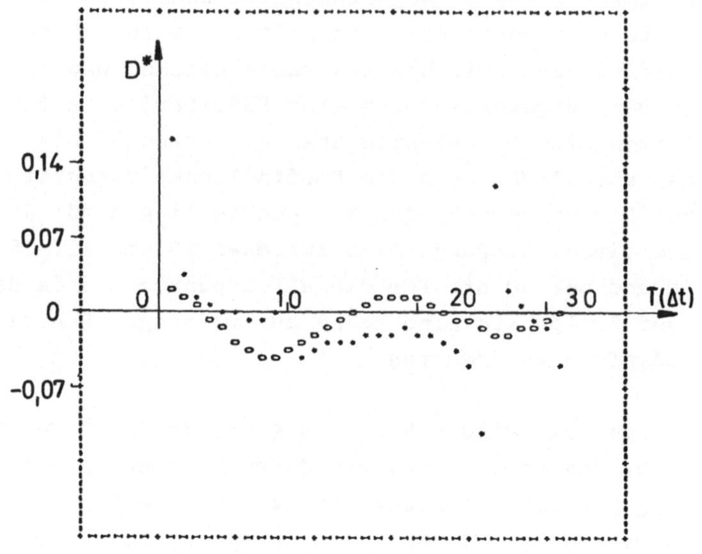

Bild 4.5a

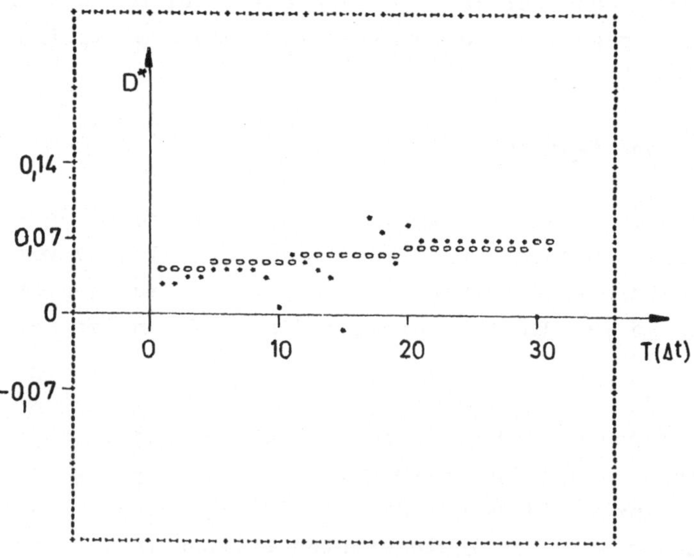

Bild 4.5b

zeitinvarianten Ersatzsystems maximaler Wahrscheinlichkeit betrachtet.

c) Berechnung der zur Gewichtsfunktion proportionalen Kreuzkorrelationsfunktion zwischen dem PZB-Eingangssignal und
dem Ausgangssignal des Ersatzsystems maximaler Wahrscheinlichkeit.

d) Ermittlung eines parametrischen Modells (Differentialgleichung, Übertragungsfunktion) des zeitinvarianten
Ersatzsystems aus der Kreuzkorrelationsfunktion

e) Berechnung der Empfindlichkeitsfunktion der erforderlichen
Ordnung für das verwendete Eingangs-PZBS und das ermittelte parametrische Modell.

f) Ermittlung von Schätzwerten der momentanen Parameterwerte
oder der Verteilungsdichtefunktionen.

Die Simulation der Übertragungsglieder, die Erzeugung des PZB-
Testsignals, die Berechnung der Kreuzkorrelationen der Empfindlichkeitsfunktionen und der Parameterschätzwerte und die Ausgabe der Versuchsergebnisse in Tabellen- und Diagrammform wurden mit einem hybriden Rechensystem durchgeführt. Untersucht
wurde ein PT1-Glied mit stochastisch variierender Verstärkung
und ein PT2-Glied mit stochastisch variierender Dämpfung. Als
Eingangssignal diente ein PZBS. Die Genauigkeit der Approximation des simulierten zeitinvarianten Ersatzsystems durch das
berechnete zeitinvariante Ersatzsystem maximaler Wahrscheinlichkeit wurde mittels Vergleich der beiden Kreuzkorrelationsfunktionen überprüft. Sie zeigten bereits nach 30-100 Eingangssignalperioden eine sehr gute Übereinstimmung.

Die Amplitude der Parametervariation wirkt sich in viel ge-
ringerem Maße auf die Genauigkeit der Parameterschätzwerte als
ihre Geschwindigkeit aus. Bei niederfrequenten (langsamen) Parameteränderungen stimmen die Schätzwerte sehr gut überein.
Bei mittelfrequenten Parameteränderungen liegen die Parameterschätzwerte oft nur noch im gleichen Bereich wie die gemessenen
Werte. Der genaue Verlauf der Zeitfunktion ist bereits schwer
zu erkennen. Hochfrequente Parameteränderungen führen schließlich zu keinen brauchbaren Ergebnissen. Unter anderem ist da-

für auch die zu geringe Abtastfrequenz des verwendeten Versuchsaufbaues verantwortlich.

Die Schätzwerte sind stark von den Werten der entsprechenden Empfindlichkeitsfunktionen abhängig. Je größer die Werte der Empfindlichkeitsfunktionen sind, desto genauer werden die Parameterschätzwerte für diese Zeitpunkte. Da diese "kritischen" Zeitpunkte immer vor Beginn der Abschätzung, nämlich genau dann, wenn die Empfindlichkeitsfunktion berechnet ist, bekannt sind, können sie von Anfang an ausgeschieden werden. Die verbleibenden Schätzwerte genügen in den meisten Fällen.

Im Vergleich zu den in Abschnitt 3.3 zitierten Verfahren ist ein Vorteil der angegebenen Methode, daß die veränderlichen Parameter an und für sich beliebige Zeitfunktionen sein können. Einschränkungen sind nur hinsichtlich der Änderungsgeschwindigkeit der Parameter erforderlich. In diesem Zusammenhang ist zu den angegebenen Versuchsergebnissen zu bemerken, daß die als mittelfrequent bezeichneten Parameteränderungen für reale Systeme bereits sehr schnell sind. Nach μ-Eingangssignalperioden kann bereits die Struktur und die Parameternennwerte und somit auch die Empfindlichkeitsfunktion berechnet werden. Ab diesem Moment ist das Verfahren *on line* und *rekursiv* allerdings nach wie vor mit dem Testsignal anwendbar. Nehmen die Störgrößen zu große Werte an, sind nur noch die Momente erster und zweiter Ordnung der variierenden Systemparameter angebbar.

5 Zusammenfassung und Ausblick

Es wurde versucht, Probleme der experimentellen Modellerstellung zeitvarianter Systeme zusammenzufassen und praxisbezogen darzustellen. Die Literatur über zeitvariante Systeme und insbesondere über die Identifikation (experimentelle Modellerstellung) ist vorwiegend auf Einzelveröffentlichungen beschränkt. Daher war zunächst eine systematische Aufbereitung der Grundlagen von Modellen determinierter und stochastischer zeitvarianter Systeme erforderlich. Das Buch besteht daher aus zwei Hauptteilen. Der erste Teil umfaßt die Kapitel 1 und 2 und behandelt die *Modelle zeitvarianter Systeme*, während der zweite Teil die Kapitel 3 und 4 beinhaltet und sich mit der *experimentellen Modellerstellung zeitvarianter Systeme*, also ihrer Identifikation oder Parameterschätzung beschäftigt.

In Kapitel 1 wurde zunächst eine Definition linearer zeitvarianter Systeme gegeben, eine systematische Einordnung versucht, Beispiele zeitvarianter industrieller Strecken angeführt und der Stand ihrer theoretischen Behandlung abgegrenzt. Da die in Kapitel 3 zusammengestellten Identifikations- und Parameterschätzverfahren sowohl auf externe (empirische), als auch auf interne (axiomatische) Systemmodelle führen, erschien eine Erläuterung und Gegenüberstellung dieser beiden Modellformen sinnvoll. Eine parallele Verwendung empirischer und axiomatischer Systemmodelle innerhalb einer Veröffentlichung ist in der Literatur unüblich, wo entweder die einen oder die anderen bevorzugt werden. Bei der externen Systembeschreibung erscheint neben der Differentialgleichung, der Gewichtsfunktion sowie der parametrischen oder eingefrorenen Übertragungsfunktionen die Einführung einer zweidimensionalen Übertragungsfunktion oder eines bifrequenten Frequenzganges als zweidimensionale Laplace- oder Fouriertransformierte der Gewichtsfunktion sinnvoll. Die empirischen Modelle werden an Hand eines Verzögerungsgliedes

erster Ordnung mit periodischer Zeitkonstante einander gegenübergestellt. Bei der internen Systembeschreibung wird die Auf-
stellung der Zustandsgleichungen besprochen aber fundamentale
Begriffe wie Steuerbarkeit, Beobachtbarkeit, Transformation
und Reduzierbarkeit nur erwähnt und auf die entsprechenden Veröffentlichungen verwiesen. Generell werden im Kapitel 1 Lösungs-
möglichkeiten der Systemgleichungen nur angedeutet, da dieser
Problemkreis für die Identifikation von sekundärer Bedeutung
ist. Das Schwergewicht liegt auf linearen analogen, zeitkontinuierlichen Systemen. Es werden jedoch auch zeitdiskrete sowie
nichtlineare Systeme behandelt. Ein eigener Abschnitt ist zeitvarianten Systemen mit besonderen Eigenschaften (Systeme mit
separierbaren Systemfunktionen und Systeme mit periodischen
Parameteränderungen) gewidmet.

Über *stochastische Prozesse* gibt es genügend Lehrbücher,
die aber uneinheitliche Bezeichnungen verwenden, oft nicht auf
regelungstechnische Problemstellungen zugeschnitten sind und
meist nur stationäre Prozesse behandeln. Deshalb wurde versucht, die Grundlagen instationärer und stationärer stochastischer Skalar- und Vektorprozesse im Hinblick auf die Identifikation von Systemen mit stochastischen Parameteränderungen in
Kapitel 2 aufzubereiten. Dieser Abschnitt befaßt sich auch mit
Systemen unter dem Einfluß stochastischer Eingangssignale und
Parameteränderungen. Im Hinblick auf zeitvariante Systeme, die
vom Modell oder von den Parametern her nichtlinear sind, wurde
eine Einführung in die Theorie stochastischer Differentialgleichungen aufgenommen. Die Schwierigkeiten zeitvarianter
stochastischer Systeme liegen in den durch Parameteränderungen
instationären stochastischen Ausgangssignalen. Dadurch ist im
Gegensatz zu zeitinvarianten Systemen die Bestimmung der Korrelationsfunktion durch Zeitmittelung nicht möglich. Im Vergleich
zu zeitinvarianten ergeben sich sowohl für externe als auch
für interne Systemgleichungen wesentlich kompliziertere Beziehungen zwischen den statistischen Kenngrößen und Kennfunktionen von Ein- und Ausgangssignalen.

In Kapitel 3 werden spezielle Probleme der *Identifikation zeitvarianter Systeme* herausgearbeitet und bisher bekannte, auf sie anwendbare Identifikationsverfahren zusammengestellt. Nach einer Definition und einem kurzen Überblick über die Systemidentifikation erfolgt eine Zusammenstellung interner Modelle linearer und nichtlinearer gestörter Systeme zur Schätzung zeitvarianter Systemparameter. Zur Parameterschätzung mittels Zustandsschätzverfahren können entweder die Parameter als Zustandsvariable aufgefaßt oder der Zustands- um den Parametervektor erweitert werden. Die Annäherung der stochastischen Parametervektoren erfolgt in beiden Fällen durch Gauß-Markovprozesse. Diese werden aus weißen Gaußprozessen durch Formfilter erzeugt. Eine Identifikation zeitinvarianter Systeme ohne a-priori Kenntnisse über die Systemklasse und die Systemstruktur ist in den meisten Fällen unmöglich. Aussagen sind hier manchmal mit dem erweiterten Superpositionsprinzip möglich. Strukturveränderliche sowie lineare unsymmetrische Systeme können als zeitvariante Systeme betrachtet werden und sind ebenfalls mit den hier besprochenen Methoden identifizierbar.

Das anzuwendende Identifikationsverfahren und der erforderliche Rechenaufwand hängen im wesentlichen von der Änderungsgeschwindigkeit, Änderungsamplitude und der Art der Zeitfunktion der Parametervariation ab. In einer Tabelle sind die Parameteränderungen nach diesen Gesichtspunkten eingeteilt. Es zeigt sich, daß das Identifikationsergebnis hauptsächlich davon abhängt, ob die Parameter nach determinierten oder stochastischen Zeitfunktionen variieren. Systeme mit determinierten, insbesondere periodischen Parameteränderungen sind wesentlich einfacher identifizierbar als Systeme mit stochastisch variierenden Parametern.

Ein intensives Literaturstudium über die Identifikation, Kennwertermittlung sowie Parameter- und/oder Zustandsschätzung zeitvarianter Systeme zeigte, daß die angewandten Methoden meist Modifikationen von Identifikationsverfahren zeitinvarianter Systeme sind. Die Grundzüge dieser Verfahren (Korrelationsverfahren, Modellabgleichverfahren, Optimierungsverfahren, Pa-

rameterschätzverfahren, Filterverfahren sowie sonstige Identi-
fikations- und Schätzverfahren) werden im Hinblick ihrer Anwendung auf zeitvariante Systeme skizziert, ausgewählte, dem
Verfasser zugängliche Arbeiten den entsprechenden Verfahren
zugeordnet und so in sechs Gruppen eingeteilt. Um Vergleiche
zu erleichtern, werden die Arbeiten tabellarisch gegenübergestellt. Die Literaturübersicht zeigt, daß außer den Arbeiten,
die auf Filteralgorithmen basieren, die meisten anderen nur
zur Identifikation von Eingrößensystemen oder Systemen mit
wenigen Ein- und Ausgängen geeignet sind. Der Rechenaufwand
steigt mit wachsender Zahl der zeitvarianten Systemparameter
stark an. Die Systemparameter unterliegen meist einer Vielzahl
von Einschränkungen. Sie werden meist als determinierte (periodische) oder spezielle stochastische Zeitfunktionen (weiße
Gaußprozesse) vorausgesetzt. Gleiches gilt für die Störsignale.
Die meisten Identifikationsverfahren führen auf nichtparametrische Modelle in Form von Punkten der Gewichtsfunktionsfläche
oder auf parametrische Modelle in Form der Zustandsgleichungen.
Die bei zeitinvarianten Systemen üblichen Modelle im Frequenzbereich finden nur bei quasistationärer Betrachtungsweise instationärer Systeme Verwendung, weil sich parametrische oder eingefrorene Übertragungsfunktionen oder Frequenzgänge nur als beschränkt brauchbar erwiesen haben. Versuchsergebnisse an industriellen Regelstrecken sind nur in sehr wenigen Arbeiten enthalten. Die Mehrzahl gibt keine experimentellen Ergebnisse an,
andere untersuchen einfache simulierte Übertragungsglieder mit
einem oder wenigen zeitvarianten Parametern.

Es wird daher in Zukunft erforderlich sein, Identifikations-
und Parameterschätzverfahren für zeitvariable Systeme zu ent-
wickeln, die mit weniger a-priori Informationen und geringerer
Rechenzeit das Auslangen finden. Die stürmische Entwicklung der
Mikroprozessortechnik verstärkt den Trend zu digitalen Regelungen und somit auch zu rekursiven on line Identifikationsalgorithmen, insbesondere zu digitalen Parameterschätzverfahren.
Einige Entwicklungsarbeit wird noch in Richtung einer univer-
selleren Anwendbarkeit der Verfahren erforderlich sein. Die
derzeitigen, teils erwähnten Verfahren, gelten meist nur für

wenige zeitvariante Parameter, deren Änderungen nur nach besonderen Zeitfunktionen erfolgen dürfen. Dies und der relativ hohe Rechenaufwand sind derzeit das Haupthindernis für einen umfangreicheren industriellen Einsatz von Identifikations- und Parameterschätzverfahren für zeitvariante Systeme.

Literatur

[1.1] D'Angelo, H.: Linear time-varying systems. Boston:
       Allyn and Bacon Inc. 1970.

[1.2] Solodownikow, W.W.: Instationäre und nichtlineare
       Regelsysteme. Berlin: VEB-Verlag Technik 1974.

[1.3] Solodov, A.V.: Linear automatic control systems with
       varying parameters. New York: American Elsevier
       Publishing Co.Inc. 1966.

[1.4] Stubberud, A.R.: Analysis and synthesis of linear time-
       variable systems. Berkely: University of California
       Press 1964.

[1.5] Dörrscheidt, F.: Regelungssysteme mit veränderlichen
       Parametern. Regelungstechnik und Prozeßdatenverarbei-
       tung 23 (1975) S. 70-77.

[1.6] Zadeh, L.A.: Frequency analysis of variable networks.
       Proc. IRE 38 (1950) S.291-299.

[1.7] Zadeh, L.A.: Time-varying networks I. Proc.IRE 49
       (1961) S.1488-1503.

[1.8] Zadeh, L.A.: Band-Pass, Low-Pass transformation in
       variable networks. Proc.IRE 38 (1950) S.1339-1341.

[1.9] Zadeh, L.A.: Correlation functions and power spectra
       in variable networks. Proc.IRE 38 (1950) S.1342-1345.

[1.10] Freund, E.: Zeitvariable Mehrgrößensysteme. Lecture
       Notes in Operations Research and Mathematical Systems
       Nr. 57, Berlin, Heidelberg, New York:
       Springer Verlag 1971.

[1.11] Dreyer, D.: Die Analyse nichtlinearer zeitveränder-
       licher Regelsysteme mittels Wurzelortskurven. Disser-
       tation: TU-Berlin 1971.

[1.12] Johnson, G.W.; Kilmer,F.G.: Integral transforms for
       algebraic analysis and design of a class of linear-
       variable and adaptive control systems.
       Proc.IRE 50 (1962) S. 97-106.

[1.13] Aseltine, J.A.: A transform method for linear time-
       varying systems. Journ. of Appl.Physics 25 (1954)
       S.761-764.

[1.14]   Gerlach, A.A.: A time variable transform and its
         application to spectral analysis. IRE Trans. CT-1
         (1955) S.22-25.

[1.15]   Narendra, K.: Integral transforms for a class of time-
         varying linear systems. IRE Trans.AC-6(1961) S.311-319.

[1.16]   Voelker, D.; Doetsch, G.: Die zweidimensionale Laplace-
         Transformation. Basel: Birkhäuser 1950.

[1.17]   Kopacek, P.: Ein Beitrag zur Identifikation linearer
         zeitvarianter Regelsysteme. Habilitationsschrift:
         TU-Wien 1975.

[1.18]   Doetsch, G.: Anleitung zum praktischen Gebrauch der
         Laplace-Transformation. München: R.Oldenbourg 1961.

[1.19]   Ogata, K.: State space analysis of control systems.
         Englewood Cliffs N.J.: Prentice Hall Inc. 1967.

[1.20]   Zadeh, L.A.; Desoer, C.A.: Linear system theory - the
         state space approach. New York: Mc Graw-Hill Book
         Comp., Inc. 1963.

[1.21]   Grübel, G.: Zur Bestimmung einer Zustandsraumdarstel-
         lung aus der skalaren Differentialgleichung bei linea-
         ren zeitvariablen Systemen. Regelungstechnik und Pro-
         zeßdatenverarbeitung 18(1970) S.504-506.

[1.22]   Freund, E.: Die Bestimmung der skalaren Differential-
         gleichung aus der Darstellung im Zustandsraum bei li-
         nearen zeitvariablen Systemen. Regelungstechnik 17
         (1969) S.219-222.

[1.23]   Wu, M.Y; Horowitz, I.M.; Dennison, J.C.: On solution,
         stability and transformation of linear time-varying
         systems. Int. Journal of Control 22 (1975) S.169-180.

[1.24]   Lee, R.C.K.: Optimal estimation, identification and
         control. Mass.: M.I.T. Press, Research Monograph 28.

[1.25]   Troch, I.: Beiträge zur n-Steuerbarkeit und n-Beobacht-
         barkeit. Habilitationsschrift: Technische Hochschule
         Wien, 1971.

[1.26]   Cao, C.T.: Reihenentwicklung einer Gewichtsmatrix und
         ihre Anwendung zur Untersuchung der Markovparameter-
         darstellung für lineare zeitvariable Systeme. Rege-
         lungstechnik und Prozeßdatenverarbeitung 25 (1977)
         S. 157 und 158.

[1.27]   Schwarz, H.: Systemfunktionen für zeitvariable, zeit-
         diskrete Systeme. Regelungstechnik und Prozeßdatenver-
         arbeitung 23 (1975) S. 64 und 65.

[1.28]   Meditch, J.S.: Stochastic optimal linear estimation
         and control. New York: McGraw-Hill Book Comp. 1969.

[1.29]   Thoma, M.: Theorie linearer Regelsysteme. Braun-
         schweig: Friedr. Vieweg und Sohn 1973.

[1.30]   Schweizer, G.: Regelkreise mit periodisch sich ändern-
         den Parametern.
         Teil I : Regelungstechnik 11(1963)   S.165-169.
         Teil II: Regelungstechnik 11(1963)   S.196-201.

[1.31]   Schiehlen, W.; Kolbe, O.: Ein Verfahren zur Unter-
         suchung von linearen Regelsystemen mit periodischen
         Parametern. Regelungstechnik 15 (1967) S. 451-455.

[1.32]   Oswatitsch, M.: Ein Beitrag zur Ein-Ausgangsbeschrei-
         bung von Regelsystemen mit periodischen Parameter-
         änderungen. Dissertation: TU-Wien, 1978.

[2.1]   Papoulis, A.: Probability, random variables and
         stochastic processes. New York: Mc Graw-Hill 1965.

[2.2]   Jazwinski, A.H.: Stochastic processes and filtering
         theory. New York, London: Academic Press 1971.

[2.3]   Parkus, H.: Random processes in mechanical sciences.
         Wien, New York: Springer Verlag 1969.

[2.4]   Bryson, A.E.; Ho Y.C.: Applied optimal control.
         Massachusetts: Ginn and Comp. 1969.

[2.5]   Bendat, J.S.; Piersol, A.G.: Random data, analysis
         and measurement procedures. New York: J.Wiley 1971.

[2.6]   Brammer, K.; Siffling, G.: Stochastische Grundlagen
         des Kalman-Bucy-Filters. München, Wien: R. Olden-
         bourg 1975.

[2.7]   Arnold, L.: Stochastische Differentialgleichungen.
         München, Wien: R.Oldenbourg 1973.

[2.8]   Srinivasan, S.K.; Vasudevan, R.: Introduction to
         random differential equations and their applications.
         New York: Elsevier Publ.Co.Inc. 1971.

[2.9]   Parkus, H.: Stochastische Stabilität. Vorlesungs-
         manuskript: TU-Wien 1975.

[2.10]   Sage, A.P.; Melsa, J.L.: Estimation theory with
         applications to communications and control. New York:
         Mc Graw-Hill Book Comp. 1971.

[3.1]   Isermann, R.: Prozeßidentifikation. Berlin, Heidelberg,
        New York: Springer Verlag 1974.

[3.2]   Strobel, H.: Experimentelle Systemanalyse. Berlin:
        Akademie-Verlag 1975.

[3.3]   Eykhoff, P.: System identification. New York:
        John Wiley & Sons 1974.

[3.4]   Graupe, D.: Identification of systems. New York: Van
        Nostrand Reinhold 1972.

[3.5]   Sage, A.P.; Melsa J.L.: System identification. New York:
        Academic Press 1971.

[3.6]   Speedy, C.F.; Brown, R.F.; Goodwin, G.C.: Identification
        and optimal control. Edinburgh: Oliver & Boyd 1970.

[3.7]   Unbehauen, H.; Göhring, B.; Bauer, B.: Parameterschätz-
        verfahren zur Systemidentifikation. München, Wien:
        R.Oldenbourg 1974.

[3.8]   Deutsch, R.: Estimation theory. Englewood Cliffs,
        New Jersey: Prentice-Hall Inc. 1965.

[3.9]   Nahi, N.E.: Estimation theory and applications.
        New York: John Wiley & Sons Inc. 1969.

[3.10] Desai, R.C.; Lalwani, C.S.: Identification techniques,
        Bombay: Tata Mc Graw-Hill Publ.Comp. 1972.

[3.11] Zadeh, L.A.: On the identification problem. Trans.IRE,
        CT3 (1956) S.277-281.

[3.12] Aström, K.J.; Bohlin, T.: Numerical Identification of
        linear dynamic systems from normal operating records.
        In P.H. Hammond (Ed.): Theory of self adaptive control
        systems, Plenum Press, 1966.

[3.13] Kopacek, P.: Identifikation regelungstechnischer Syste-
        me mittels pseudozufälliger Binärsignale unter Berück-
        sichtigung linearer unsymmetrischer Übertragungsglie-
        der. Dissertation: Techn.Hochschule Wien 1971.

[3.14] Kopacek, P.: Identifikation von Regelsystemen mit ver-
        änderlichen Parametern. Regelungstechnik 24 (1976)
        S.361-370.

[3.15] Emeljanov, S.V.: Automatische Regelsysteme mit ver-
        änderlicher Struktur. München, Wien: R. Oldenbourg
        1969.

[3.16] Strommer, F.: Beschreibungsmöglichkeiten einer Klasse
        dynamisch nichtlinearer Systeme. Diplomarbeit:
        Techn.Hochschule Wien 1975.

[3.17] Willems, J.L.: Optimal filtering for stochastic signals
        in stochastic systems. Archiv f. elektr.Übertragung 27
        (1973) S. 433-438.

[3.18] Harris, C.J.: Transformation of nonlinear continous
        systems with stochastic coefficients. Proc. IEEE 60
        (1972) S. 904-905.

[3.19] Biermann, G.J.: Weighted least squares stationary
        approximations to linear systems. IEEE Trans. AC-17
        (1972) S.232-234.

[3.20] Choate, W.C.; Sage, A.P.: A useful change of variables
        for a class of linear differential systems. IEEE Trans.
        AC-11 (1966) S. 748-749.

[3.21] Kalman, R.E.: A new approach to linear filtering and
        prediction problems. Trans.ASME, Series D, 82 (1960)
        S.35-45.

[3.22] Kalman, R.E.; Bucy, R.S.: New results in linear filte-
        ring and prediction theory. Trans.ASME, Series D, 83
        (1961) S.95-108.

[3.23] Kailath, T.: Measurement on time-variant communication
        channels. Trans. IRE IT-8 (1962) S. 229-236.

[3.24] Fellen, G.E.: A theory for the measurement of randomly
        time varying linear systems. 3.IFAC-Kongreß, London
        (1966), Paper 3 G.

[3.25] Pollon, G.E.: Measurements for the control of a random-
        ly time-varying linear system. IEEE Trans. AC-12 (1967)
        S.188-191.

[3.26] Beck, M.S.; Birch P.R.; Bunn P.R.; Gough N.E.;
        Stoodley, K.D.C.; Williams, D.C.: Practical experience
        with a learning method of process identification.
        IFAC-Symposium, Prag (1970), Paper 5.4.

[3.27] Hoffmann, R.; Gupta, M.M.; Nikiforuk, P.N.: Cross-
        correlation identification of linear time-varying
        process using pseudo-random sequences. Proc. IEE 119
        (1972) S. 237-242.

[3.28] Lawrence, P.J.; Dawson, R.D.: Identification of perio-
        dic nonstationary antenna stabilisation control systems
        by cross-correlation techniques. Proc. IEE 124 (1977).
        S. 797-801.

[3.29] Brown, R.F.: Effects of drift and nonlinearity upon
        PRBS crosscorrelation estimates. IFAC-Symposium,
        Prag (1970) Paper 9.5.

[3.30]   Nikiforuk, P.N.; Gupta M.M.; Hoffmann, R.:
         Identification of linear discrete systems in the
         presence of drift using PRBS. IFAC-Symposium,
         Prag (1970), Paper 7.4.

[3.31]   Barker, H.A.: Choice of pseudorandom binary signals
         for systems identification. Electronics Letters 3
         (1967) S.524-526.

[3.32]   Barker, H.A.: Elimination of quadratic drift errors
         in system identification by PRBS. Electronics Letters
         4 (1968) S. 255-256.

[3.33]   Macleod, C.J.: Methods of minimizing the effect of
         disturbances on the estimate of the impulse response
         of a linear system. Electronics Letters 4 (1968)
         S. 220-222.

[3.34]   Evans, R.P.; Walker, P.A.W.: Assessment of drift
         rejection schemes applied to on-line cross corre-
         lation experiments. Int. J.Control 18 (1973) S.33-56.

[3.35]   Rubin, O.: Process Identification by general corre-
         lation. Proc. IEEE 59 (1971) S. 361-363.

[3.36]   Veltmann, B.P.Th.: Quantisierung, Abtastfrequenz und
         statistische Streuung bei Korrelationsmessungen.
         Regelungstechnik 14 (1966) S.151-158.

[3.37]   Faure, F.; Evans, F.I.: Identification of process
         delay time. IEEE Trans. AC-14 (1969) S. 421-422.

[3.38]   Kailath, T.: Communication via randomly time varying
         channels. Dissertation: M.I.T. 1961.

[3.39]   Hagfors, T.: Some properties of radio waves reflected
         from the moon and their relation to the linear surface.
         J.Geophysical Research, 66 (1961) S. 777-785.

[3.40]   Levin, M.I.: Estimation of second order statistics
         of randomly time varying linear system. M.I.T. Lincoln
         Laboratory Group Rpt. 34-G., 1962.

[3.41]   Weber, W.: Adaptive Regelungssysteme, Band I und II
         München, Wien: R.Oldenbourg, 1971.

[3.42]   Mishkin, E.; Braun, L.: Adaptive Control Systems.
         New York: Mc Graw-Hill 1961.

[3.43]   Parry, I.S.; Houpis, C.H.: A parameter identification
         self-adaptive control system. IEEE Trans. AC-15
         (1970) S. 462-468.

[3.44]   Dymock, A.J.; Helps, K.A.; Meredith, I.F.:
         The identification of three parameters using a linear
         plant model. IFAC-Symposium, Prag (1967), Paper 5.7.

[3.45] Narendra, K.S.; Tripathi, S.S.: Identification and
        optimisation of aircraft dynamics. Yale Univ. Report
        CT50 (AD-746492) 1972.

[3.46] Wieslander, J.; Wittenmark, B.: An approach to adaptive
        control using real time identification. IFAC-Symposium,
        Prag (1970), Paper 6.3.

[3.47] Kushner, H.: A single iterative procedure for the
        identification of the unknown parameters of a linear
        time varying discrete system. Trans. ASME, Series D,
        85 (1963) S. 227-235.

[3.48] Tse,E.; Bar-Shalom, Y.: An actively adaptive control
        for linear systems with random parameters via the dual
        control approach. IEEE Trans. AC-18(1973)S.109-117.

[3.49] Van Aarle, L.G.M.: Variations of process parameters;
        a pilot study of adaptive control. IFAC-Symposium,
        Den Haag (1973), Paper PC-2.

[3.50] Perlis, H.J.: The minimization of measurement error
        in a general perturbation-correlation process identi-
        fication system. IEEE Trans. AC-9 (1964) S. 339-345.

[3.51] Lee, E.S.: Quasilinearisation and Invariant Imbedding.
        New York: Academic Press, 1968.

[3.52] Roberts, S.M.; Shipman, J.S.: Two point boundary value
        problems: Shooting methods. New York:Elsevier 1972.

[3.53] Hanafy, A.A.R.; Bohn, E.V.: Two-stage estimation of
        time-invariant and time varying parameters in linear
        systems. Int.J.Control 17 (1973) S.375-386.

[3.54] Kleinmann, D.L.; Perkins, T.R.: Modelling human per-
        formance in a time varying anti-aircraft tracking loop.
        IEEE Trans. AC-19 (1974) S.297-306.

[3.55] Meditch, J.S.; Gibson, J.E.: On the real-time control
        of time-varying linear systems. IRE Trans., AC-7 (1962)
        S.3-10.

[3.56] Eykhoff, P.; Smith, O.J.M.: Optimalizing control with
        process-dynamics identification. Proc.IRE 50 (1962)
        S.140-155.

[3.57] Drenick, R.F.; Shaw. L.: Optimal control of linear
        plants with random parameters. IEEE Trans.   AC-9
        (1964) S.236-244.

[3.58] Mc Bride, L.E.; Narendra, K.S.: Optimization of time-
        varying systems. IEEE Trans. AC-10 (1965) s.289-294.

[3.59] Sood, A.K.: Modelling of nonlinear systems. IEEE Trans.
        SMC-3 (1973) S.417-420.

[3.60] Ku, R.; Athans, M.: Open-loop-feedback-optimal adaptive
stochastic control of linear systems. IFAC-Symposium,
Den Haag (1973), Paper TA-5.

[3.61] Larminat, Ph.; Tallec, M.H.: On line identification of
time varying systems. IFAC-Symposium, Prag (1970)
Paper 3.3.

[3.62] Furuta, K.; Paquet, J.G.: Parameter and state estimation of a nonstationary process. IEEE Trans. AC-14
(1969) S.770-771.

[3.63] Rodel, V.: Comment on "Parameter and state estimation
of a nonstationary process". IEEE Trans. AC-16 (1971)
S.200-201.

[3.64] Sawaragi, Y.; Katayama, T.; Fujishige, S.: Adaptive
estimation for a linear system with interrupted obser-
vation. IEEE Trans. AC-18 (1973) S. 152-154.

[3.65] Sage, A.P.; Wakefield, C.D.: Maximum likelihood
identification of time varying and random system parameters. Int.J.Control 16 (1972) S.81-100.

[3.66] Banka, S.: Maximum likelihood parameter estimation in
discrete linear time varying dynamic systems. IFAC-
Symposium, Tiflis 1976, Paper 12.2.

[3.67] Bohlin, T.: Four cases of identification of changing
systems. In Mehra,Laniotis: Advances in system identification, New York: Academic Press 1976.

[3.68] Kreuzer, W.: Parameteridentifikation bei zeitvarianten
Mehrfachsystemen. Düsseldorf: VDI-Verlag, VDI-Bericht
Nr.276, S.117-124.

[3.69] Scheurer, H.G.: Ein adaptives, explizites Parameterschätzverfahren mit geringem Speicherplatz- und Rechen-
zeitbedarf. Regelungstechnik (1975) S. 427-433.

[3.70] Young, P.C.: An instrumental variable method for real-
time identification of a noisy process. Automatica 6
(1970) S.271-287.

[3.71] Bauer, B.; Unbehauen, H.: Einsatz der Hilfsvariablen-
Methode zur Identifikation von Strecken mit veränderlichen Parametern im geschlossenen Regelkreis. Düsseldorf: VDI-Verlag, VDI-Bericht Nr. 276 S.109-115.

[3.72] Kreuzer, W.: Parameteridentifikation bei linearen zeitvarianten Systemen. Dissertation: TU-Karlsruhe 1977.

[3.73] Wiener, N.: Extrapolation, interpolation and smoothing
of stationary time series. New York: J. Wiley 1949.

[3.74] Brammer, K.; Siffling, G.: Kalman-Bucy-Filter.
München, Wien: R.Oldenbourg 1975.

[3.75]   Friedland, B.: Treatment of bias in recursive filtering.
         IEEE Trans. AC-14 (1969) S. 359-367.

[3.76]   Bryson, A.E.; Johansen, D.E.: Linear filtering for
         time-varying systems using measurements containing
         coloured noise. IEEE Trans. AC-10 (1965) S. 4-10.

[3.77]   Brammer, K.: Input adaptive Kalman-Bucy filtering.
         IEEE Trans. AC-15 (1970) S. 157-158.

[3.78]   Kalman, R.E.: New methods in Wiener filtering theory.
         Proc.Symp.Eng.Appl.Random Function Theory and Proba-
         bility, New York: John Wiley 1963.

[3.79]   Kushner, H.J.: On the differential equations satisfied
         by conditional probability densities of Markov-Proces-
         ses, with applications. Journ. SIAM on Control, Ser.A,
         2 (1964) S. 106-119.

[3.80]   Bass, R.W; Norum, V.D.; Schwartz, L.: Optimal multi-
         channel nonlinear filtering. Journ. Math. Analysis
         and Appl., 16 (1968) S. 152-164.

[3.81]   Parkus, H.: Optimal filtering.
         Wien, New York: Springer Verlag 1971.

[3.82]   Stewart, E.C.; Smith, G.S.: Statistical filter for
         time varying systems. IRE Trans. AC-4 (1959)S.74-79.

[3.83]   Farison, J.B.: Parameter identification for a class
         of linear discrete systems. IEEE Trans. AC-12 (1967)
         S.109.

[3.84]   Farison, J.B.; Graham, R.E.; Shelton, R.C.:
         Identification and control of linear discrete systems.
         IEEE Trans. AC-12 (1967) S.438-442.

[3.85]   Brammer, K.: Schätzung von Parametern und Zustands-
         variablen linearer Regelstrecken durch nichtlineare
         Filterung. Regelungstechnik 18 (1970) S.255-261.

[3.86]   Kaufmann, H.; Beaulier, D.: Adaptive parameter
         identification. IEEE Trans. AC-17 (1972) S.729-731.

[3.87]   Siouris, G.M.: Optimum stellar-aided inertial plat-
         form stabilisation. IFAC-Symposium, Den Haag (1973),
         Paper PR-5.

[3.88]   Coggan, G.C.; Noton, A.R.M.: Discrete-time sequential
         state and parameter estimation in chemical engineering.
         Trans. Inst. Chem. Engrs. 48 (1970), S.T255-264.

[3.89]   Klein, R.L.; Eyman, E.D.: Filtering and filter
         sensitivity for stochastic parameter systems. IEEE
         Trans. AC-16 (1971) S.261-263.

[3.90] Mendes, H.; Polignac, Ch.: A sequential method for
        the estimation of parameters in nonlinear models of
        multivariable systems. IFAC-Symposium, Den Haag
        (1973), Paper TO-7.

[3.91] Sinha, A.K.; Mahalanabis, A.K.: On identification of
        nonstationary parameters by fixed point smoothing-
        the case of coloured noise. Int.J.Syst.Sci. 4 (1973)
        S. 185-195.

[3.92] Olsson, G.: Modelling and identification of nuclear
        power reactor dynamics from multivariable experiments.
        IFAC-Symposium, Den Haag (1973),Paper PP-3.

[3.93] Norton, J.P.: Optimal smoothing in the identification
        of linear time varying system. Proc. IEE 122 (1975)
        S.663-668.

[3.94] Brown, V.I.; Prozuto, V.S.; Trushin, A.A.: Synthesis
        of an automatic control system based on a static model
        of a wet grinding unit. IFAC-Symposium, Den Haag
        (1973), Paper PV-3.

[3.95] Brainin, S.M.: The identification of random parameters.
        IFAC-Symposium, Prag (1967), Paper 3.13.

[3.96] Elkind, J.I.; Green, D.M.; Starr, E.A.: Application
        of multiple regression analysis to identification of
        time-varying linear dynamic systems. IEEE Trans. AC-8
        (1963) S. 163-166.

[3.97] Fairman, F.W.; Shen, D.W.C.: Parameter identification
        for linear time-varying dynamic processes. Proc. IEE
        117 (1970) S.2025-2029.

[3.98] Chadeev, V.M.: Adaptive identifier transfer functions.
        IFAC-Symposium, Den Haag (1973), Paper TA-6.

[3.99] Sage, A.P.; Choate, W.C.: Minimum time identification
        of nonstationary dynamic processes. Proc. Nat. Electron.
        Conf. 21 (1965) S. 587-592.

[3.100] Aubé, G.; Giraud, S.: Identification and auto-adaption
        by the method of the sign functions. IFAC-Symposium,
        Prag (1970), Paper 6.9.

[3.101] Bohlin, T.: Information pattern for linear discrete-
        time models with stochastic coefficients. IEEE Trans.
        AC-15 (1970) S.104-106.

[3.102] Loeb, J.M.; Cahen, G.M.: More about process identi-
        fication. IEEE Trans. AC-10 (1965) S.359-361.

[3.103] Okita, T.; Takeda, H.: An identification of time
         varying linear system without a priori information
         on variation of system parameters. Proc. of the 6th
         Hawaii Int.Conf. on System Sciencies 1973. In: Western
         Periodicals (1973) S. 221-223.

[3.104] Berger, C.S.: Numerical method for the design of
         insensitive control systems. Proc. IEE 120 (1973)
         S. 1283-1292.

[3.105] Ramakrishna Rao, P.: Identification of linear non-
         stationary dynamical systems. In: Western Periodicals
         (1972) S. 309-311.

[3.106] Ramakrishna Rao, P.: Identification of linear non-
         stationary dynamical systems. Int.J.Sci. 5 (1974)
         S. 117-129.

[3.107] Broughton, M.B.: Plant-adaptive pulse-frequency
         modulated control systems. IFAC-Symposium, Den Haag
         (1973), Paper TA-4.

[3.108] Stankovic, S.S.; Kouwenberg, N.G.M.: Some aspects of
         human operator identification in real time.
         IFAC-Symposium, Den Haag (1973), Paper PB-11.

[3.109] Kopacek, P.: Ein einfaches Näherungsverfahren zur
         Identifikation linearer zeitvarianter Systeme. Düssel-
         dorf: VDI-Verlag, VDI-Bericht Nr. 276 S. 125-130.

[4.1]   Kopacek, P.: A method for the identification of
         linear time-varying systems. IFAC Symposium, Tiflis
         (1976), Paper 22.2.

[4.2]   Weninger, J.: Experimentelle Überprüfung eines Identi-
         fikationsverfahrens für lineare zeitvariante Systeme
         auf dem Hybridrechner. Diplomarbeit: TU-Wien 1976.

[4.3]   Kopacek, P.: Zur Identifikation linearer zeitinvarian-
         ter Systeme mit pseudozufälligen Binärsignalen.
         Zmsr 19 (1976) S. 297-300.

[4.4]   Frank, P.M.: Empfindlichkeitsanalyse dynamischer
         Systeme. München, Wien: R. Oldenbourg 1976.

[4.5]   Solodownikow, W.W.: Analyse und Synthese linearer
         Systeme. Berlin: VEB Verlag Technik 1971.

Sachwortverzeichnis